ESTADÍSTICA Y CIENCIA DE DATOS CON

R

JORGE NAVARRO LÓPEZ
ALBERTO TURÓN LANUZA
JUAN AGUARÓN JOVEN

ESTADÍSTICA Y CIENCIA DE DATOS CON

R

DÍAZ DE SANTOS
EDICIONES

Madrid • Buenos Aires • México • Bogotá

Ediciones Díaz de Santos
Internet: http//www.editdiazdesantos.com
E-mail: ediciones@editdiazdesantos.com

ISBN: 978-84-9052-554-8 (edición papel)
e-ISBN: 978-84-9052-555-5 (edición digital)
Depósito Legal: M-16730-2025

Fotocomposición y diseño de cubiertas: P55 Servicios Culturales

Printed in Spain Impreso en España

Índice general

Notas de los autores

Estructura y organización del contenido
Este libro se enfoca principalmente en el cálculo de probabilidades y la inferencia estadística. Por ello, los capítulos dedicados a estos temas siguen una estructura coherente y didáctica, que incluye una exposición teórica, ejemplos resueltos, ejercicios propuestos, ejercicios teórico–prácticos y, finalmente, las soluciones correspondientes. Sin embargo, con el propósito de ofrecer una introducción accesible y ampliar el alcance del texto, se han añadido dos capítulos iniciales centrados en la estadística descriptiva univariante y bivariante utilizando R. En estos capítulos se adopta un enfoque distinto, más directo y práctico, presentando conceptos teórico-prácticos acompañados de ejemplos ilustrativos, para facilitar desde el inicio una aproximación exploratoria a los datos.

Notación numérica y criterios de consistencia
A lo largo del libro se ha decidido emplear el punto como separador decimal en lugar de la coma, basándose en dos fundamentos principales. En primer lugar, esta elección se alinea con la recomendación de la Real Academia Española (RAE), que avala este uso en ámbitos científicos y técnicos, además de concordar con las normas del Sistema Internacional de Unidades (SI). Este criterio persigue fomentar la estandarización de la notación numérica en contextos académicos y especializados. En segundo lugar, se busca mantener la coherencia con el entorno de trabajo en R, donde el punto es el separador decimal predeterminado. Esta decisión contribuye a evitar confusiones en la interpretación de los resultados y garantiza una presentación uniforme a lo largo del texto.

De igual modo, se ha descartado el uso del punto como separador de miles, siguiendo las recomendaciones de la RAE y las directrices del SI. En su lugar, se emplea un espacio para agrupar las cifras en miles, lo que favorece la legibilidad y evita posibles ambigüedades con el separador decimal.

Materiales complementarios y agradecimientos

Los archivos de Excel que contienen los conjuntos de datos utilizados en el libro están disponibles para consulta y descarga en la siguiente dirección:

https://www.editdiazdesantos.com/libros/9788490525548

Estos recursos permiten a los lectores reproducir los análisis presentados y experimentar de manera autónoma con los datos, aplicando las técnicas estadísticas y herramientas descritas en el texto.

Finalmente, los autores expresan su más sincero agradecimiento a los profesores Tomás R. Cotos Yañez, Manuel A. Mosquera Rodríguez, Ana Pérez González y Benigno Reguengo Lareo, del Departamento de Estadística e Investigación Operativa de la Universidad de Vigo, por el desarrollo del paquete `RcmdrPlugin.TeachStat`. Esta herramienta, fruto de su labor académica e investigadora, representa una valiosa contribución a la enseñanza de la estadística, al facilitar la aplicación práctica de conceptos teóricos en un entorno accesible e integrado en `R Commander`.

Introducción

¿Qué probabilidades tengo de que uno de mis clientes se vaya a otra compañía? ¿Debo vender mis acciones? ¿Por cuánto dinero podría vender mi casa? ¿Este email es *spam*? ¿Cuánto debería cobrar a este cliente por su póliza de seguros? ¿Qué productos debería poner juntos en las estanterías de mi supermercado? ¿Debería conceder un crédito a este cliente? Preguntas como estas se formulan en todo el mundo miles de veces cada día. Todas ellas tienen una cosa en común: la respuesta no está escrita en ningún manual. Habitualmente, estas preguntas preceden a una decisión que, en el mejor de los casos, no sabremos si ha sido correcta o equivocada hasta que sea demasiado tarde, e incluso puede que nunca lleguemos a saber si la decisión que tomamos fue buena o mala.

Para garantizar la mejor decisión posible tratamos de recoger y analizar toda la información disponible con el mayor rigor posible. La Estadística es la ciencia que nos ayuda a procesar esta información y a utilizarla en la búsqueda de soluciones. Si bien nada de lo dicho hasta aquí es nuevo, la realidad que nos trae el siglo XXI es que los estudiantes de la era *Big Data* tienen a su alcance métodos estadísticos y computacionales que hasta ahora no habíamos podido ni soñar. La *Ciencia de Datos*, como actualmente nos gusta llamarla, combina la Estadística clásica con novedosas técnicas desarrolladas en el ámbito de las Ciencias de la Computación, ofreciendo a nuestros graduados un esperanzador futuro en un mundo en el que Google interpreta las consultas realizadas por los usuarios a través de varias interfaces (navegador, *Hey Google...*), las entidades de crédito analizan el riesgo potencial de sus clientes en función de perfiles minuciosamente elaborados a partir de información de lo más variada que incluye hasta su actividad en redes sociales, las compañías de entretenimiento a través de *streaming* utilizan técnicas predictivas para recomendar películas y series a sus suscriptores, los gobiernos utilizan modelos biométricos para identificar a sospechosos de terrorismo, agencias de verificación analizan procesos de transmisión de mensajes en redes para detectar *fake news*, se utilizan técnicas de análisis de *outliers* para detectar comportamientos sospechosos en el uso de tarjetas de crédito, intrusiones en los sistemas informáticos, anomalías en los datos medidos por sensores remotos, y un largo etcétera. Estos son unos pocos ejemplos en los que los métodos estadísticos, combinados con la capacidad casi infinita de procesar grandes volúmenes de datos a gran velocidad, proporcionan soluciones a problemas que hasta hace poco ni nos hubiéramos planteado.

La explosión de datos generada en las últimas décadas —impulsada por internet, los dispositivos móviles, los sensores, las redes sociales, entre otros factores— ha favorecido el desarrollo de sistemas de inteligencia artificial que hoy en día afectan prácticamente todos los ámbitos de nuestra vida. Esta transformación ha generado la necesidad de crear nuevas técnicas estadísticas y herramientas computacionales, propias de la Ciencia de Datos, capaces de almacenar, procesar y analizar grandes volúmenes de información. Todo ello ha acelerado el aprendizaje de las inteligencias artificiales y ha facilitado su aplicación en campos como la medicina, el marketing o las finanzas, entre otros.

Entre los estudiantes de dobles grados, actualmente el 40 % eligen uno con contenidos en Economía y Ciencia de Datos. Los Científicos de Datos aplican la teoría económica a situaciones económicas del mundo real y explotan las grandes bases de datos para guiar las decisiones económicas en finanzas, gobierno, ocio o industria. Basta un simple vistazo a las ofertas de empleo para observar que numerosas empresas están reemplazando a los tradicionales CEO por CDO: *Chief Digital Officer*. La vertiginosa evolución que está experimentando la Estadística, y que no lleva visos de frenarse al menos en los próximos diez años, ofrece a los estudiantes de estas especialidades un extensísimo campo en el que desarrollar exitosas carreras profesionales.

Aquí van algunos hechos que apoyan estas afirmaciones[1]:

- Ya hace algunos años que la demanda de analistas y científicos de datos supera con creces la oferta. Los salarios de un recién graduado en Ciencia de Datos están muy por encima de la media.

- Empresas de todos los sectores y tamaños han acumulado ingentes cantidades de datos desde la implantación, hace veinte o treinta años, de los sistemas de gestión de bases de datos. Ahora buscan profesionales

---

[1]Fuente: Oficina de Estadísticas Laborales, Departamento de Trabajo de EE. UU., Manual de Perspectivas Ocupacionales, Matemáticos y Estadísticos (visitado el 19 de marzo de 2025). [https://www.bls.gov/ooh/math/mathematicians-and-statisticians.htm]

con estos perfiles para saber interpretar sus datos y extraer de ellos información de la que puedan beneficiarse.

- Se espera que la tasa de empleo de matemáticos y estadísticos crezca un 11 por ciento entre 2023 y 2033, mucho más rápido que el promedio de todas las profesiones. Para esta década se prevé la creación de 3 900 puestos de trabajo cada año para matemáticos y estadísticos.

Alcanzar esta tierra prometida exige de los estudiantes una sólida formación matemática y un buen conocimiento de los métodos estadísticos, pero también cierta habilidad para utilizar técnicas computacionales que les permitan gestionar grandes cantidades de datos a los que aplicar dichos métodos. Por eso pretendemos, con esta colección de problemas, enseñarles los métodos estadísticos a la vez que se introducen en el uso de R, un lenguaje de programación orientado a la Estadística.

R es un entorno de programación de software libre que incorpora prácticamente todas las herramientas estadísticas creadas hasta ahora, al mismo tiempo que ofrece una gran flexibilidad para crear herramientas nuevas o adaptar las existentes a un problema específico. Al mismo tiempo, R está orientado al manejo de datos, proporcionando medios tanto para la adquisición de estos desde fuentes externas (bases de datos relacionales, fuentes de *open data*, API de aplicaciones web, *web scraping*. . .) como desde datos almacenados localmente en una gran variedad de formatos. Por último, R implementa numerosas herramientas gráficas que permiten realizar potentes análisis gráficos de datos.

Introducir al estudiante de Estadística en el manejo de este lenguaje R es un paso necesario para complementar su formación estadística con vistas a una futura salida profesional como las arriba descritas. Por eso, el reto que le proponemos en este libro no es sólo que aprenda Estadística: es que la aprenda a través de una herramienta computacional que le permita abrirse paso en el esperanzador mundo de la Ciencia de Datos. Al alcanzar su graduación, el estudiante debería estar preparado para seguir alguno de los cada vez más numerosos másteres y cursos de especialización en Ciencia de Datos que le abrirán las puertas de un brillante futuro profesional.

Parte I

Trabajando con R y R Commander

Capítulo 1

Introducción a R

1.1. El lenguaje R

R es un lenguaje de programación orientado al análisis estadístico de datos. En la actualidad es, junto con `Python`, el lenguaje más utilizado por la comunidad científica aunque, a diferencia de éste, R está especialmente orientado al ámbito de la estadística y las matemáticas financieras.

Al ser un lenguaje de código abierto, R permite ampliar sus funcionalidades mediante paquetes o bibliotecas creados por terceros. Así, R ofrece numerosas librerías de visualización gráfica que facilitan el análisis, no sólo numérico sino también gráfico, de los datos.

Su facilidad y versatilidad para acceder a fuentes de datos externas permiten que R pueda leer y manejar grandes volúmenes de datos. Además, es un lenguaje interactivo, por lo que resulta fácil de aprender.

En esta primera sección veremos cómo instalar R en nuestro ordenador. También veremos cómo instalar `R Commander`, un interfaz gráfico que nos permitirá aplicar las técnicas estadísticas que vamos a ver en este libro sin necesidad de conocer en detalle el lenguaje R. Los ejemplos del libro están resueltos por ambos procedimientos: utilizando los comandos de R y mediante `R Commander`. Este último facilita mucho el trabajo para quienes no tengan conocimientos de programación y resulta suficiente para todo lo que necesitamos hacer. Sin embargo, recomendamos a los alumnos que aprendan los fundamentos del lenguaje R porque les puede resultar muy útil para sus futuros estudios o a lo largo de su carrera profesional.

1.2. Instalación de R

El software R se descarga gratuitamente de la web oficial del proyecto R, http://www.r-project.org (Figura 1.1). En ella se pueden encontrar versiones para plataformas Linux, MacOS y Windows, tanto binarios auto-ejecutables como el código fuente original, además de abundante información y manuales. En el momento de escribir estas líneas, la versión estable de R es la R 4.4.3, *Trophy Case*, publicada el 28 de febrero de 2025.

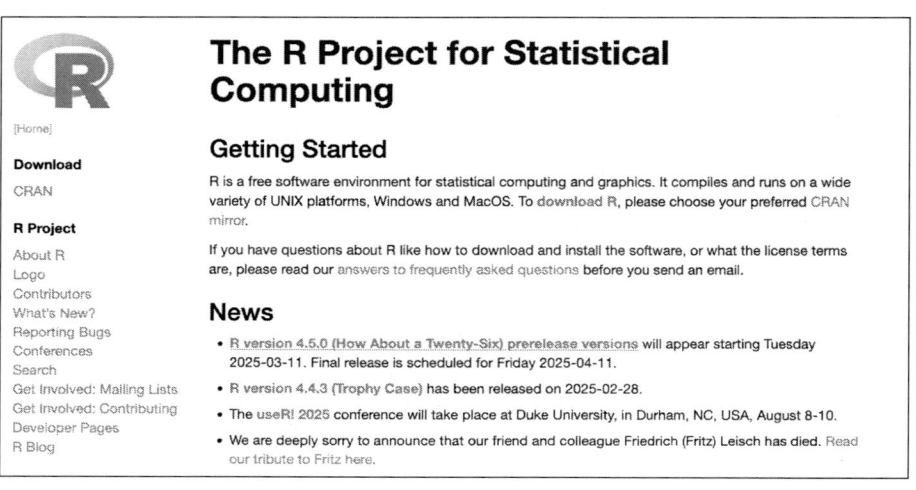

Figura 1.1: Página principal del proyecto R.

Seleccionando el enlace **download R** accedemos a una página en la que debemos elegir el mirror (repositorio) desde el que queremos descargar el software (Figura 1.2). La lista es bastante extensa, encontrándose ubicados en diferentes zonas geográficas. Podemos seleccionar, por ejemplo, 0-Cloud, que nos redirige automáticamente a alguno de los repositorios disponibles.

Independientemente del repositorio seleccionado, accedemos a una página que nos permite elegir entre la descarga de los binarios (instaladores) para diferentes sistemas operativos, o del código fuente (Figura 1.3). Hay que seleccionar el enlace correspondiente al sistema operativo del ordenador donde se quiere instalar. A continuación, veremos cómo es la instalación en los sistemas Windows y MacOS.

Suelen publicarse cuatro o cinco versiones nuevas cada año; cada una presenta pequeñas mejoras con respecto a la anterior, pero no es necesario instalar todas. Recomendamos instalar la más reciente una vez al año.

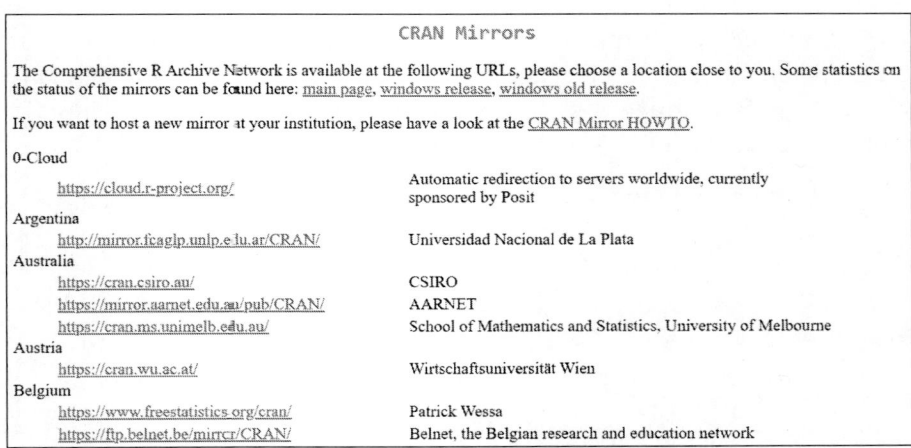

Figura 1.2: Repositorios de R.

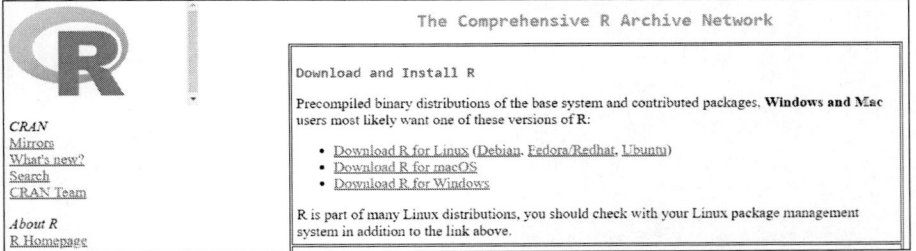

Figura 1.3: Página principal de descargas.

1.2.1. Usuarios de Windows

La selección de la opción **Download R for Windows** conduce a otra página en la que hay que elegir (Figura 1.4) el enlace **install R for the first time**. Dicho enlace lleva a una nueva página (Figura 1.5), en la que se encuentra el enlace **Download R-4.4.3 for Windows** que descargará el programa de instalación que debemos ejecutar.

Aparece el cuadro del asistente de instalación que nos pide seleccionar el idioma. A continuación, nos muestra el tipo de licencia y presionamos en **Siguiente**. Nos indica la carpeta donde va a instalar los archivos, proporcionando una por defecto. La recomendación es no modificarla y pulsar **Siguiente**.

A continuación, hay que seleccionar las componentes que queremos instalar. Se recomienda mantener la selección por defecto (todos los elementos) y presionar en **Siguiente**. Esto conduce a un diálogo que permite indicar si queremos utilizar las opciones de configuración (Figura 1.6).

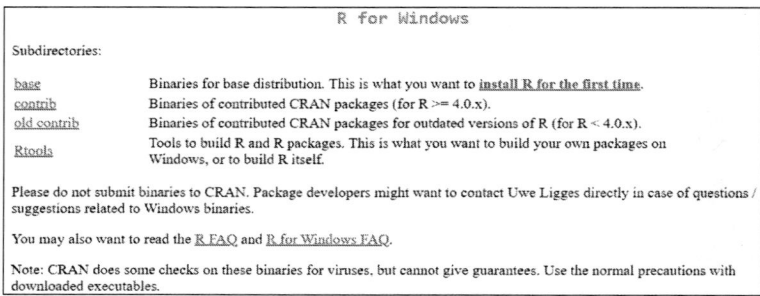

Figura 1.4: Página de descargas de Windows.

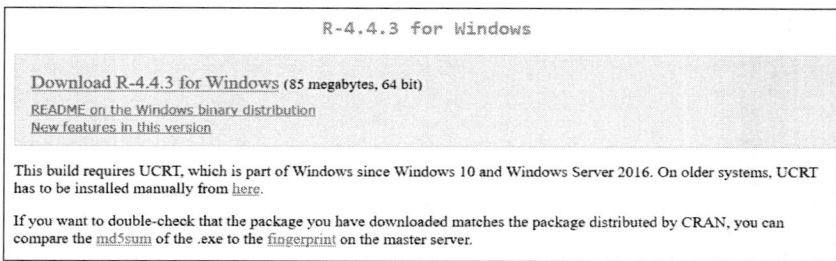

Figura 1.5: Página de descarga de la versión 4.4.3.

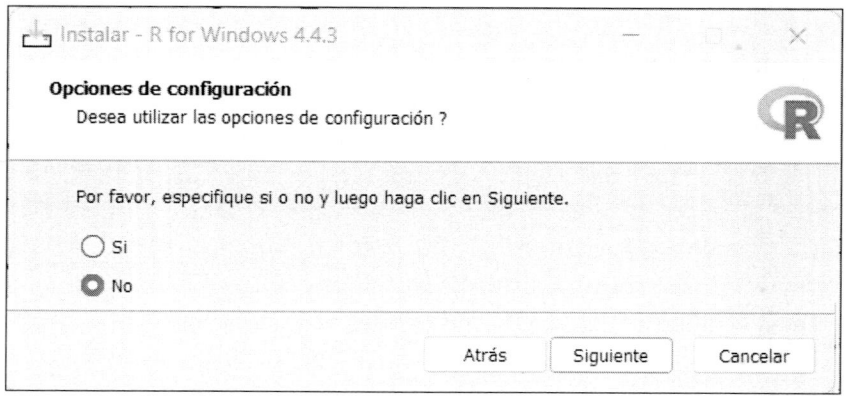

Figura 1.6: Usar opciones de configuración.

Podemos obviar dichas opciones y continuar con la instalación por defecto, en cuyo caso sólo nos quedan un par de diálogos. El primero nos pregunta por el nombre de la carpeta del menú Inicio (por defecto, R) y en el segundo diálogo podemos indicar si deseamos crear un acceso directo en el escritorio y asociar ficheros .RData con R. Se recomienda mantener dichas opciones. Tras ello, habremos terminado el proceso de instalación.

En caso de que decidamos utilizar las opciones de configuración mostradas en la Figura 1.6, vamos a tener que pasar por dos diálogos adicionales. En el primero debemos seleccionar el modo de display (Figura 1.7), pudiendo seleccionar entre MDI o SDI. Cuando se trabaja con R suele ser más cómodo elegir MDI. Por el contrario, es conveniente escoger SDI si vamos a trabajar habitualmente con R Commander[1].

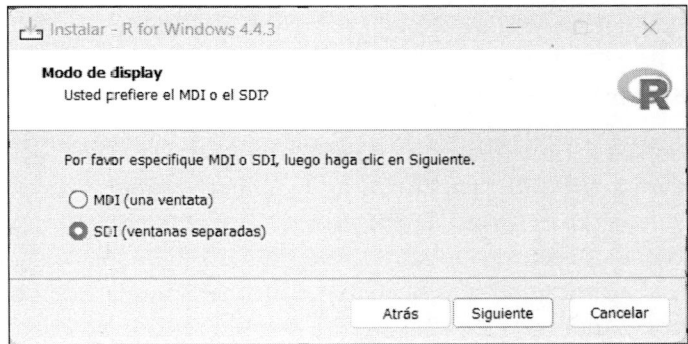

Figura 1.7: Opciones del modo de display.

El siguiente diálogo nos muestra la segunda opción de configuración, en la que se puede seleccionar el estilo de la ayuda, pudiendo elegir entre formato HTML o de texto simple (véase Figura 1.8). La recomendación es seleccionar el formato HTML. Con esto terminan las opciones de configuración, en caso de haberlas elegido, y pasamos a los últimos diálogos ya comentados anteriormente (nombre de la carpeta del menú Inicio, iconos en el escritorio, etc.).

Una vez finalizado el proceso de instalación, aparecerá en el escritorio el icono de la aplicación.

---

[1]Si se selecciona MDI, los gráficos se visualizarán dentro de la ventana general de R. Si trabajamos con R esto es cómodo, pero en caso de hacerlo con R Commander nos obligará a estar alternando entre la ventana de R Commander y la de R continuamente. Seleccionando SDI los gráficos se mostrarán en una ventana independiente de la de R.

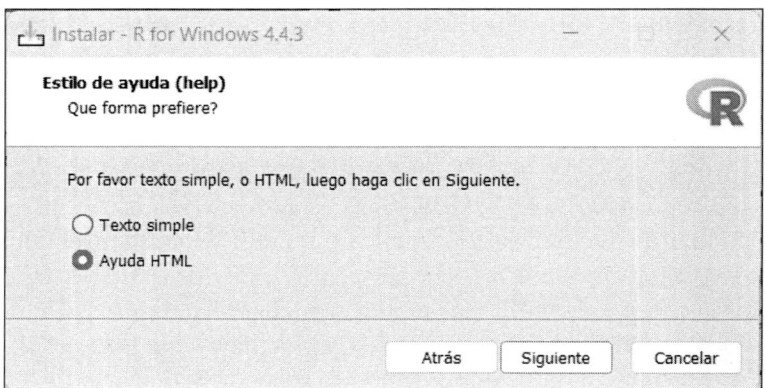

Figura 1.8: Opciones de la ayuda de R.

1.2.2. Usuarios de Mac OS

La versión 4.4.3 funciona con cualquier versión de OS X a partir de la 11, conocida como *Big Sur*. En la página principal de descargas (Figura 1.3) pulsamos el enlace **Download R for macOS**, y en la página que aparecerá veremos dos enlaces correspondientes a dos versiones de instalación distintas (Figura 1.9): la primera, *R-4.4.3-arm64.pkg*, corresponde a los ordenadores que llevan procesadores M1, M2 o M3; la segunda, *R-4.4.3-x86_64.pkg*, corresponde a los ordenadores más antiguos equipados con procesadores Intel. Elegimos el correspondiente a nuestro equipo y comenzará la descarga.

Una vez descargado el paquete de instalación, debemos localizarlo donde se haya guardado al descargarlo. Lo ejecutamos y comenzará el proceso de instalación. En este caso, el proceso es muy sencillo, pues basta con aceptar todas las opciones que propone por defecto. Al concluir el proceso, aparecerá el icono del programa en la carpeta de aplicaciones.

Sin embargo, el interfaz `R Commander` requiere el uso de las librerías gráficas `X11`, que no vienen instaladas de forma nativa en Mac. Por lo tanto, debemos instalar el paquete `XQuartz`, cuya versión más reciente descargaremos de la dirección `https://www.xquartz.org` (Figura 1.10).

Pulsando en el enlace de descarga obtendremos el instalador de la versión más reciente de `XQuartz`. El paquete descargado es una versión comprimida; al abrirla veremos el instalador, un fichero llamado *XQuartz.pkg*. A continuación, basta con ejecutar este instalador y aceptar todas las opciones propuestas. Al finalizar el proceso, las librerías quedan instaladas y listas para ser usadas por `R Commander`.

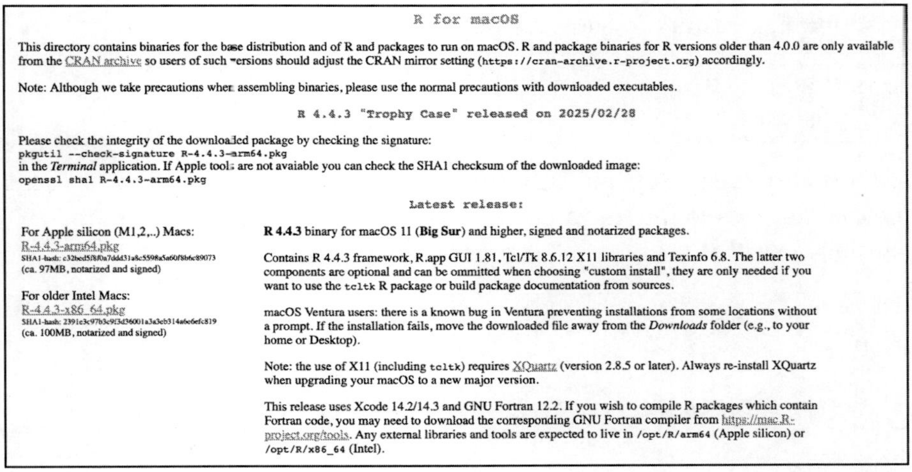

Figura 1.9: Enlaces de descarga de R para Mac OS.

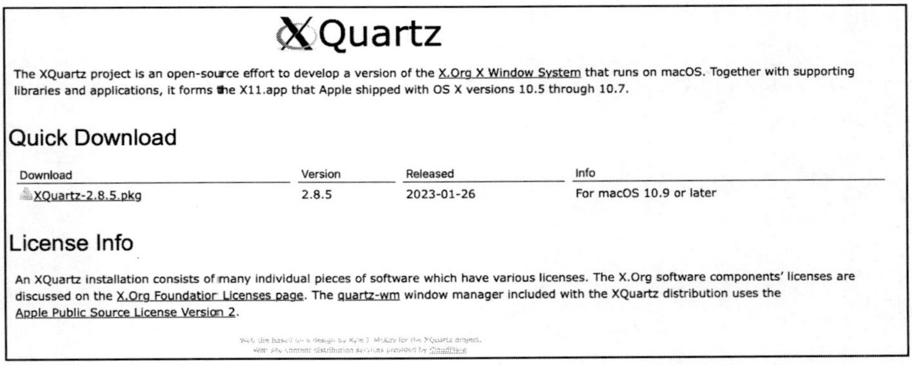

Figura 1.10: Página de descarga de la librería gráfica `XQuartz`.

1.3. Manejo básico de `R`

`R` es un lenguaje de programación interactivo, lo que significa que se pueden escribir comandos directamente en la consola y al presionar la tecla `Enter` los ejecuta, mostrando a continuación el resultado (si lo hay). Los comandos se escriben en la última línea de la ventana de `R`, justo a continuación del símbolo > (llamado *prompt*).

Por ejemplo, si escribimos la instrucción `print("Hola, mundo!")` y pulsamos **Enter** el resultado será el siguiente:

```
> print("Hola, mundo!")
[1] "Hola, mundo!"
```

La orden **print()** es una **función**; indica que R debe escribir en la línea o líneas siguientes lo que haya entre paréntesis, que en este caso es un texto.

Se pueden efectuar operaciones aritméticas directamente en la consola:

```
> 3 + 5      # Suma
[1] 8

> 10 / 2     # División
[1] 5

> sqrt(16) # Raíz cuadrada
[1] 4

> 2^3        # Potencia
[1] 8
```

o se pueden asignar valores a variables, utilizando los símbolos **<-** o el símbolo **=**, para ser usados posteriormente:

```
> a <- 10              # O también a = 10
> b <- 20              # O también b = 20
> suma <- a + b        # O también suma = a + b
> suma
[1] 30
```

Nótese que el carácter **#** se emplea en R para insertar comentarios.

1.4. Instalación de R Commander

R admite la instalación de scripts creados por terceros con el fin de realizar diversas tareas (cálculos financieros, cálculos matemáticos, visualización de datos, acceso a API de aplicaciones externas y una gran cantidad de funcionalidades diversas), en forma de paquetes, que una vez se han integrado en la aplicación reciben el nombre de *librerías*. Para facilitar el análisis estadístico de datos a personas no expertas en el lenguaje de programación R, se ha creado la librería **R Commander**, que consiste en una interfaz gráfica en la que las principales funciones estadísticas pueden seleccionarse mediante opciones de un menú, en lugar de tener que recordar los comandos de R o tener que conocer su sintaxis en detalle.

Antes de utilizar R Commander por primera vez, es necesario instalar el paquete, que recibe el nombre de Rcmdr. Para instalar un paquete en R se debe acceder a la opción Paquetes y dentro de ella seleccionar Instalar paquetes. La primera vez que instalemos un paquete, nos pedirá que elijamos el mirror desde el que queremos realizar la instalación. Al igual que ocurría con la descarga del instalador de R, podemos seleccionar diferentes ubicaciones, bastando normalmente con seleccionar la primera (0-Cloud).

A continuación, se abre una nueva ventana con los paquetes disponibles en este servidor; deberemos seleccionar el paquete Rcmdr y automáticamente se instalará sobre R.

Una vez instalado el paquete Rcmdr lo tendremos disponible para su uso siempre que queramos utilizarlo. Para abrir R Commander existe la opción del menú **Cargar paquete**, en la cual podemos seleccionar Rcmdr. Es posible que la primera vez que se cargue solicite la instalación de alguna librería auxiliar, lo que autorizaremos pulsando en el botón Aceptar. Finalmente, se abrirá la ventana gráfica de R Commander (Figura 1.11).

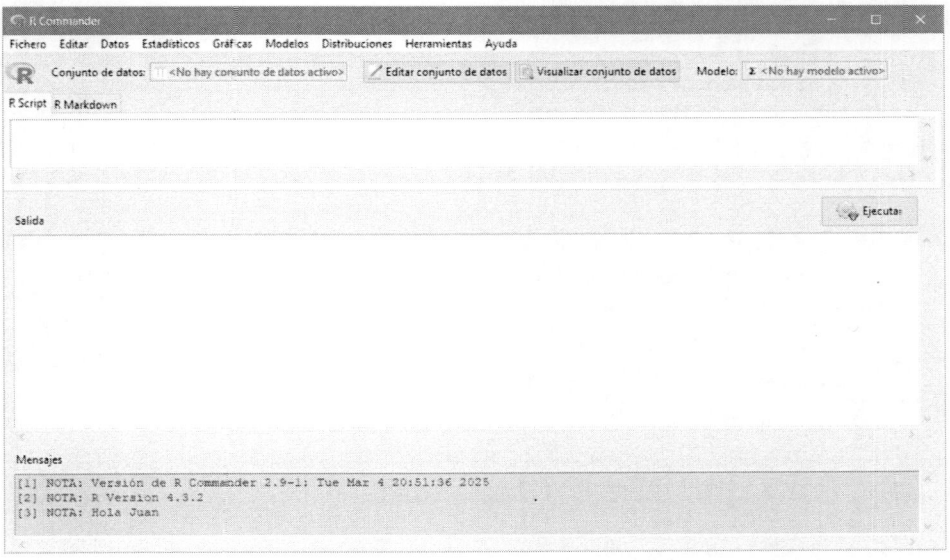

Figura 1.11: Interfaz gráfico de R Commander.

También tenemos la opción de abrir R Commander ejecutando el comando

```
> library(Rcmdr)
```

1.4.1. Instalación de la librería TeachStat

Algunas de las técnicas que utilizaremos en este libro vienen implementadas en un paquete auxiliar de R Commander llamado TeachStat. Para poder utilizarlo con los ejemplos del libro deberemos instalarlo previamente, una vez tengamos instalado R Commander. Para ello, podemos proceder de la misma manera que para la instalación de R Commander: desde R accedemos al menú Paquetes, escogemos la opción Instalar paquetes, elegimos un mirror y, finalmente, seleccionamos el paquete RcmdrPlugin.TeachStat de la lista de todos los disponibles.

Alternativamente lo podemos hacer desde la consola de R ejecutando el siguiente comando:

```
> install.packages("RcmdrPlugin.TeachStat")
```

Si la instalación es correcta, el complemento estará listo para su uso. Para ello tenemos varias opciones:

- Desde R podemos acceder al menú **Cargar paquete**, en la cual podemos seleccionar RcmdrPlugin.TeachStat.

- Desde la consola de R podemos escribir:

```
> library(RcmdrPlugin.TeachStat)
```

Estas dos opciones cargan automáticamente tanto R Commander como el complemento RcmdrPlugin.TeachStat.

- Si hemos cargado previamente R Commander, el paquete está accesible desde el menú **Herramientas → Cargar plugin(s) de Rcmdr...** (véase Figura 1.12). Si lo seleccionamos de la lista de complementos que aparecerá, podremos trabajar con él durante toda la sesión de R Commander. Previamente deberemos reiniciar R Commander.

1.5. Trabajar con R Commander

Al abrir R Commander nos encontramos una ventana principal (Figura 1.11) dividida en varias secciones:

1. **Barra de Menús**. En la parte superior de la ventana se encuentran los menús desplegables que nos permiten acceder a las diferentes funcionalidades de R Commander.

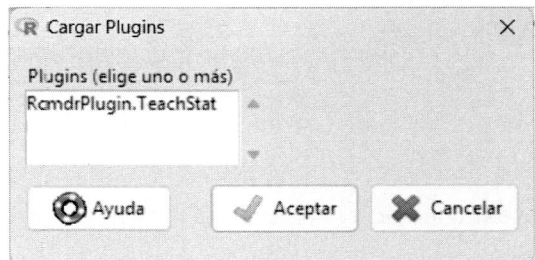

Figura 1.12: Activación del complemento `TeachStat`.

2. **Pestaña R Script**. En esta zona se pueden ver los comandos de `R` que se ejecutan automáticamente cuando usamos los menús y cuadros de diálogo. También podemos escribir aquí comandos de `R` directamente y ejecutarlos mediante el botón `Ejecutar`. Podemos editar scripts, que son secuencias de comandos que se pueden guardar y ejecutar posteriormente.

3. **Pestaña R Markdown**. Sirve para generar informes dinámicos, combinando el código R, los resultados (tablas, gráficos) y los comentarios explicativos en un único documento (HTML, PDF, Word. . .).

4. **Ventana de Salida**. Debajo de la consola y la ventana de scripts, hay una ventana de salida donde se muestran los resultados de los comandos que ejecutamos.

Las principales opciones accesibles desde el menú de `R Commander` son:

1. **Archivo:** crear un nuevo script de `R`, abrir un script existente o guardar el script actual o los resultados.

2. **Editar:** abrir un editor de datos para modificar el conjunto de datos activo o vaciar la consola de `R`.

3. **Datos:** gestionar conjuntos de datos (datasets), crear, modificar o eliminar variables en el conjunto de datos, transformar conjuntos de datos o importar datos desde Excel o diversos formatos.

4. **Estadísticos:** proporcionar resúmenes estadísticos básicos (media, mediana, desviación estándar, etc.), aplicar pruebas estadísticas inferenciales paramétricas y no paramétricas (test de la `t`, `chi-cuadrado`,

ANOVA...), análisis dimensional, o ajustar diversos modelos estadísticos (lineales, modelos lineales generalizados, etc.).

5. **Gráficos:** crear gráficos de barras, diagramas de dispersión, diagramas de caja, Q–Q plots, etc.

6. **Herramientas:** configurar opciones de R como el directorio de trabajo o el editor de scripts, o cargar paquetes adicionales de R.

7. **Ayuda:** acceder a documentación *on–line*, tutoriales y ayuda sobre R y R Commander.

Además, si instalamos el complemento `TeachStat`, veremos una nueva opción del menú llamada **Estadística Básica** desde la que podremos ejecutar la mayoría de los comandos que utilizaremos en este libro.

Hay que tener en cuenta que R Commander facilita el uso de R, ya que no necesitamos escribir código para realizar análisis básicos, y además es interactivo, de manera que podemos ver los comandos de R que se generan al utilizar los menús y de esta manera aprendemos R con ellos. Pero R Commander no incluye todas las funcionalidades de R, especialmente las más avanzadas. Para análisis complejos, es posible que necesitemos escribir código directamente en R. Si lo necesitamos, podemos recurrir a diversas fuentes de ayuda. Por ejemplo, la documentación oficial de R incluye varios manuales que cubren desde los conceptos básicos hasta temas avanzados. Se puede acceder a ellos desde la consola de R usando el comando:

```
> help.start()
```

También encontraremos información en la página web del proyecto CRAN https://cran.r-project.org/manuals.html.

Para información sobre comandos específicos se puede acceder a la documentación de cualquier función de R usando el comando ? seguido del nombre de la función. Por ejemplo, el comando:

```
> ?mean
```

nos dará información sobre la función `mean` para obtener la media de una serie de valores.

Desde la opción `Ayuda` de R Commander se puede acceder a diversos sitios web con información sobre R y R Commander.

Capítulo 2

Trabajando con datos

R tiene un formato propio para crear, guardar y recuperar ficheros de datos, pero también tiene diversas opciones para importar datos de aplicaciones externas y en diferentes formatos: CSV, Excel, JSON, texto... Nosotros vamos a trabajar con ficheros de Excel en los que los datos estarán almacenados en una única hoja, donde cada observación estará almacenada en una fila distinta y cada columna será una de las variables observadas. La primera fila de la tabla contendrá los nombres de las variables.

2.1. Importar datos externos

Para importar un fichero de Excel deberemos tener instalada y cargada la librería `readxl`. Los comandos necesarios para ello son:

```
> install.packages("readxl")
> library(readxl)
```

y para leer el archivo `archivo.xlsx` ejecutaremos el comando:

```
> datos <- read_excel("[trayectoria/]archivo.xlsx", sheet =
    "Hoja1")
```

La expresión `[trayectoria/]` hace referencia a la carpeta en la que se encuentra ubicado el archivo dentro del sistema de carpetas del equipo. La ruta al archivo puede ser absoluta (con relación al directorio raíz) o relativa (con relación al directorio en el que estemos trabajando).

También podemos cargar el archivo desde la librería `RcmdrMisc`, de la siguiente manera:

```
> datos <- readXL("[trayectoria/]archivo.xlsx", sheet = "Hoja1",
   stringsAsFactors = TRUE)
```

La librería `RcmdrMisc` la tendremos disponible si previamente hemos cargado `R Commander`. El parámetro `sheet` no es necesario si el fichero contiene una única hoja con datos.

En `R Commander`, para importar datos desde un fichero Excel se selecciona la opción **Importar Datos** en la pestaña **Datos**, y a continuación la opción **Desde un fichero Excel** (Figura 2.1). Al hacerlo, aparece una ventana en la que podemos escribir el nombre con el que queremos identificar el conjunto de datos en **R**, así como detalles sobre cómo están almacenados los datos (Figura 2.2). Las opciones que muestra por defecto corresponden al formato de nuestros ficheros Excel, por lo que no será necesario cambiar nada en esta ventana, salvo, como mucho, poner un nombre al conjunto de datos. A continuación, una ventana de búsqueda nos permitirá buscar el archivo dentro del equipo.

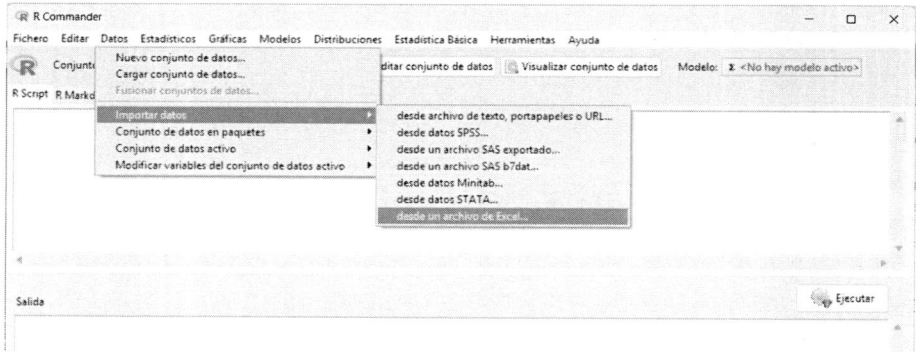

Figura 2.1: Importar datos de un fichero Excel.

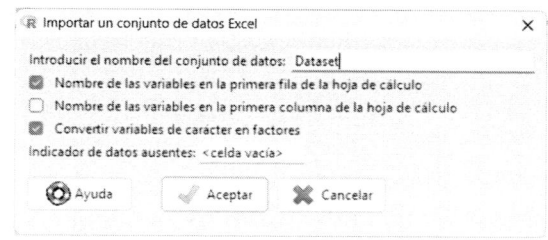

Figura 2.2: Formato de importación de ficheros Excel.

2.1.1. Importar datos desde una URL

Las librerías comentadas anteriormente no permiten la importación directa de datos de Excel desde una ubicación web: es preciso descargarse previamente el archivo y luego importarlo siguiendo las indicaciones previas.

Sin embargo, otras librerías (`openxlsx` o `openxlsx2`) sí que permiten acceder directamente a ficheros Excel a través de su URL[1]:

```
> library(openxlsx)
> cot <- read.xlsx("https://www.editdiazdesantos.com/wwwdat/
material/9788490525548/cotizaciones.xlsx")
```

```
> library(openxlsx2)
> cot <- read_xlsx("https://www.editdiazdesantos.com/wwwdat/
material/9788490525548/cotizaciones.xlsx")
```

Si se desea acceder a un fichero de datos CSV remoto, no es necesario el uso de ninguna librería adicional. La función `read.csv`, perteneciente a la distribución base de R, también permite acceder a ficheros CSV a través de su URL:

```
> cot<-read.csv('https://www.editdiazdesantos.com/wwwdat/
material/9788490525548/cotizaciones.csv",sep=";",
    dec=",",header=TRUE)
```

2.2. Guardar datos

Una vez que hemos procesado los datos, es común guardarlos en un archivo para almacenarlos de manera permanente, compartirlos o usarlos en otro programa.

Se pueden exportar en el formato de datos propio de R (formato .Rdata) o en diversos tipos de formato: CSV, Excel, JSON, texto...

Para exportar los datos a un fichero Excel necesitaremos tener instalada la librería `writexl`. En tal caso, bastará con ejecutar el comando:

```
> write_xlsx(datos, "[trayectoria/]archivo.xlsx")
```

También se pueden exportar a formato CSV utilizando el comando:

---

[1]Evidentemente, primero hay que instalar dichas librerías o paquetes siguiendo un proceso similar al descrito en el Capítulo 1 para la instalación de R Commander.

```
> write.csv(datos, "[trayectoria/]archivo.csv", row.names = FALSE)
```

Cuando utilicemos comandos de R sin referencia a ninguna librería, como es el caso de este último, entenderemos que se trata de comandos de la librería base R, que es el conjunto fundamental de funciones y paquetes que se instalan y cargan automáticamente al iniciar R y, por lo tanto, no necesitamos cargarla nosotros para usar dichos comandos.

En R Commander se puede exportar un conjunto de datos en formato CSV, que luego podrá ser abierto con Excel. Para ello hay que seleccionar la opción **Conjunto de datos activo** en la pestaña **Datos**, y a continuación la opción **Exportar conjunto de datos activo** (Figura 2.3). Se abrirá entonces una ventana en la que podremos elegir diversas opciones (Figura 2.4). Para exportar a CSV seleccionaremos las opciones **Escribir los nombres de las variables** y **Entrecomillar los valores de caracteres**, desmarcando la opción **Escribir los nombres de las filas**. Borraremos el contenido del campo **Valores faltantes**, dejándolo en blanco, y como **Separador de campos** elegiremos el Punto y coma [;]. Al presionar el botón OK, nos aparecerá un cuadro de diálogo en el que podremos elegir el lugar donde guardar el fichero y el nombre que le daremos; al nombre le pondremos extensión .csv, con lo cual podremos abrir el fichero directamente con Excel y, si lo consideramos necesario, guardarlo de nuevo en formato Excel, es decir, con extensión .xlsx.

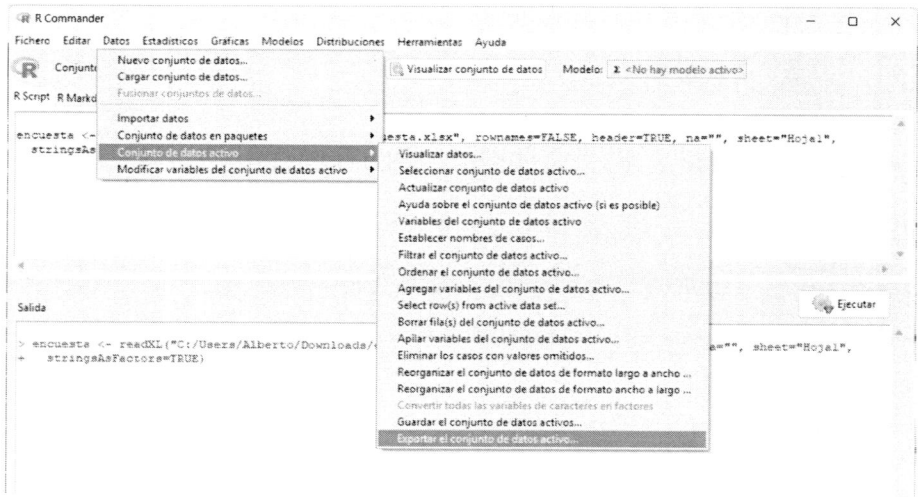

Figura 2.3: Exportar el conjunto de datos activo.

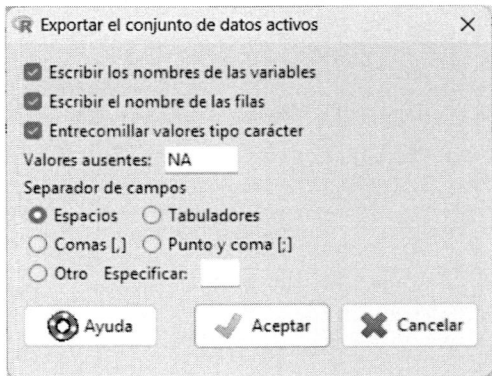

Figura 2.4: Exportar una tabla de datos en formato CSV.

2.3. Estructuras de datos

En R, los datos se pueden organizar usando distintas estructuras dependiendo del tipo de datos de que se trate y de cómo se vaya a acceder a ellos. Veamos a continuación las principales estructuras de datos.

2.3.1. Vectores

Un vector es una secuencia unidimensional de elementos del mismo tipo (números, caracteres, lógicos...). Los vectores tienen un nombre.

```
# Creación de un vector numérico
> edades <- c(35, 31, 19, 58, 42)

# Vector de caracteres
> nombres <- c("Ana", "Pedro", "María")

# Vector lógico (valores booleanos)
> compra_online <- c(TRUE, FALSE, TRUE, TRUE)
```

Para hacer uso de un elemento del vector, se utiliza el nombre del vector y la posición del elemento o los elementos a los que se quiere acceder:

```
> vector <- c("A", "B", "C", "D")

> vector[1]      # Primer elemento
[1] "A"
```

```
> vector[2:4]  # Elementos 2 al 4
[1] "B" "C" "D"

> vector[c(1, 3)] # Elementos 1 y 3
[1] "A" "C"
```

Se pueden efectuar operaciones matemáticas con los vectores. Las operaciones se efectúan elemento a elemento. También existen funciones que operan con vectores elemento a elemento:

```
> a <- c(1, 2, 3)
> b <- c(4, 5, 6)

> a + b
[1] 5 7 9

> a * 2
[1] 2 4 6

> sqrt(a) # Raíz cuadrada
[1] 1.000000 1.414214 1.732051
```

2.3.2. Matrices

Las matrices son estructuras de datos bidimensionales donde todos los elementos son del mismo tipo (numéricos, caracteres, lógicos...).

Para crear una matriz se puede usar la función `matrix()`, especificando el número de filas (`nrow`), el número de columnas (`ncol`), y si se llena por filas (`byrow = TRUE`) o por columnas (`byrow = FALSE`):

```
# Crear una matriz de 2x3 (2 filas, 3 columnas)
> matriz <- matrix(
  data = c(1, 2, 3, 4, 5, 6),
  nrow = 2,
  ncol = 3,
  byrow = TRUE # la opción por defecto es FALSE
)

> matriz
     [,1] [,2] [,3]
[1,]    1    2    3
[2,]    4    5    6
```

Para acceder a un elemento de una matriz se usa su posición en la forma
[fila, columna]:

```
> matriz <- matrix(1:6, nrow = 2, byrow = TRUE)

# Elemento en fila 1, columna 2:
> matriz[1, 2]
[1] 2

# Toda la fila 2:
> matriz[2, ]
[1] 4 5 6

# Toda la columna 3:
> matriz[, 3]
[1] 3 6

# Submatriz (filas 1-2, columnas 2-3):
> matriz[1:2, 2:3]
     [,1] [,2]
[1,]    2    3
[2,]    5    6
```

Con las matrices se pueden hacer operaciones aritméticas, de la misma
forma que con los vectores:

```
> m1 <- matrix(1:4, nrow = 2)
> m2 <- matrix(5:8, nrow = 2)

> m1
     [,1] [,2]
[1,]    1    3
[2,]    2    4

> m2
     [,1] [,2]
[1,]    5    7
[2,]    6    8

> m1 + m2
     [,1] [,2]
[1,]    6   10
[2,]    8   12
```

```
> m1 * 2
     [,1] [,2]
[1,]    2    6
[2,]    4    8
```

También puede efectuarse el producto matricial de dos matrices, con el operador %*%:

```
> m1 %*% m2
     [,1] [,2]
[1,]   23   31
[2,]   34   46
```

2.3.3. Arrays

Los arrays son estructuras de datos multidimensionales que generalizan las matrices a más de dos dimensiones.

Todos los elementos de un array deben ser del mismo tipo (numéricos, caracteres, lógicos...). Se usan generalmente para representar datos en 3D o más (imágenes, datos espaciales, series temporales multidimensionales...).

Se puede crear un array mediante la función `array()`, especificando los datos y las dimensiones:

```
> # Crear un array de 2 filas, 3 columnas y 2 capas
> mi_array <- array(
    data = 1:12,  # Datos del array
    dim = c(2, 3, 2)  # Dimensiones: 2 filas, 3 columnas, 2 capas
  )

> mi_array
, , 1

     [,1] [,2] [,3]
[1,]    1    3    5
[2,]    2    4    6

, , 2

     [,1] [,2] [,3]
[1,]    7    9   11
[2,]    8   10   12
```

Se puede acceder a los elementos de un array de la misma manera que se hace con los elementos de una matriz, indicando entre corchetes el índice de cada una de las dimensiones del elemento o elementos a los que se quiere acceder.

También se pueden realizar operaciones matemáticas, elemento a elemento, entre dos o más arrays de las mismas dimensiones.

2.3.4. Factores

Los **factores** son una estructura de datos especializada para manejar variables categóricas, es decir, variables que toman un conjunto limitado de valores (llamados **niveles**).

Se usan para variables cualitativas: color, género, nivel educativo, categorías de productos, etcétera.

Se crean con la función `factor()`:

```
> respuesta <- factor(c("Sí", "Sí", "No", "Sí"))

> respuesta
[1] Sí Sí No Sí
Levels: No Sí
```

Por defecto, los niveles se ordenan alfabéticamente, pero se puede especificar un orden arbitrario de manera manual:

```
> respuesta <- factor(
  c("Sí", "Sí", "No", "Sí"),
  levels = c("Sí", "No"),  # Orden manual
  ordered = TRUE  # Factor ordenado
)

> respuesta
[1] Sí Sí No Sí
Levels: Sí < No
```

También se pueden recodificar los niveles de un factor:

```
> respuesta_recod <- factor(respuesta, levels = c("Sí", "No"),
    labels = c("S", "N"))

> respuesta_recod
[1] S S N S
Levels: S < N
```

2.3.5. Listas

Las **listas** son una de las estructuras de datos más flexibles y potentes de R. A diferencia de los vectores o matrices, las listas pueden almacenar elementos de diferentes tipos (números, caracteres, vectores, matrices, otras listas...). Se usan para almacenar conjuntos de datos complejos.

Se crean con la función `list()`:

```
> ficha <- list(
  nombre = "Jazmín",
  apellidos = c("Díaz", "López"),
  edad = 25,
  es_mujer = TRUE,
  expediente = list(asignaturas = c("Matemáticas", "Estadística",
    "Economía"), notas = c(8.5, 9.0, 7.8))
)
> ficha
$nombre
[1] "Jazmín"

$apellidos
[1] "Díaz"   "López"

$edad
[1] 25

$es_mujer
[1] TRUE

$expediente
$expediente$asignaturas
[1] "Matemáticas" "Estadística" "Economía"

$expediente$notas
[1] 8.5 9.0 7.8
```

Se puede acceder a los elementos de una lista de tres maneras diferentes:

- Usando corchetes simples [ ]: el resultado es una sublista con los elementos indicados en los corchetes.

- Usando doble corchete [[ ]]: el resultado es el elemento directamente.

- Usando el nombre de la lista y el del elemento al que se quiere acceder, separados por el símbolo $: el resultado es el contenido de ese elemento.

```
> ficha[1:2]
$nombre
[1] "Jazmín"

$apellidos
[1] "Díaz"   "López"

> ficha[[3]]
[1] 25

> ficha$es_mujer
[1] TRUE

> ficha$expediente$asignaturas
[1] "Matemáticas" "Estadística" "Economía"

> ficha$expediente$asignaturas[2]
[1] "Estadística"
```

También se pueden agregar, eliminar o modificar elementos de una lista:

```
> ficha$ciudad <- "León"
> ficha$edad <- 26
> ficha$es_mujer <- NULL

> ficha
$nombre
[1] "Jazmín"

$apellidos
[1] "Díaz"   "López"

$edad
[1] 26

$expediente
$expediente$asignaturas
[1] "Matemáticas" "Estadística" "Economía"

$expediente$notas
[1] 8.5 9.0 7.8

$ciudad
[1] "León"
```

El valor NULL se usa para representar cualquier campo vacío, sin contenido alguno. En este caso, al declarar como NULL el elemento es_mujer, este se elimina de la lista.

2.3.6. Data Frames

Los **data frames** son una de las estructuras de datos más importantes y utilizadas en R. Son similares a una tabla de una hoja de cálculo, donde los datos se organizan en filas (observaciones) y columnas (variables).

Es la estructura de datos más utilizada para realizar análisis estadísticos y visualización de datos.

Un data frame se crea con la función **data.frame()**:

```
> estudiantes <- data.frame(
 nombre = c("Jazmín", "Luis", "Ana"),
 NIA = c("0001", "0002", "0003"),
 edad = c(25, 30, 22),
 aprobado = c(TRUE, FALSE, FALSE)
 )

> estudiantes
  nombre  NIA edad aprobado
1 Jazmín 0001   25     TRUE
2   Luis 0002   30    FALSE
3    Ana 0003   22    FALSE
```

Se puede acceder a las columnas de un data frame por su nombre o por su índice (posición):

```
> estudiantes$nombre
[1] "Jazmín" "Luis"    "Ana"

> estudiantes[, 3]
[1] 25 30 22
```

Se puede acceder a una fila completa por su índice:

```
> estudiantes[2, ]
  nombre  NIA edad aprobado
2   Luis 0002   30    FALSE
```

Para acceder a un elemento específico se puede hacer usando su índice de fila y columna o su índice de fila y el nombre de la columna:

```
> estudiantes[1, 2]
[1] "0001"

> estudiantes$nombre[1]
[1] "Jazmín"
```

También se pueden agregar, eliminar o modificar columnas y filas, o modificar elementos individuales:

```
> estudiantes$nota <- c(8.5, 4.2, 4.3)
> estudiantes$edad <- c(26, 31, 23)
> estudiantes$aprobado <- NULL

> nuevo_estudiante <- data.frame(nombre = "Carlos", NIA = "0004",
    edad = 28, nota = 7.5)

> estudiantes <- rbind(estudiantes, nuevo_estudiante)
> estudiantes$edad[2] <- 30

> estudiantes
  nombre  NIA edad nota
1 Jazmín 0001   26  8.5
2   Luis 0002   30  4.2
3    Ana 0003   23  4.3
4 Carlos 0004   28  7.5
```

Como ya hemos mencionado, el data frame es la estructura de datos más utilizada en el análisis de datos. Por eso, es muy habitual importar hojas de cálculo como data frames o exportar data frames a hojas de cálculo.

2.4. Transformación de datos

La transformación de datos es una operación fundamental en el análisis de datos. Consiste en modificar, reorganizar o limpiar los datos para que sean más útiles para el análisis. Esto implica conversión de formato (número a texto), recodificación (agrupar los valores de una variable numérica en factores), tratamiento de datos ausentes y varias operaciones más. A continuación, mostramos algunos ejemplos de cómo llevar a cabo las más habituales.

2.4.1. Filtrar filas

```
# Disponemos del dataframe estudiantes y queremos quedarnos sólo
  con las filas correspondientes a los alumnos cuya edad es
  mayor que 25 años:

> estudiantes_filtrado <- estudiantes[estudiantes$edad > 25, ]

> estudiantes_filtrado
  nombre  NIA edad nota
1 Jazmín 0001   26  8.5
2   Luis 0002   30  4.2
4 Carlos 0004   28  7.5
```

2.4.2. Seleccionar columnas

```
# El data frame estudiantes dispone de muchas variables
  (columnas), pero sólo queremos quedarnos con las variables
  nombre y edad:

> estudiantes_seleccionado <- estudiantes[, c("nombre", "edad")]

> estudiantes_seleccionado
  nombre edad
1 Jazmín   26
2   Luis   30
3    Ana   23
4 Carlos   28
```

2.4.3. Crear nuevas columnas

```
# Queremos crear una nueva variable (columna) en el dataframe
  anterior, que contenga la edad en meses de cada estudiante:

> estudiantes$edad_meses <- estudiantes$edad * 12

> estudiantes
  nombre  NIA edad nota edad_meses
1 Jazmín 0001   26  8.5        312
2   Luis 0002   30  4.2        360
3    Ana 0003   23  4.3        276
4 Carlos 0004   28  7.5        336
```

2.4.4. Ordenar por filas

```
# Ordenar por nombre (ascendente)
> estudiantes_ordenado <- estudiantes[order(estudiantes$nombre), ]

> estudiantes_ordenado
  nombre  NIA edad nota edad_meses
3    Ana 0003   23  4.3        276
4 Carlos 0004   23  7.5        336
1 Jazmín 0001   26  8.5        312
2   Luis 0002   30  4.2        360
# Ordenar por edad (descendente)
> estudiantes_ordenado <- estudiantes[order(-estudiantes$edad), ]

> estudiantes_ordenado
  nombre  NIA edad nota edad_meses
2   Luis 0002   30  4.2        360
4 Carlos 0004   28  7.5        336
1 Jazmín 0001   26  8.5        312
3    Ana 0003   23  4.3        276
```

2.4.5. Recodificar variables

Recodificar variables es una tarea común en el análisis de datos. Consiste en crear una variable a partir de los valores de otra variable habitualmente de naturaleza distinta. Podemos hacerlo usando el comando **recode**, para lo cual necesitamos tener cargada la librería **car** (si previamente hemos cargado R Commander o la librería RcmdrMisc ya tendremos cargada la librería car[2]).

```
> estudiantes$nota_textual <- recode(estudiantes$nota, 'lo:4.9 =
   "suspenso"; 5:6.9 = "aprobado"; 7:8.9 = "notable"; 9:hi =
   "sobresaliente"', as.factor=TRUE)

> estudiantes
  nombre  NIA edad nota edad_meses nota_textual
1 Jazmín 0001   26  8.5        312      notable
2   Luis 0002   30  4.2        360     suspenso
3    Ana 0003   23  4.3        276     suspenso
4 Carlos 0004   28  7.5        336      notable
```

---

[2]En caso de no tener instalada ninguna de estas librerías, consúltese el Capítulo 1.

2.5. Ejemplos resueltos

Ejemplo 2.1

En una comunidad autónoma se quiere estudiar si el nivel educativo de los jóvenes está relacionado con el uso frecuente de redes sociales. Para el estudio se va a recurrir a una encuesta realizada entre los habitantes de la comunidad, cuyos datos están en el fichero `encuesta.xlsx`. Una de las variables recogidas en la encuesta es la `Edad` (variable entera numérica). Transformar los datos de la encuesta de manera que se pueda estimar la proporción de ciudadanos jóvenes (35 o menos años) de la comunidad autónoma.

Solución. Para el análisis necesitamos una variable que indique si un ciudadano tiene 35 años o menos o si, por el contrario, es mayor de 35 años. Comenzaremos por cargar el dataset en `R`, tal como se vio en la Sección 2.1, con el comando:

```
> encuesta <- readXL("encuesta.xlsx", stringsAsFactors=TRUE)
```

Recordemos que para usar la función `readXL` previamente hemos de haber cargado la librería `RcmdrMisc`.

Podemos ver que la variable anterior no existe como tal en el dataset, de manera que será necesario recodificar la variable `Edad` para que cada ciudadano tenga su valor correspondiente (joven/adulto). Crearemos una nueva variable llamada `Edad_recod` cuyos valores serán los siguientes:

$$Edad \leq 35 \rightarrow Edad\_recod = \text{"joven"}$$
$$Edad > 35 \rightarrow Edad\_recod = \text{"adulto"}$$

Esto se puede hacer con el siguiente comando:

```
> encuesta$Edad_recod <- recode(encuesta$Edad, 'lo:35 = "joven";
    36:hi = "adulto"', as.factor=TRUE)
```

Los valores `lo` y `hi` representan al mínimo y al máximo de los valores de la variable, respectivamente.

Con `R Commander` se haría utilizando el diálogo que muestra la Figura 2.5 a partir de la opción **Datos → Modificar variables del conjunto de datos activo → Recodificar variables**.

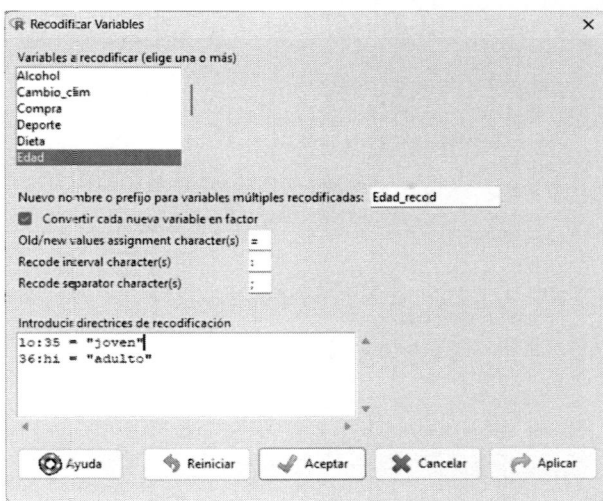

Figura 2.5: Diálogo para recodificar una variable.

Ejemplo 2.2

Con los datos de la encuesta del ejercicio anterior se quiere analizar cuál es el ingreso medio mensual de los jóvenes. Los ingresos mensuales en euros de cada ciudadano están recogidos en la variable numérica `Ingresos` (variable entera numérica). Filtrar los datos de la encuesta para seleccionar solamente a los ciudadanos jóvenes (35 o menos años) de la comunidad autónoma.

Solución. Comenzaremos por aplicar el procedimiento del ejercicio anterior para cargar el dataset en R y crear la variable recodificada que nos indique cuáles son los ciudadanos que consideramos jóvenes, y que compondrán la muestra en este caso, y cuáles no.

A continuación obtendremos la muestra seleccionando tan sólo a los ciudadanos jóvenes, con el siguiente comando:

```
> encuesta_joven <- subset(encuesta, subset=Edad_recod == "joven")
```

Con R Commander se haría utilizando el diálogo que muestra la Figura 2.6 a partir de la opción **Datos → Conjunto de datos activo → Filtrar el conjunto de datos activo**.

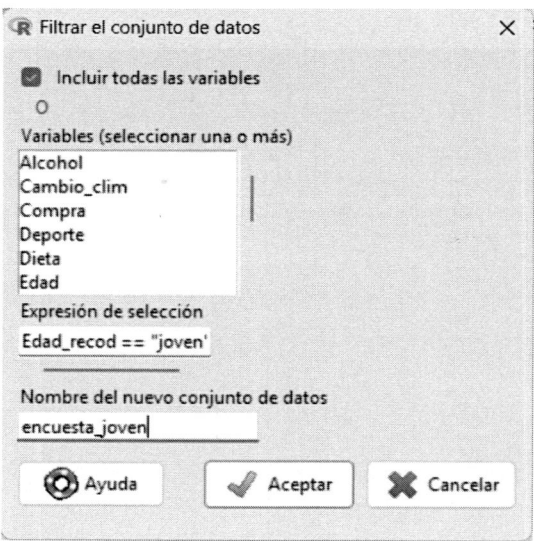

Figura 2.6: Diálogo para filtrar el dataset.

Ejemplo 2.3

Una empresa de telecomunicaciones quiere captar clientes en dos zonas del país, la zona Norte y la zona Sur. Para ello ha recogido una muestra de clientes de cada zona conteniendo sus consumos diarios (en Kb), seleccionados aleatoriamente de los últimos cinco meses. Los datos de la encuesta se han recogido en la hoja de cálculo `consumo_datos`. Para cada uno de estos clientes se quiere calcular una tarifa fija mensual personalizada, que consistirá en una cuota fija de 20 € más un coste de 0.1 € por cada Mb (1 Mb = 1024 Kb), suponiendo que el consumo de cada cliente fuera el consumo diario recogido en la encuesta multiplicado por 30 días. Es decir, para cada cliente se calcularía una tarifa personalizada utilizando la fórmula

$$\text{tarifa\_mensual} = 15 + 30 * 0.1 * \text{consumo}/1024$$

Solución. Comenzaremos por cargar el dataset como se hizo en los ejercicios anteriores, y una vez cargado creamos la nueva variable con el comando:

```
> consumo_datos$tarifa_mensual = 15 + 30 * 0.1 *
    consumo_datos$Consumo / 1000
```

Con R Commander se haría utilizando el diálogo que muestra la Figura 2.7 a partir de la opción **Datos → Modificar variables del conjunto de datos activo → Calcular una nueva variable.**

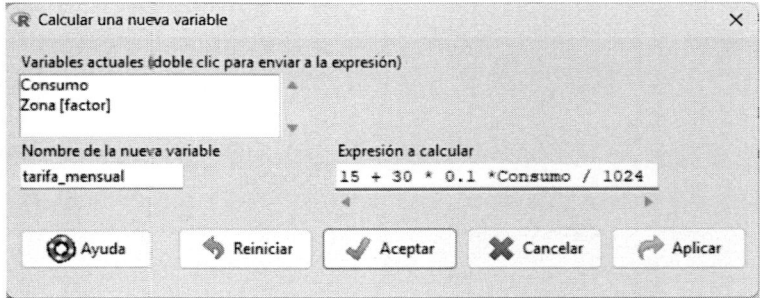

Figura 2.7: Diálogo para crear una nueva variable.

Parte II

Estadística Descriptiva

Capítulo 3

Estadística Descriptiva Univariante

3.1. Conceptos básicos

Habitualmente la información recogida sobre una variable es lo suficientemente extensa como para no poder interpretarla con una simple inspección de la misma. En estos casos, es conveniente resumir dicha información, organizándola en tablas o representándola gráficamente, con el objetivo de facilitar su interpretación y comprensión.

También es importante caracterizar esta información mediante el empleo de medidas numéricas que resuman y describan las características más importantes de la variable analizada. Estas medidas servirán, además, para poder comparar diferentes conjuntos de datos. Por ejemplo, podremos comparar las calificaciones obtenidas en una asignatura A frente a las obtenidas en otra asignatura B.

3.1.1. Tabulación

Denominamos *tabulación* al proceso de agrupamiento, recuento y ordenación de un conjunto de datos. Como resultado del mismo se obtienen las *distribuciones de frecuencias* de las observaciones, lo que sirve de tabla resumen de los datos analizados. La tabulación se utiliza tanto para datos sin agrupar como para datos agrupados en intervalos.

Dependiendo del tipo de datos analizados (cualitativos nominales, cualitativos ordinales, cuantitativos) y si se encuentran agrupados o no, la distribución de frecuencias presentará más o menos información.

En lo que sigue, emplearemos la siguiente notación:

- Tamaño de la población o muestra: N

- Número de modalidades: k

- Valores de la variable: $\{x_1, x_2, \ldots, x_k\}$

- Cuando tenga sentido, consideraremos que las modalidades están ordenadas crecientemente: $x_1 < x_2 < \cdots < x_k$

3.1.1.1. Frecuencias

Sea X una variable o característica medida en una población de tamaño N que toma los valores $\{x_i, \ i = 1 \ldots k\}$.

La *Frecuencia Absoluta* se define como el número de veces que se observa o repite el valor x_i, y la denotamos por n_i. Se cumple que:

$$N = \sum_{i=1}^{k} n_i$$

La *Frecuencia Relativa* se define como el porcentaje de veces que se observa el valor x_i, y la denotamos por f_i: $f_i = n_i/N$. Se cumple que:

$$\sum_{i=1}^{k} f_1 = 1$$

La *Frecuencia Absoluta Acumulada* se define como el número total de observaciones menores o iguales que x_i, y la denotamos por N_i:

$$N_i = \sum_{j=1}^{i} n_j$$

Se cumple que $N_k = N$.

La *Frecuencia Relativa Acumulada* se define como el porcentaje de observaciones que son menores o iguales que x_i, y la denotamos por F_i:

$$F_i = \sum_{j=1}^{i} f_j \quad \text{o} \quad F_i = \frac{N_i}{N}$$

Se cumple que $F_k = 1$.

3.1.1.2. Distribución de frecuencias

Una variable X queda perfectamente definida por su denominada distribución de frecuencias, que es el conjunto formado por todos los valores de la variable X y sus correspondientes frecuencias. Para ello emplearemos una representación tabular. La obtención de dicha distribución dependerá del tipo de datos con los que trabajamos:

a) **Variables cualitativas nominales**. En estas variables sólo tiene sentido calcular las frecuencias absolutas y relativas ordinarias (no acumuladas), como se puede ver en la Tabla 3.1.

Tabla 3.1: Distribución de frecuencias de una variable nominal.

X	n_i	f_i
x_1	n_1	$f_1 = n_1/N$
x_2	n_2	$f_2 = n_2/N$
$\vdots$	$\vdots$	$\vdots$
x_k	n_k	$f_k = n_k/N$
Σ	N	1

b) **Variables cualitativas ordinales y variables cuantitativas discretas** (no agrupadas). En este caso también se pueden calcular las frecuencias acumuladas, como se observa en la Tabla 3.2.

Tabla 3.2: Distribución de frecuencias de una variable ordinal o discreta no agrupada.

X	n_i	f_i	N_i	F_i
x_1	n_1	$f_1 = n_1/N$	$N_1 = n_1$	$F_1 = f_1$ $F_1 = N_1/N$
x_2	n_2	$f_2 = n_2/N$	$N_2 = n_1 + n_2$	$F_2 = f_1 + f_2$ $F_2 = N_2/N$
$\vdots$	$\vdots$	$\vdots$	$\vdots$	$\vdots$
x_k	n_k	$f_k = n_k/N$	$N_k = n_1 + \cdots + n_k$	$F_2 = f_1 + \cdots + f_k$ $F_k = N_k/N$
Σ	N	1		

c) **Variables cuantitativas continuas y variables cuantitativas discretas agrupadas**. En el caso de que la variable X esté constituida por una gran cantidad de valores, estos se agrupan en intervalos. En ese caso hablamos de distribución de frecuencias agrupadas. Para ello es preciso calcular tanto los intervalos como un valor puntual que represente a cada uno de los intervalos.

Los *intervalos* se representan mediante la expresión $(L_{i-1}, L_i]$ donde L_{i-1} es el extremo inferior del intervalo y L_i es el extremo superior. A continuación, se determina un valor representativo de cada uno de ellos, habitualmente su punto medio, y que se denomina *marca de clase*:

$$x_i = \frac{L_{i-1} + L_i}{2}$$

Una variable con datos agrupados recibirá el mismo tratamiento que una con datos sin agrupar, considerando la marca de clase como el valor puntual de la variable para los individuos de ese grupo.

Se define la *amplitud* del intervalo, y se denota por a_i, al valor $a_i = L_i - L_{i-1}$. En el caso de que los intervalos no sean todos de la misma amplitud, se debe proceder a calcular una nueva característica de la población, su *densidad de frecuencia*, que puede ser diferente para cada intervalo, y se define como el cociente entre la frecuencia absoluta de cada intervalo y su correspondiente *amplitud*:

$$d_i = \frac{n_i}{a_i}$$

También es posible calcular la densidad empleando la frecuencia relativa:

$$d_i = \frac{f_i}{a_i}$$

Con todo ello podemos obtener (véase Tabla 3.3) la *distribución de frecuencias agrupadas*:

Tabla 3.3: Distribución de frecuencias de una variable cuantitativa agrupada.

(L_{i-1}, L_i)	x_i	a_i	d_i	n_i	f_i	N_i	F_i
(L_0, L_1)	x_1	a_1	d_1	n_1	f_1	N_1	F_1
(L_1, L_2)	x_2	a_2	d_2	n_2	f_2	N_2	F_2
$\vdots$	$\vdots$	$\vdots$	$\vdots$	$\vdots$	$\vdots$	$\vdots$	$\vdots$
(L_{k-1}, L_k)	x_k	a_k	d_k	n_k	f_k	N_k	F_k
Σ				N	1		

3.1.2. Representación gráfica

En el ámbito de la estadística descriptiva, la representación gráfica constituye una metodología fundamental para la visualización y el análisis exploratorio de datos. Al transformar datos numéricos en representaciones visuales, resulta más sencillo descubrir patrones, tendencias importantes e identificar las características más destacadas de las distribuciones.

En función de la naturaleza de las variables, se emplean diversos tipos de representaciones gráficas:

a) **Variables cualitativas**

- Diagramas de Sectores.
- Diagrama de Barras.

b) **Variables cuantitativas discretas no agrupadas**

- Diagrama de Barras.

c) **Variables cuantitativas agrupadas**

- Histograma.
- Polígonos de Frecuencias.

Los **diagramas de barras** y los **gráficos de sectores** resultan idóneos para la comparación de frecuencias o proporciones entre categorías de variables cualitativas o discretas con pocos valores. Por otro lado, los **histogramas** y los **polígonos de frecuencia** son herramientas esenciales para la representación de la distribución de frecuencia de variables cuantitativas continuas, permitiendo la evaluación del centro de su distribución, su dispersión y forma.

En suma, la representación gráfica en estadística descriptiva mejora la comprensión e interpretación de la información contenida en los datos, al proporcionar una traducción visual concisa y efectiva que complementa la representación tabular y la descripción numérica de los mismos. Además, una representación gráfica adecuada facilita la comunicación de los resultados y la generación de hipótesis para investigaciones posteriores.

3.1.3. Descripción numérica

En el estudio de la estadística descriptiva, más allá de la representación tabular y gráfica, las *medidas de descripción numérica* son herramientas esenciales para cuantificar y resumir las características fundamentales de un conjunto de datos. Su objetivo primordial radica en condensar la información contenida en una colección de observaciones en valores numéricos significativos, facilitando así la comprensión, la comparación y la interpretación de los fenómenos bajo análisis.

Estas medidas se clasifican principalmente en tres categorías:

a) **Medidas de posición.** Su objetivo principal es ubicar o situar un valor en torno al cual se sitúan los valores observados de la variable. Dentro de las medidas de posición podemos considerar las medidas de tendencia central y de tendencia no central.

   Las **medidas de tendencia central** buscan identificar un valor típico o representativo alrededor del cual se agrupan los datos. Las medidas de tendencia central más empleadas son la media aritmética, la mediana y la moda.

   La **Media aritmética** se define como:

   $$\bar{X} = \frac{\sum_{i=1}^{n} x_i}{N} = \frac{x_1 + x_2 + \cdots + x_N}{N}$$

   La **Mediana** se define como el valor que ocupa la posición central en un conjunto de datos ordenado, es decir, es el valor que divide la distribución en dos partes iguales, de manera que la mitad de las observaciones son menores o iguales a la mediana y la otra mitad son mayores o iguales a ella.

   Finalmente, la **Moda** se define como el valor que aparece con mayor frecuencia en un conjunto de datos. Su cálculo depende del tipo de distribución. Si ésta es discreta, la moda es simplemente el valor que se repite más veces. Si se trata de una distribución agrupada en intervalos, primero hay que determinar el intervalo modal $(L_{m-1}, L_m]$ (el que presenta mayor densidad) y calcular la moda, de forma aproximada, como:

   $$Mo = L_{m-1} + \frac{d_m - d_{m-1}}{(d_m - d_{m-1}) + (d_m - d_{m+1})} \cdot a_m$$

   Aunque se puede calcular de forma simplificada como:

   $$Mo = L_{m-1} + \frac{d_{m+1}}{d_{m-1} + d_{m+1}} \cdot a_m$$

Por otro lado, las medidas de **tendencia no central** dividen la distribución ordenada de los datos en dos partes, indicando el valor por debajo del cual se encuentra un determinado porcentaje de las observaciones. En general, se define el *Cuantil de orden p* (Q_p) como el valor de la variable que divide la distribución en dos partes: por debajo de Q_p hay una frecuencia igual a p y por encima de él la frecuencia es $1 - p$.

Su objetivo es proporcionar una visión más detallada de la dispersión y la forma de la distribución, señalando valores específicos que marcan diferentes puntos dentro del rango de los datos. También son útiles para identificar valores atípicos. Los cuantiles más habituales son los cuartiles, los deciles y los percentiles:

- Los cuartiles dividen los datos en cuatro partes iguales. El primer cuartil (C_1) deja el 25 % de los datos por debajo, el segundo cuartil (C_2) es la mediana (50 %), y el tercer cuartil (C_3) deja el 75 % de los datos por debajo.

- Los deciles dividen los datos en diez partes iguales. El primer decil (D_1) deja el 10 % de los datos por debajo, el segundo decil (D_2) deja el 20 %, y así sucesivamente.

- Los percentiles dividen los datos en cien partes iguales. El percentil k-ésimo (P_k) deja el k % de los datos por debajo. Por ejemplo, el percentil 25 es el mismo que el primer cuartil; y el percentil 50 es la mediana.

b) **Medidas de dispersión** que cuantifican el **grado de variabilidad presente en los datos de la variable**. Su objetivo es evaluar la homogeneidad o heterogeneidad del conjunto de datos, indicando si los valores son similares entre sí o si presentan una amplia gama de diferencias.

Por un lado nos encontramos con los recorridos muestral (R_e), intercuartílico (R_I), decil (R_D) y percentil (R_P), que no hacen referencia a ninguna medida de posición central:

$$R_e = x_{max} - x_{min} \qquad R_I = C_3 - C_1 \qquad R_D = D_9 - D_1 \qquad R_P = P_{99} - P_1$$

Mientras que la *varianza* (S^2) y la *desviación típica* (S), miden la dispersión de los datos indicando cuanto se alejan estos de la media aritmética. Una varianza alta (desviación típica alta) sugiere que los datos están más dispersos y alejados de la media, mientras que una varianza baja (desviación típica baja) indica que los datos están más agrupados alrededor de la media.

$$S^2 = \frac{\sum_{i=1}^{N}\left(x_i - \bar{X}\right)^2}{N} \qquad S = +\sqrt{S^2}$$

Las medidas anteriores son absolutas, dependiendo de la magnitud y de las unidades de los datos. El **coeficiente de variación (CV)** es una medida estadística que permite cuantificar la dispersión relativa de un conjunto de datos. A diferencia de la desviación típica, que mide la dispersión en las mismas unidades que los datos originales, el coeficiente de variación es una medida adimensional, lo que facilita la comparación de la variabilidad entre diferentes conjuntos de datos, incluso si tienen unidades de medida diferentes. Expresa la desviación típica como un porcentaje de la media. Se calcula mediante la siguiente fórmula:

$$CV = \frac{S}{|\bar{X}|}$$

Un valor de CV más alto indica una mayor dispersión relativa, mientras que un CV más bajo indica una menor dispersión relativa en comparación con la media.

c) Las **Medidas de forma**, que incluyen la asimetría y la curtosis, describen la **forma de la distribución de los datos**. La asimetría indica el grado de falta de simetría, mientras que la curtosis mide el apuntalamiento o achatamiento de la distribución en comparación con una distribución normal. Su objetivo es caracterizar la morfología de la distribución, proporcionando información adicional sobre la concentración de los datos en ciertas áreas y la presencia de colas más o menos pronunciadas.

El *coeficiente de asimetría de Fisher*, denotado como CAF, mide el grado de asimetría de una variable. Una distribución es simétrica si sus dos mitades son imágenes especulares la una de la otra. Esta medida viene determinada por la expresión:

$$CAF = \frac{1}{N}\frac{\sum_{i=1}^{N}(x_i - \bar{X})^3}{S^3}$$

y su valor puede interpretarse de la siguiente manera:

- $CAF > 0$: la distribución es asimétrica a derecha o asimétrica positiva. La cola derecha es más larga que la cola izquierda.

- $CAF < 0$: la distribución es asimétrica a la izquierda o asimétrica negativa. La cola izquierda es más larga que la cola derecha.

- $CAF \approx 0$: la distribución es aproximadamente simétrica.

Se considera que un coeficiente de asimetría de Fisher es significativo estadísticamente si, en valor absoluto, es superior a $2\sqrt{\frac{6}{N}}$.

El *coeficiente de curtosis*, denotado como CK, mide el apuntamiento o achatamiento de una distribución de probabilidad en relación con la distribución normal. El valor de CK se interpreta como:

- $CK > 0$: la distribución es leptocúrtica. Tiene un pico más agudo que la distribución normal.

- $CK < 0$: la distribución es platicúrtica. Tiene un pico más achatado que la distribución normal.

- $CK \approx 0$: la distribución es mesocúrtica. Tiene un apuntamiento similar al de la distribución normal.

La fórmula para calcular el coeficiente CK es:

$$CK = \frac{1}{N} \frac{\sum_{i=1}^{N} (x_i - \bar{X})^4}{S^4} - 3$$

Se considera que un coeficiente de curtosis es significativo estadísticamente si, en valor absoluto, es superior a $4\sqrt{\frac{6}{N}}$.

En conjunto, las medidas de descripción numérica proporcionan un **resumen cuantitativo conciso y objetivo de las principales características de un conjunto de datos**. Su correcta aplicación permite **extraer información relevante, realizar comparaciones significativas y sentar las bases para análisis estadísticos más avanzados**.

3.2. Estadística Univariante con R

El fichero `alumnos.xlsx`, en su hoja `Datos` contiene la información obtenida a partir de una encuesta realizada a un conjunto de estudiantes de ADE al comienzo del curso 2016-2017. La hoja `Variables` recoge la descripción de las variables incluidas en dicho estudio. Esta información se muestra en la Tabla 3.4.

En lo que sigue vamos a realizar un análisis estadístico descriptivo de algunas de las variables recogidas en esta encuesta.

Tabla 3.4: Descripción de las variables de la encuesta.

Variable	Descripción
Sexo	"Hombre" - "Mujer"
Estatura	Estatura en cm
Peso	Peso en kg
Deporte	Frecuencia con la que practica deporte: "Nunca" "Ocasionalmente" (menos de una vez por semana) "Regularmente" (1 ó 2 veces por semana) "Frecuentemente" (3 a 4 veces a la semana) "Muy frecuentemente" (5 o más veces a la semana)
Hermanos	Nº hermanos (incluido el alumno)
Residencia	Lugar de residencia familiar: "Zaragoza capital" "Zaragoza provincia" (excepto Zaragoza capital) "Aragón" (provincias de Huesca o Teruel) "Fuera de Aragón"
Centro	Tipo de centro en el que ha realizado los estudios a través de los que ha accedido a la Universidad: "Público" - "Concertado/Privado"
NotaBach	Nota media del bachillerato (sobre 10)
NotaSel	Nota global de la selectividad (sobre 14)
Ordenador	Dispone de ordenador personal: "Sí" - "No"
ADSL	Dispone de banda ancha (ADSL, Fibra,...): "Sí" - "No"
RedSocial	Es miembro de alguna red social: "Sí" - "No"

Asumimos que los datos se han cargado en el dataframe **alumnos** a partir de R con la instrucción:

```
> alumnos <- readXL("alumnos.xlsx", sheet = "Datos",
    stringsAsFactors = TRUE)
```

o con R Commander tal y como se explicó en el Capítulo 2.

3.2.1. Tabulación y representación gráfica con R

Para obtener las frecuencias absolutas de una variable, en R podemos emplear la función **table**. Por ejemplo, para obtener las frecuencias de la variable Sexo:

```
> table(alumnos$Sexo)
Hombre  Mujer
    86     53
```

La función anterior devuelve un objeto de R de tipo `table`, similar a un vector, pero con nombres (en este caso, Hombre y Mujer). A partir de ahí, podemos calcular las frecuencias relativas con la función `prop.table`:

```
> prop.table(table(alumnos$Sexo))
  Hombre    Mujer
0.618705 0.381295
```

Más adelante veremos cómo podemos juntar todas las frecuencias en una misma tabla y presentarlas por columnas, tal y como se ha descrito previamente.

Para finalizar con la variable `Sexo`, vamos a realizar una representación gráfica mediante la función `pie`. Esta función construye un diagrama de sectores (véase Figura 3.1) a partir de la distribución de frecuencias. También sería posible construir un diagrama de barras, como veremos más adelante.

```
> pie(table(alumnos$Sexo))
> title('Distribución de los alumnos por Sexo')
```

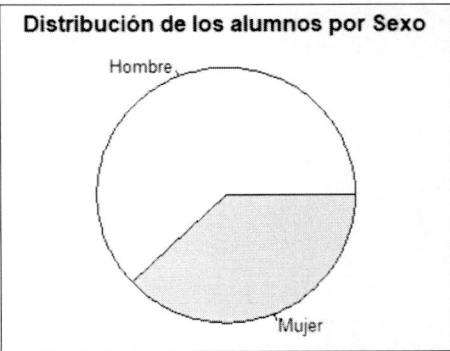

Figura 3.1: Diagrama de sectores de la variable `Sexo`.

Vamos a analizar ahora la variable `Hermanos`. Se trata de una variable cuantitativa discreta, para la cual se pueden obtener también las frecuencias acumuladas. Para ello vamos a proceder de forma análoga a la vista con la variable `Sexo`, pero emplearemos la función `cumsum`:

```
> table(alumnos$Hermanos)
  1  2  3  4  5  6
 20 71 30  2  2  2
```

```
> cumsum(table(alumnos$Hermanos))
   1   2   3   4   5   6
  20  91 121 123 125 127
```

Usando variables se pueden simplificar las expresiones anteriores, calculando y mostrando las distribuciones de frecuencias de una forma más amigable (utilizando la función **cbind** que une varios vectores por columnas):

```
> n_i = table(alumnos$Hermanos)
> N_i = cumsum(n_i)
> f_i = prop.table(n_i)
> F_i = cumsum(f_i)

> cbind(n_i, f_i, N_i, F_i)
  n_i        f_i N_i         F_i
1  20 0.15748031  20 0.1574803
2  71 0.55905512  91 0.7165354
3  30 0.23622047 121 0.9527559
4   2 0.01574803 123 0.9685039
5   2 0.01574803 125 0.9842520
6   2 0.01574803 127 1.0000000
```

Si deseamos mostrarlo en porcentajes y con sólo dos decimales:

```
> n_i = table(alumnos$Hermanos)
> N_i = cumsum(n_i)
> f_i = prop.table(n_i)
> F_i = cumsum(f_i)

> cbind(n_i, round(100*f_i, 2), N_i, round(100*F_i,2))

  n_i   f_i N_i     F_i
1  20 15.75  20   15.75
2  71 55.91  91   71.65
3  30 23.62 121   95.28
4   2  1.57 123   96.85
5   2  1.57 125   98.43
6   2  1.57 127  100.00
```

Para esta variable es adecuado construir un diagrama de barras, lo cual se realiza mediante la función **barplot**, cuya salida se muestra en la Figura 3.2.

```
> barplot(table(alumnos$Hermanos), main='Distribución del número
    de hermanos')
```

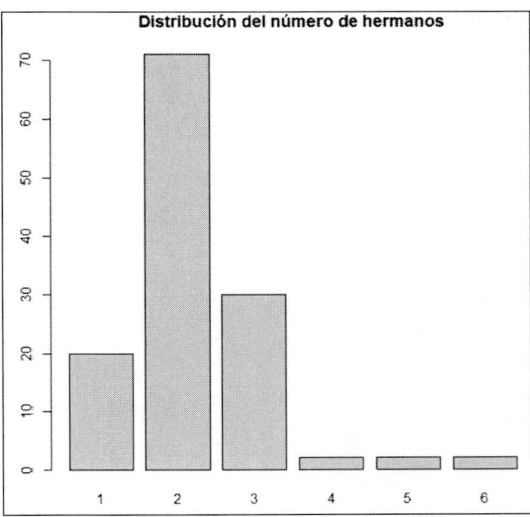

Figura 3.2: Diagrama de barras de la variable `Hermanos`.

La construcción de las distribuciones de frecuencias para variables ordinales es similar a la vista para la variable `Hermanos`, pero habría que ordenar adecuadamente los niveles de la variable cualitativa. Consideraremos esta situación más adelante al trabajar con `R Commander` y el plugin `TeachStat`.

Cuando las variables son continuas o discretas pero presentan un número elevado de valores distintos, es necesario trabajar agrupando los valores en intervalos. En este caso el proceso es un poco más complejo en R, siendo necesario el uso de una función adicional: `cut`. Esta función permite categorizar o agrupar los valores de una variable en un conjunto de rangos. Su sintaxis es:

```
> cut(variable, breaks)
```

donde `breaks` puede ser un valor entero indicando el número de grupos que se desea emplear[1] o un vector indicando cómo se construyen los intervalos. Por ejemplo, la siguiente instrucción:

```
> cut(alumnos$Hermanos, c(0, 2, 4, 6))
```

---

[1]R se encarga automáticamente de fijar los extremos de los intervalos en los que se agrupará la variable.

49

clasifica los valores de la variable Hermanos en tres categorías: $(0, 2], (2, 4]$ y $(4, 6]^2$. Dicho de otra manera: 1–2, 3–4 y 5–6. A partir de aquí, es posible calcular las distribuciones de frecuencias de forma análoga a la mostrada para valores sin agrupar:

```
> n_i = table(cut(alumnos$Hermanos, c(0,2,4,6)))
> N_i = cumsum(n_i)
> f_i = prop.table(n_i)
> F_i = cumsum(f_i)
> cbind(n_i, round(100*f_i, 2), N_i, round(100*F_i,2))

        n_i    f_i N_i     F_i
(0,2]    91  71.65  91   71.65
(2,4]    32  25.20 123   96.85
(4,6]     4   3.15 127  100.00
```

Finalmente vamos a construir las distribuciones de frecuencias para una variable continua: la variable Peso. Comenzamos calculando el rango de valores de dicha variable mediante las funciones min y max[3]:

```
> min(alumnos$Peso, na.rm=TRUE)
42.5
> max(alumnos$Peso, na.rm=TRUE)
95
```

Como el peso de los alumnos se sitúa entre 42.5 y 95, vamos a construir 7 intervalos de amplitud 10, comenzando en 40. Para ello emplearemos la función cut y usaremos las secuencias de R para indicar los extremos de los intervalos (seq(40, 100, 10)):

```
> n_i = table(cut(alumnos$Peso, seq(40, 100, 10)))
> N_i = cumsum(n_i)
> f_i = prop.table(n_i)
> F_i = cumsum(f_i)
cbind(n_i, f_i, N_i, F_i)
n_i          f_i N_i        F_i
(40,50]       16 0.11678832  16 0.1167883
(50,60]       33 0.24087591  49 0.3576642
(60,70]       38 0.27737226  87 0.6350365
```

---

[2]Si se indica el parámetro right=FALSE, los intervalos son cerrados por la izquierda y abiertos por la derecha. En este caso, serían $[0, 2), [2, 4)$ y $[4, 6]$

[3]En estas funciones se ha añadido el parámetro na.rm=TRUE, que indica que hay que descartar los valores ausentes (representados en R por NA).

```
(70,80]    34 0.24317518 121 0.8832117
(80,90]    15 0.10948905 136 0.9927007
(90,100]    1 0.00729927 137 1.0000000
```

Para representar variables numéricas agrupadas se puede emplear la función `hist`, que permite obtener el histograma asociado a una variable cuantitativa. Por ejemplo, para obtener el histograma de la variable `Peso`:

```
> hist(alumnos$Peso)
```

Por defecto, R determina automáticamente el número de intervalos empleados para dibujar el histograma. Podemos modificarlo a través del parámetro `breaks`. Si queremos sólo 6 intervalos[4]:

```
> hist(alumnos$Peso, breaks=6)
```

Los resultados de ambos comandos se pueden ver en las Figuras 3.3 y 3.4.

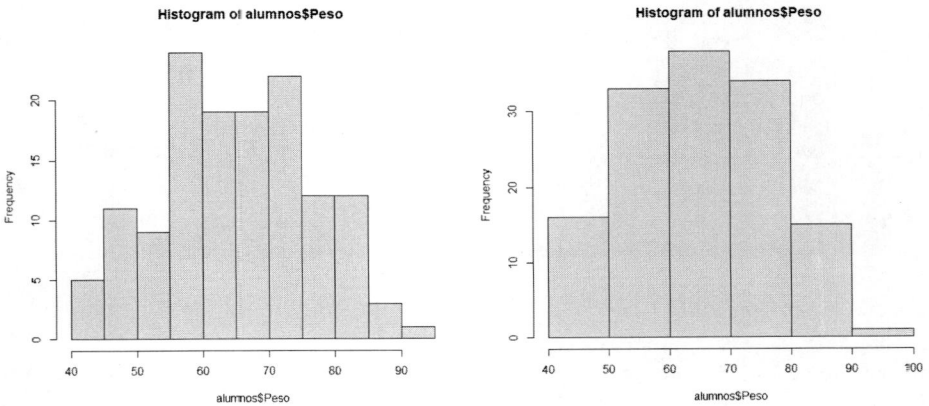

Figura 3.3: Sin parámetro `breaks`.   **Figura 3.4:** Con `breaks=6`.

Podemos ser más precisos indicando los valores de corte que se emplearán para realizar el histograma con el parámetro `breaks`. Además, podemos especificar títulos y colores, entre otros elementos de la representación gráfica. Así, con la siguiente línea estamos indicando que el histograma se construirá empleando intervalos de amplitud 10, comenzando en 40 y terminando

---

[4]Este valor es sólo una sugerencia. R puede no hacer caso del mismo.

en 100. También se ha modificado el color y los títulos del mismo (véase Figura 3.5):

```
> hist(alumnos$Peso, breaks=seq(40, 100, 10), main = 'Peso de los
    alumnos', xlab='Peso en kg', ylab='Frecuencia', col='blue')
```

La función `hist` puede mostrar frecuencias absolutas o densidades ($d_i = f_i/a_i$) en el eje de ordenadas. Si todos los intervalos tienen la misma amplitud, por defecto empleará frecuencias absolutas. Si los intervalos tienen diferente amplitud, por defecto mostrará densidades. Podemos cambiar este comportamiento con el parámetro `freq`. Si en el ejemplo anterior quisiéramos mostrar las densidades[5] (véase Figura 3.6):

```
> hist(alumnos$Peso, breaks=seq(40, 100, 10), main = 'Peso de los
    alumnos', xlab='Peso en kg', ylab='Densidad', col='blue',
    freq=FALSE)
```

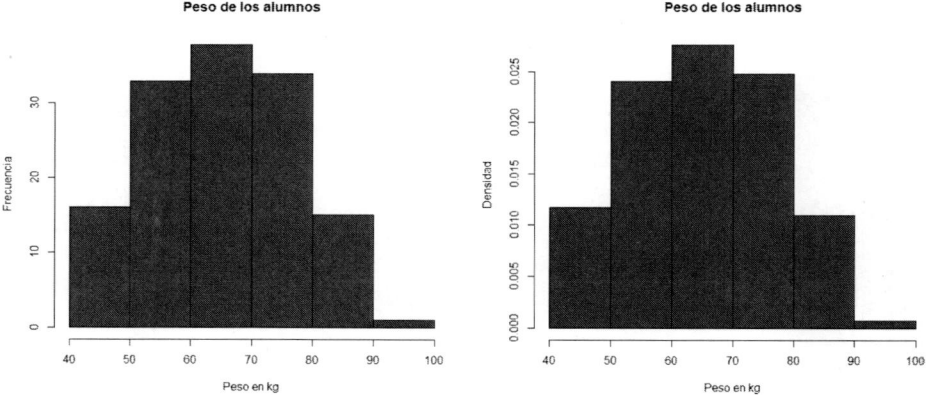

Figura 3.5: Especificando los intervalos.   **Figura 3.6:** Mostrando densidades.

Para finalizar, si quisiéramos especificar intervalos de diferente amplitud:

```
> hist(alumnos$Peso, breaks=c(40, 60, 65, 70, 75, 80, 85, 90,
    100), main = 'Peso de los alumnos', xlab='Peso en kg',
    ylab='Densidad', col='blue')
```

y se aprecia (Figura 3.7) que, por defecto, se muestran las densidades.

Para construir el polígono de frecuencias, nos vamos a basar en la función anterior, `hist`. Podemos usarla para que nos devuelva los puntos importantes

---

[5]Si los intervalos tienen diferente amplitud, sólo tiene sentido trabajar con densidades.

de un histograma[6].

En particular nos interesan los valores de las frecuencias (o de las densidades) y los puntos medios de cada intervalo.

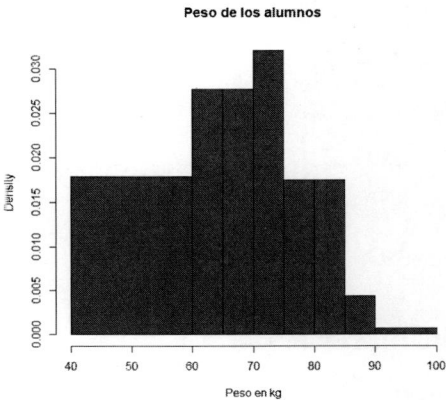

Figura 3.7: Intervalos de diferente amplitud.

Con esa información podemos emplear la función `plot` para construir un polígono de frecuencias. Las siguientes instrucciones realizan esta tarea:

```
> histo = hist(alumnos$Peso, breaks=seq(40, 100, 10), plot=FALSE)
> plot(histo$mids, histo$density, type='l', main='Polígono de
    frecuencias del Peso', xlab='Peso en kg', ylab='Densidad')
```

y nos proporcionan el polígono de frecuencias que se muestra en la Figura 3.8. Si hubiéramos deseado representar las frecuencias en lugar de las densidades, tendríamos que haber empleado la variable `histo$counts` en lugar de `histo$density`.

---

[6]Si sólo queremos que nos devuelva esta información, sin realizar la representación gráfica, podemos incluir el parámetro `plot=FALSE`.

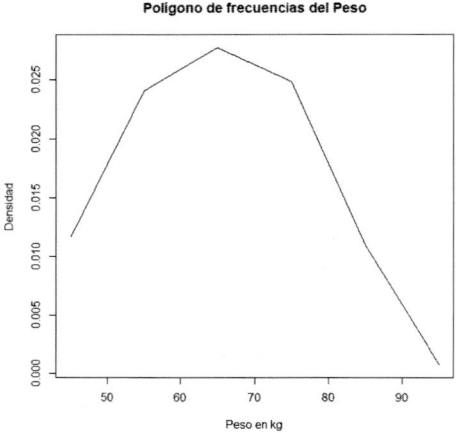

Figura 3.8: Polígono de frecuencias del peso.

3.2.2. Descripción numérica con R

R dispone de un amplio conjunto de funciones que permiten calcular diferentes medidas estadísticas. Algunas de ellas se muestran en la Tabla 3.5.

Tabla 3.5: Algunas funciones estadísticas de R.

Función	Descripción
mean()	Media
median()	Mediana
quantile()	Cálculo de cuantiles
min()	Mínimo
max()	Máximo
var()	Cuasivarianza
sd()	Cuasidesviación típica
IQR()	Recorrido intercuartílico
skewness()	Medida de asimetría. Por defecto, el coeficiente de asimetría de Fisher
kurtosis()	Medida del apuntamiento. Por defecto, el coeficiente de curtosis de Fisher
summary()	Realiza un resumen numérico de la variable

La función summary proporciona los valores mínimo y máximo de una variable cuantitativa, así como algunas medidas de posición:

```
> summary(alumnos$Estatura)
   Min. 1st Qu.  Median    Mean 3rd Qu.    Max.    NA's
  150.0   165.0   173.0   173.3   180.0   193.0       3
```

Observamos que las estaturas varían entre 150 cm y 193 cm, con una media de 173.3 cm. Asimismo, se muestran los cuartiles y vemos que existen 3 valores ausentes (NA's), es decir, alumnos de los que no se dispone de su estatura.

Si se tratase de una variable cualitativa, esta función proporciona las frecuencias absolutas de cada categoría (también se incluyen los datos ausentes):

```
> summary(alumnos$Sexo)
Hombre  Mujer   NA's
    86     53      3
```

Podemos calcular por separado cualquiera de las funciones anteriores. Si deseamos conocer el coeficiente de asimetría de Fisher (CAF):

```
> skewness(alumnos$Peso)
[1] NA
```

R no calcula el CAF debido a que existen valores ausentes. Si deseamos que prescinda de ellos, hay que indicarlo explícitamente:

```
> skewness(alumnos$Peso, na.rm=TRUE)
[1] 0.09686075
```

Como se aprecia, el valor del coeficiente de asimetría de Fisher, CAF, es ligeramente positivo, pero muy cercano a cero. Para poder concluir si es significativo, recordemos que lo es cuando $|CAF| > 2\sqrt{6/N}$. Calculamos este valor:

```
> N = sum(!is.na(alumnos$Peso))    # Calcula el número de valores
   no ausentes (N = 137)
> 2*sqrt(6/N)
[1] 0.4185481
```

Como $|CAF| < 0.4185$, se concluye que la distribución se puede considerar simétrica (véase Figura 3.6).

Todas las funciones recogidas en la Tabla 3.5 tienen ese mismo comportamiento, teniendo que especificar na.rm=TRUE en caso de que existan valores ausentes.

De esta manera, para calcular la media y la cuasivarianza de la estatura de los alumnos:

```
> mean(alumnos$Estatura, na.rm=TRUE)
[1] 173.2554
> var(alumnos$Estatura, na.rm=TRUE)
[1] 83.59553
```

Hay que destacar que la función `var` calcula la cuasivarianza de los datos. Si se desea obtener la varianza, es necesario corregir adecuadamente el valor proporcionado por la cuasivarianza, o definir una función que la calcule. Por ejemplo:

```
varp <- function(x, na.rm = FALSE)
        mean((x- mean(x, na.rm=na.rm))^2, na.rm=na.rm)
```

Y así podemos calcular la varianza:

```
> varp(alumnos$Estatura, na.rm=TRUE)
[1] 82.99413
```

De forma análoga podemos definir una función para calcular la desviación típica de un conjunto de datos:

```
sdp <- function(x, na.rm = FALSE)
        sqrt(varp(x, na.rm))
> sdp(alumnos$Estatura, na.rm=T)
[1] 9.110111
```

En R `base` no existe ninguna función para calcular el coeficiente de variación[7]. Para calcularlo basta con utilizar la definición $(CV = S/\bar{X})$, para lo cual vamos a emplear la función `sdp` vista en el cuadro anterior:

```
> sdp(alumnos$Estatura, na.rm=T)/mean(alumnos$Estatura, na.rm=T)
[1] 0.05258198
```

La función `quantile` calcula los cuantiles de una variable. Por defecto devuelve los cuantiles 0, 0.25, 0.50, 0.75 y 1. Es decir, el mínimo, los tres cuartiles y el valor máximo:

```
> quantile(alumnos$Estatura, na.rm=T)
  0%   25%   50%   75% 100%
 150   165   173   180   193
```

Pero podemos calcular cualquier cuantil, en este caso $Q_{0.15}$:

---

[7]`R Commander` proporciona la función `CV`, que sí que calcula el coeficiente de variación de una variable. Si se carga este paquete, se puede emplear la función.

```
> quantile(alumnos$Estatura, 0.15, na.rm=T)
  15%
163.35
```

O un conjunto de ellos, por ejemplo los deciles:

```
> quantile(alumnos$Estatura, seq(0.1, 0.9, 0.1), na.rm=T)
  10%    20%    30%    40%    50%    60%    70%    80%    90%
162.0  165.0  167.4  170.0  173.0  175.0  180.0  181.4  185.0
```

En caso de trabajar con una variable ordinal, por ejemplo la variable
Deporte, al estar codificadas mediante categorías no numéricas, R no permite
el uso de las funciones median ni quantile. Para poder hacerlo habría que
recodificar la variable (véase Capítulo 2) creando una nueva variable de tipo
numérico (Nunca=1; Ocasionalmente=2,...) y, sobre esta nueva variable,
sí que se podrían aplicar dichas funciones[8].

Por último, hay que destacar que R base no dispone de ninguna función
para calcular directamente la moda de una variable. Si se trata de una variable discreta, podemos hacerlo mediante la siguiente instrucción, que se basa
en la función table utilizada anteriormente:

```
> names(which.max(table(alumnos$Deporte)))
[1] "Regularmente"
```

Sin embargo, este procedimiento no funciona correctamente cuando la variable es multimodal. Tampoco permite trabajar con variables cuantitativas
continuas.

Para solventar esos problemas, podemos instalar la librería modeest (véase Capítulo 1), cargarla y emplear la función mlv.

```
# Si no está instalada, lo hacemos:
# install.packages("modeest")
> library(modeest)
> mlv(alumnos$Deporte, na.rm=T)
[1] Regularmente
```

Esta función admite el empleo de diferentes algoritmos para calcular la
moda. En caso de ser una variable no numérica, no es necesario especificar
ninguno, tal y como se ha visto en el ejemplo anterior. En caso de trabajar con

---

[8]En este caso hay que tener cuidado porque las funciones median y quantile pueden
devolver valores no enteros que no se corresponden con ninguna de las modalidades de la
variable original.

una variable numérica, sí que hay que hacerlo. Si se trata de una distribución discreta hay que especificar `method = "mfv"` (most frequent value). Nótese que, como hay valores ausentes, volvemos a incluir el parámetro `na.rm=TRUE`:

```
> mlv(alumnos$Hermanos, method='mfv', na.rm=T)
[1] 2
```

Para variables continuas existen diferentes algoritmos, aunque no vamos a entrar en ellos. Su uso se puede consultar en la ayuda de dicha función. Podemos emplear el algoritmo por defecto (`method=short`):

```
> mlv(alumnos$Estatura, method='mfv', na.rm=T)
[1] 171.1286
...
the distribution could be multimodal
```

Hay que notar que la función nos indica que la distribución puede ser multimodal. Tratándose de estaturas de hombres y mujeres, sabemos que esto es así. Para trabajar con estas situaciones, es útil instalar el paquete `multimode`.

3.3. Estadística Univariante con `R Commander`

En `R Commander`, la opción **Estadísticos → Resúmenes → Distribución de frecuencias** proporciona las frecuencias absolutas y relativas de una variable. La siguiente figura muestra el diálogo correspondiente para calcular las frecuencias de la variable `Sexo`:

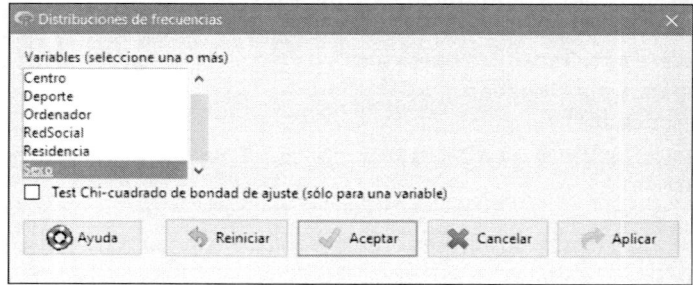

Figura 3.9: Distribución de frecuencias de una variable en `R Comamnder`.

cuya salida se muestra a continuación:

```
counts:
Sexo
Hombre  Mujer
    86     53
percentages:
Sexo
Hombre  Mujer
 61.87  38.13
```

Esta opción sólo permite calcular las frecuencias ordinarias de variables cualitativas. No es posible obtener la distribución de frecuencias de una variable cuantitativa discreta.

Podemos realizar representaciones gráficas sencillas desde la opción **Gráficas → Gráficas de sectores...** (véase Figura 3.10):

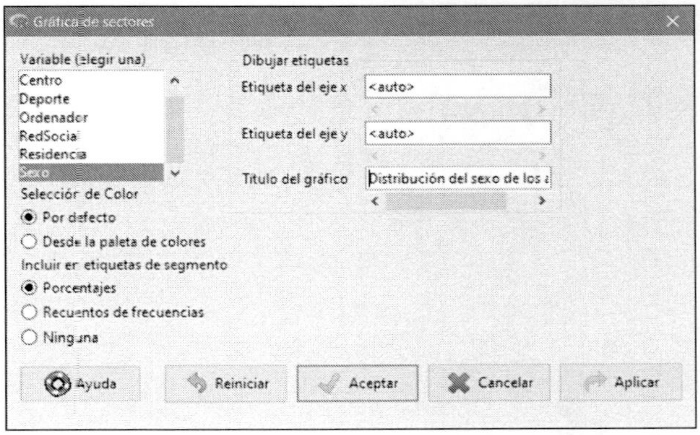

Figura 3.10: Diálogo para gráficos de sectores en R Commander.

cuya salida se aprecia en la Figura 3.11.

Hay que notar que en el diálogo se pueden especificar diferentes opciones, como los colores del gráfico o si se desea mostrar las frecuencias absolutas o relativas.

Si consideramos la variable Hermanos, R Commander no nos permite, como se ha comentado, obtener su distribución de frecuencias. Tampoco permite de forma directa realizar un diagrama de sectores o de barras para dicha variable[9]: sólo lo permite para variables cualitativas. Sí que podemos acceder a **Gráficas → Dibujar una variable numérica discreta**, que

---

[9]R Commander nos permite construir un histograma a partir de variables discretas, pero no es lo más adecuado cuando la variable contiene pocas modalidades distintas, como en el caso de los hermanos.

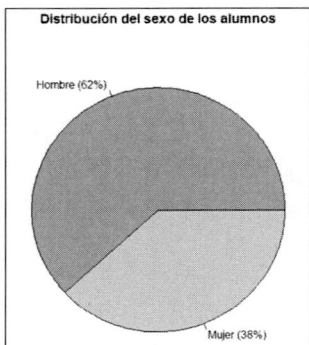

Figura 3.11: Gráfico de sectores de la variable Sexo.

nos proporciona la representación de la Figura 3.2:

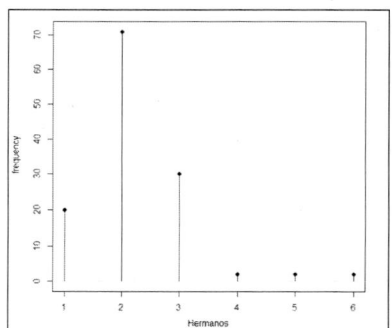

Figura 3.12: Gráfico de la variable Hermanos.

Para las variables cuantitativas es posible representar histogramas mediante **Gráficas → Histograma...** En el diálogo que se muestra en la Figura 3.13 deberemos seleccionar la variable que se desea representar (pestaña **Datos**) e indicar en la pestaña **Opciones** las características del histograma (títulos, número de intervalos, frecuencias o densidades...):

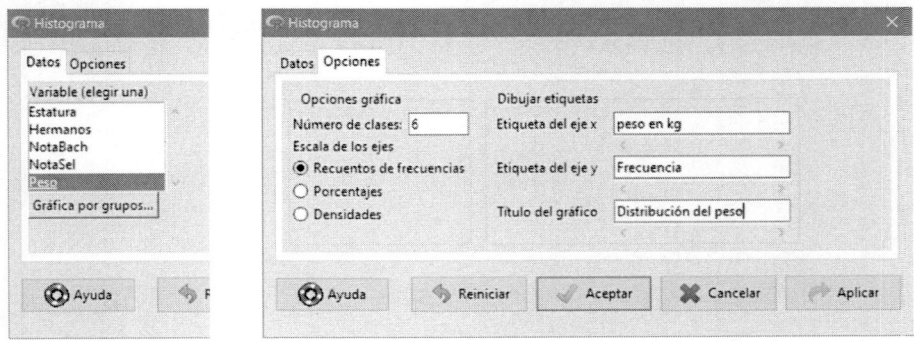

Figura 3.13: Diálogo para histogramas en R Commander.

Obteniéndose la representación que se muestra en la Figura 3.14 (similar a la obtenida directamente con R).

R Commander permite realizar la representación gráfica por grupos, tanto para los histogramas como para otros tipos de gráficos (sectores, barras...). En el diálogo anterior es posible, en la pestaña Datos, indicar (pulsando el botón Gráfica por grupos...) la variable que se quiere emplear para distinguir los diferentes grupos. En nuestro caso vamos a utilizar la variable Sexo (véase Figura 3.15), lo que nos proporcionará dos histogramas diferentes de la variable Peso, uno para Hombres y otro para Mujeres, que se muestran en la Figura 3.16.

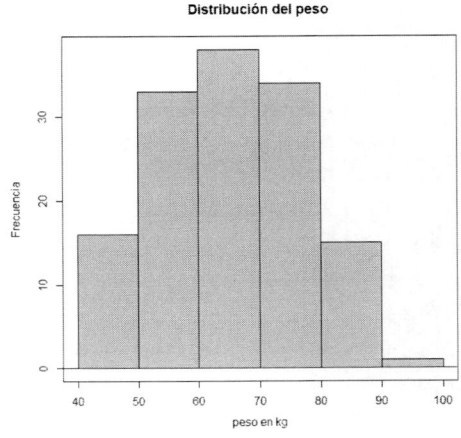

Figura 3.14: Histograma con R Commander.

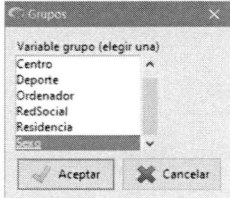

Figura 3.15: Diálogo para seleccionar grupos en R Commander.

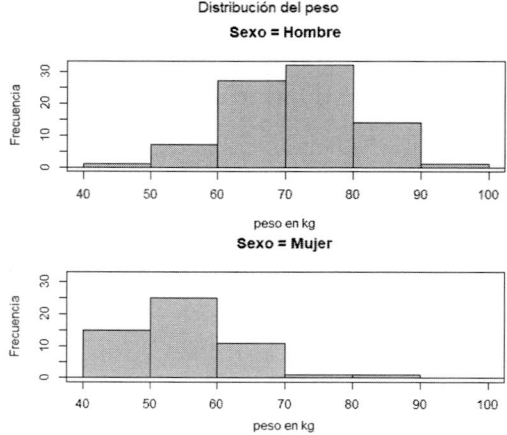

Figura 3.16: Histogramas de la variable Peso por sexos.

Además, R Commander nos permite dibujar fácilmente los diagramas de caja y bigotes de una variable numérica. El menú **Gráficas → Diagrama de cajas...** nos muestra un diálogo similar a los anteriores donde podemos indicar la variable que deseamos representar, la variable cualitativa utilizada en su caso para distinguir grupos de observaciones, si se desea identificar atípicos y los títulos del gráfico. Así, por ejemplo, podemos construir el siguiente diagrama donde se representa las estaturas de los alumnos diferenciándolos por sexo. Este tipo de gráfico muestra algunas medidas importantes de la distribución (mediana, cuartiles, recorridos...) al mismo tiempo que permite visualizar la existencia de atípicos (en la Figura 3.17 se aprecia que hay un atípico inferior en los hombres y dos atípicos superiores en las mujeres):

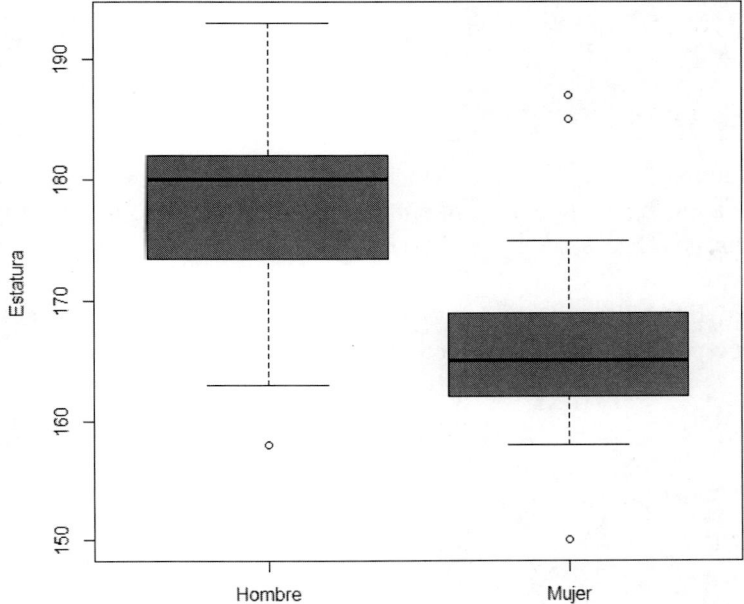

Figura 3.17: Diagrama de cajas de la variable `Estatura` por sexos.

En lo que respecta a la descripción numérica, `R Commander` proporciona diferentes posibilidades. En primer lugar, podemos realizar un rápido análisis de todas las variables activas desde la opción del menú **Estadísticos** → **Resúmenes** → **Conjunto de datos activo**. Esta opción aplica la función `summary`, explicada en la sección anterior, a todas las variables del `dataframe` activo. Se muestra la salida para sólo alguna de las variables del `dataframe` `alumnos`:

```
   Sexo        Estatura         Peso                 Deporte
Hombre:86   Min.   :150.0   Min.   :42.50   Frecuentemente    :33
Mujer :53   1st Qu.:165.0   1st Qu.:58.00   Muy frecuentemente:12
NA's  : 3   Median :173.0   Median :66.00   Nunca             : 7
            Mean   :173.3   Mean   :66.22   Ocasionalmente    :39
            3rd Qu.:180.0   3rd Qu.:75.00   Regularmente      :49
            Max.   :193.0   Max.   :95.00   NA's              : 2
            NA's   :3       NA's   :5
```

La opción **Estadísticos** → **Resúmenes** → **Número de observaciones ausentes** proporciona la siguiente salida:

Sexo	Estatura	Peso	Deporte	Hermanos	Residencia	Centro
3	3	5	2	15	3	4

NotaBach	NotaSel	Ordenador	ADSL	RedSocial
6	11	4	4	3

Finalmente, la opción **Estadísticos** → **Resúmenes** → **Resúmenes numéricos** permite realizar un análisis numérico personalizado de una o varias variables. En la pestaña **Datos** se puede seleccionar la o las variables sobre las que se desea calcular las medidas que se especifican en la siguiente pestaña, **Estadísticos**. En esta pestaña se pueden seleccionar diferentes medidas de posición, de dispersión y de forma, como se aprecia en la Figura 3.18.

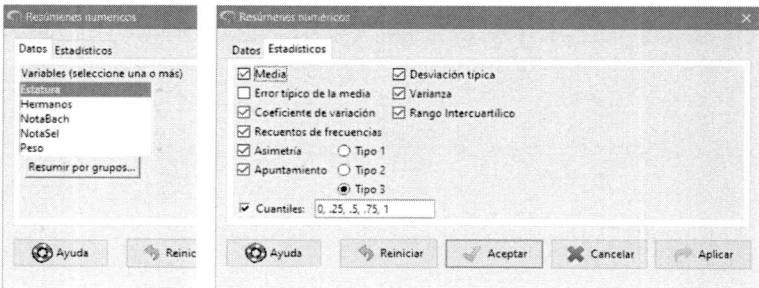

Figura 3.18: Diálogo de resúmenes numéricos en R Commander.

Entre ellas hay que destacar la media (función `mean` de R), cuantiles (función `quantile` de R), recorrido intercuartílico (función `IQR` de R), cuasivarianza y cuasidesviación típica (funciones `var` y `sd` de R), asimetría (función `skewness` de R) y apuntamiento (función `kurtosis` de R).

Las medidas de forma pueden ser de tres tipos, siendo el tipo 3 el que se corresponde con los coeficientes de asimetría y de curtosis de Fisher explicados en la sección de conceptos básicos de este capítulo.

Hay que destacar que también se puede seleccionar la opción `Recuento de frecuencias`, que calcula la distribución de frecuencias absoluta y relativa de la variable en base a unos intervalos determinados automáticamente. A continuación se muestra la salida que proporciona R Commander tras realizar la selección mostrada en la Figura 3.18:

mean	sd	var	IQR	CV	skewness	kurtosis
173.2554	9.1431	83.5955	15	0.05277	0.00441	-0.6323

0%	25%	50%	75%	100%	n	NA
150	165	173	180	193	139	3

```
Binned distribution of Estatura
             Count Percent
[150, 155]       2    1.44
(155, 160]      10    7.19
(160, 165]      24   17.27
(165, 170]      22   15.83
(170, 175]      27   19.42
(175, 180]      24   17.27
(180, 185]      17   12.23
(185, 190]      11    7.91
(190, 195]       2    1.44
Total          139  100.00
```

3.4. Estadística Univariante con TeachStat

El plugin Rcmdr.TeachStat dispone en **Estadística Básica → Estadística descriptiva** de algunas opciones que permiten realizar un análisis descriptivo similar al visto con R Commander. Sin embargo, ofrece algunas características adicionales que complementan lo visto en la sección anterior.

Hay que destacar que TeachStat no ofrece ninguna opción adicional en lo que se refiere a gráficos, simplemente permite obtener las distribuciones de frecuencias y las medidas estadísticas más relevantes para las variables en estudio.

La primera opción que nos encontramos es **Conjunto de datos activo** que es una réplica de la misma opción existente en **Estadísticos→ Resúmenes** ya explicada en la sección anterior. Recordemos que proporciona un análisis descriptivo automático de todas las variables del dataframe.

Siguiendo con el mismo menú, la siguiente opción es **Distribuciones de frecuencia variable cualitativa**. Al seleccionarla se muestra el diálogo de la Figura 3.19.

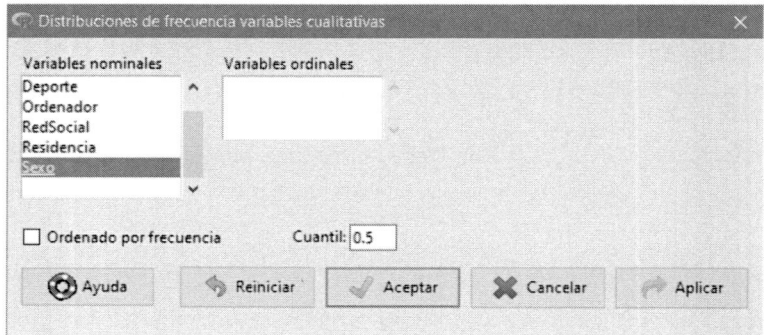

Figura 3.19: Diálogo de variables cualitativas en `TeachStat`.

Al haber seleccionado la variable `Sexo`, la salida que obtenemos es[10]:

```
Variables nominales:

Variable: Sexo
       ni     fi
Hombre 86 0.619
Mujer  53 0.381
N= 139
```

Hay que notar que en el diálogo anterior aparece una lista (vacía) para variables ordinales. Sabemos que la variable `Deporte` del conjunto de datos `alumnos` es una variable ordinal, pero, evidentemente, al realizar la importación del fichero Excel, `R` no puede conocer esa situación. Para indicarle a `R` que dicha variable es de tipo ordinal y cuál es el orden de las diferentes modalidades, vamos a recurrir a una opción de `R Commander`: **Datos → Modificar variables del conjunto de datos activo → Reordenar niveles de factor**. El diálogo que surge nos permite realizar ambas cosas. En primer lugar, seleccionamos la variable `Deporte` e indicamos que se trata de un factor de tipo ordenado (Figura 3.20). No es necesario cambiar el nombre de la variable o factor. En caso de no hacerlo, nos aparecerá una confirmación de que deseamos seguir trabajando con el mismo nombre de la variable (presionamos el botón Sí) y, finalmente, se muestra el diálogo que nos permite especificar el orden existente entre los niveles o categorías de la variable `Deporte`. En la Figura 3.21 se muestra los valores obvios para la ordenación de las diferentes categorías.

---

[10]Es posible seleccionar varias variables al mismo tiempo manteniendo pulsada la tecla de Control, obteniéndose la distribución de frecuencias para cada una de ellas por separado.

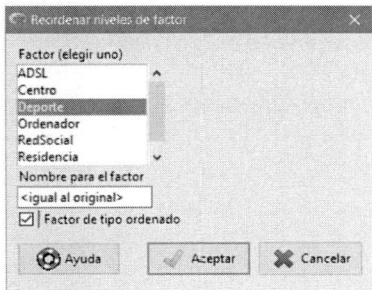
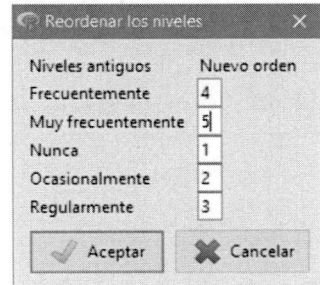

Figura 3.20: Variable a ordenar.　　**Figura 3.21:** Nuevos niveles de la variable.

En este momento podemos ejecutar de nuevo la opción **Distribuciones de frecuencia variable cualitativa** y en el diálogo de la Figura 3.22 ya nos aparece como ordinal la variable `Deporte`:

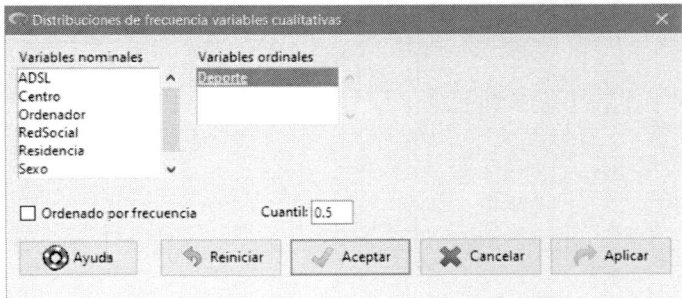

Figura 3.22: Diálogo de variables cualitativas en `TeachStat`.

Ahora tiene sentido especificar un valor en el cuadro de texto "cuantil", cuyo valor se mostrará en la salida. En este caso se ha mantenido el valor 0.5, lo que nos va a proporcionar la mediana de dicha variable:

```
Variable: Deporte
                    ni      fi   Ni     Fi
Nunca                7  0.0500    7  0.050
Ocasionalmente      39  0.2786   46  0.329
Regularmente        49  0.3500   95  0.679
Frecuentemente      33  0.2357  128  0.914
Muy frecuentemente  12  0.0857  140  1.000
N= 140


Cuantil: 0.5
            Variable         Fi
Deporte Regularmente  0.6785714
```

Se puede apreciar que hemos obtenido la distribución de frecuencias, tanto ordinarias como acumuladas, de la variable `Deporte` y se ha calculado el valor de la mediana (cuantil 0.5), correspondiente a la categoría `Regularmente`, que es donde las frecuencias relativas acumuladas alcanzan el 50 %.

La siguiente opción que proporciona `TeachStat` dentro de la estadística descriptiva es **Resúmenes numéricos - Variables discretas**. El correspondiente diálogo nos permite seleccionar la variable (o variables) que se desean analizar y si se desea obtener la tabla de frecuencias (véase Figura 3.23) y qué medidas se desean calcular (Figura 3.24).

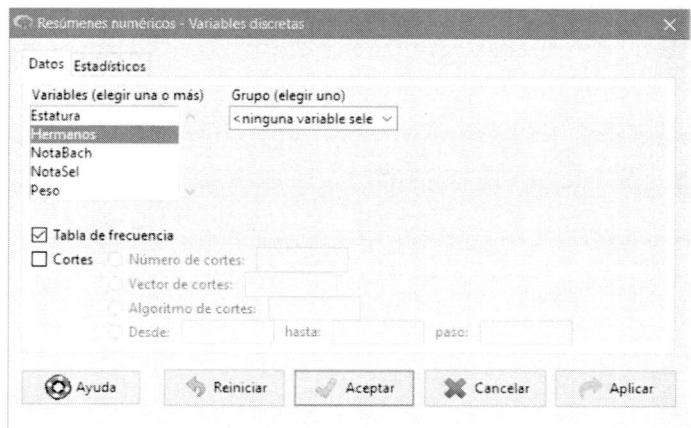

Figura 3.23: Diálogo de variables discretas en `TeachStat`.

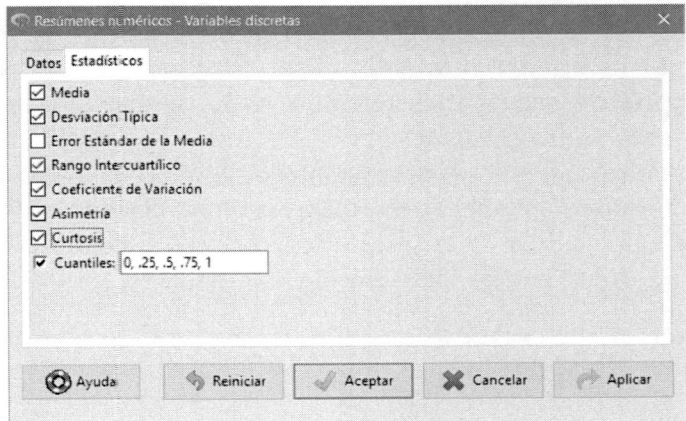

Figura 3.24: Diálogo de medidas de variables discretas en `TeachStat`.

Con los valores seleccionados en los diálogos anteriores, la salida que se obtiene es la siguiente:

```
--------------------------------

Resúmenes numéricos:
   mean       sd IQR skewness kurtosis 0% 25% 50% 75% 100%   n  NA
  2.2205 0.89897   1 1.545976 4.614362  1   2   2   3    6 127  15


--------------------------------


Distribución de frecuencias para variables discretas:

Variable: Hermanos
   ni    fi  Ni    Fi
1  20 0.1575  20 0.157
2  71 0.5591  91 0.717
3  30 0.2362 121 0.953
4   2 0.0157 123 0.969
5   2 0.0157 125 0.984
6   2 0.0157 127 1.000
N= 127
```

En el diálogo de la Figura 3.23, en caso de querer obtener la tabla de frecuencias, esta se puede calcular agrupando valores en intervalos. Esto sólo tiene sentido si la variable presenta muchos valores diferentes, lo que no ocurre en la variable `Hermanos`. A continuación, cuando analicemos una variable continua, veremos cómo funcionan estas opciones.

La opción **Resúmenes numéricos** nos permite realizar un análisis descriptivo de variables cuantitativas en general. Es similar al comentado anteriormente para las variables discretas. En este caso vamos a estudiar la variable `Estatura`. Además, queremos obtener la distribución de frecuencias y para ello indicamos que queremos construir intervalos desde 150 cm hasta 195 con una amplitud de 5 cm (véase Figura 3.25). Se aprecia que existen otras opciones, como indicar simplemente el número de cortes[11], indicar el vector de cortes[12] o indicar el algoritmo de cortes (véase ayuda de R).

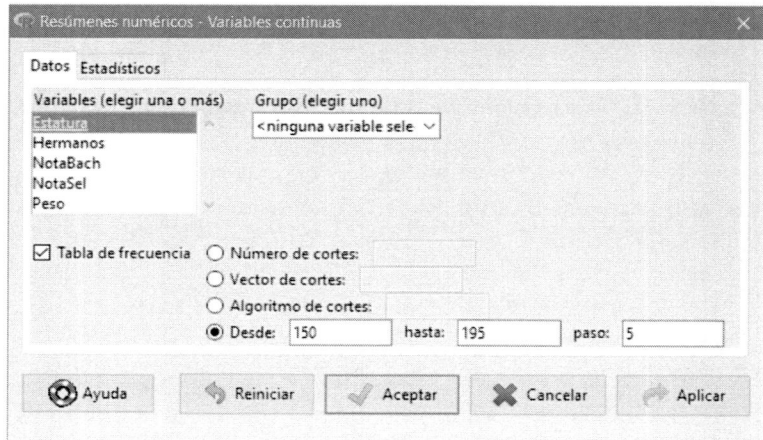

Figura 3.25: Diálogo variables cuantitativas en `TeachStat`.

En el diálogo previo, la pestaña `Estadísticos` es similar a las anteriores, permitiendo seleccionar las diferentes medidas de posición, dispersión y forma que queremos obtener.

La salida obtenida a partir del diálogo de la Figura 3.25 es la siguiente:

```
------------------------------

Resúmenes numéricos:
    mean        sd IQR   0% 25% 50% 75% 100%    n NA
 173.2554 9.143059  15  150 165 173  180  193  139  3
```

---

[11]R se encarga de calcular lo valores inicial y final, así como la amplitud de los intervalos.

[12]Para ello basta con indicar los valores separados por espacios, por ejemplo, "150 170 190 200". De esta manera se pueden considerar intervalos de diferente amplitud. En la sección 3.2.1 se muestra cómo trabajar con dichos vectores de cortes.

```
---------------------------------

Distribución de frecuencias para variables continuas:

Variable: Estatura
           Li_1 Li  xi ni     fi  Ni      Fi ai      hi
[150,155)   150 155 152  2 0.0144   2 0.0144  5 0.00288
[155,160)   155 160 158  4 0.0288   6 0.0432  5 0.00576
[160,165)   160 165 162 16 0.1151  22 0.1583  5 0.02302
[165,170)   165 170 168 28 0.2014  50 0.3597  5 0.04029
[170,175)   170 175 172 25 0.1799  75 0.5396  5 0.03597
[175,180)   175 180 178 19 0.1367  94 0.6763  5 0.02734
[180,185)   180 185 182 27 0.1942 121 0.8705  5 0.03885
[185,190)   185 190 188 12 0.0863 133 0.9568  5 0.01727
[190,195]   190 195 192  6 0.0432 139 1.0000  5 0.00863
N= 139
```

Hay que fijarse en que, al tratarse de variables agrupadas en intervalos, `TeachStat` muestra la tabla de frecuencias completa, incluyendo las marcas de clase, la amplitud y la densidad de los intervalos[13].

También hay que señalar que, tanto en el análisis de variables discretas como en el de variables continuas, `TeachStat` permite realizar el estudio por grupos, al igual que vimos con `R Commander`. Podemos llevar a cabo el análisis de la variable `Estatura` por `Sexos`, como se muestra en la Figura 3.26:

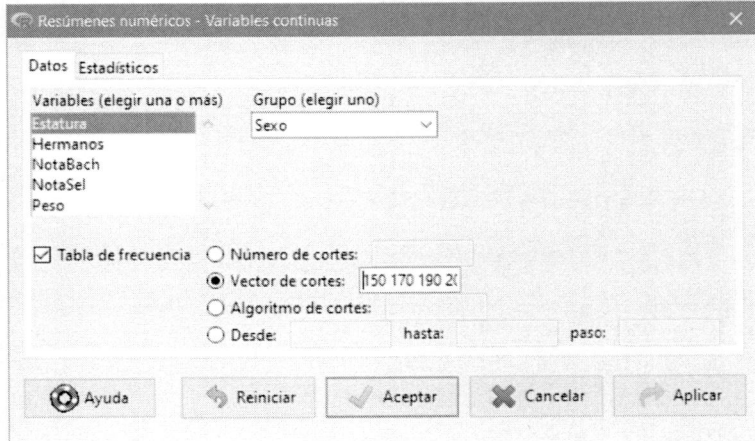

Figura 3.26: Diálogo variables cuantitativas en `TeachStat`.

---

[13]Nótese que `TeachStat` considera los intervalos cerrados por la derecha.

En este caso hemos especificado que los intervalos son: $[150, 170), [170, 190)$ y $[190, 200]$. La salida es:

```
--------------------------------

Resúmenes numéricos:
             mean        sd IQR  0%    25% 50% 75% 100%   n  NA
Hombre 178.0964 7.201989 8.5 158 173.5 180  182  193  83   3
Mujer  165.7264 6.607518 7.0 150 162.0 165  169  187  53   0


--------------------------------


Distribución de frecuencias para variables continuas:

 Variable: Estatura

 Grupo: Hombre
             Li_1  Li  xi ni     fi  Ni    Fi ai       hi
[150,170)    150 170 160  9 0.1084   9 0.108 20 0.00542
[170,190)    170 190 180 68 0.8193  77 0.928 20 0.04096
[190,200]    190 200 195  6 0.0723  83 1.000 10 0.00723
N= 83


 Grupo: Mujer
             Li_1  Li  xi ni    fi  Ni    Fi ai      hi
[150,170)    150 170 160 40 0.755  40 0.755 20 0.0377
[170,190)    170 190 180 13 0.245  53 1.000 20 0.0123
[190,200]    190 200 195  0 0.000  53 1.000 10 0.0000
N= 53
```

Finalmente, veremos la opción **Resúmenes numéricos - Datos tabulados**. Hasta ahora hemos considerado variables de las que se conocen los valores de las distintas observaciones, pero en algunos casos no contamos con esta información detallada, disponiendo sólo de la distribución de frecuencias agrupadas. Supongamos que se desea estudiar la variable **"Precio del menú"** de un conjunto de restaurantes, conociendo sólo la siguiente información:

Introducimos esta información en un nuevo conjunto de datos, desde R Commander o, en este caso, a través de Excel (Figura 3.27):

Tabla 3.6: Distribución de frecuencias de los precios de los menús.

Precio		Número de restaurantes (n_i)
Desde (L_{i-1})	Hasta (L_i)	
10	15	40
15	20	55
20	30	60
30	40	25
40	60	10

	A	B	C
1	Desde	Hasta	Numero
2	10	15	40
3	15	20	55
4	20	30	60
5	30	40	25
6	40	60	10

Figura 3.27: Datos agrupados de precios en Excel.

Tras importar los datos, seccionamos la opción **Resúmenes numéricos - Datos tabulados** que nos conduce al diálogo de la Figura 3.28. En él indicamos cuáles son las variables o campos en los que se encuentran los extremos de cada intervalo de precios y la frecuencia absoluta (número de restaurantes en cada categoría de precios). Hemos marcado la opción que nos mostrará la tabla completa de frecuencias y seleccionado los estadísticos deseados.

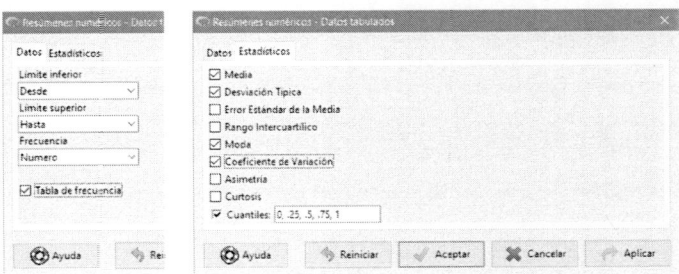

Figura 3.28: Datos agrupados de precios en Excel.

La salida obtenida se puede ver a continuación:

```
------------------------------

Resúmenes numéricos:
     mean        sd        cv     25%  50%      75%     mode    n
 22.82895  9.514031  0.416753  15.68182   20  27.91667  17.14286  190


------------------------------


Distribución de frecuencia para la variable tabulada:
 Li_1 Li   xi ni         fi  Ni        Fi  ai          hi
   10 15 12.5 40 0.21052632  40 0.2105263   5 0.042105263
   15 20 17.5 55 0.28947368  95 0.5000000   5 0.057894737
   20 30 25.0 60 0.31578947 155 0.8157895  10 0.031578947
   30 40 35.0 25 0.13157895 180 0.9473684  10 0.013157895
   40 60 50.0 10 0.05263158 190 1.0000000  20 0.002631579
```

Donde las medidas de posición y dispersión se han calculado usando las correspondientes fórmulas y considerando las marcas de clase. En particular, la moda se ha obtenido empleando la expresión simplificada detallada en la primera sección de este capítulo.

Capítulo 4

Estadística Descriptiva Bivariante

4.1. Conceptos básicos

El análisis descriptivo de dos variables es una rama fundamental de la estadística que se centra en **examinar la relación entre dos variables**. A diferencia del análisis univariante, que describe cada variable por separado, el análisis bivariante busca descubrir cómo se relacionan entre sí dos variables, si existe alguna asociación o dependencia entre ellas, y cómo se comportan conjuntamente. El análisis bivariante es esencial por varias razones:

- **Descubrir relaciones:** permite identificar si existe una conexión entre dos características. Por ejemplo, ¿existe una relación entre el nivel educativo de una persona y sus ingresos?

- **Entender la correlación:** revela cómo cambian dos variables juntas. Por ejemplo, ¿a medida que aumenta la inversión en publicidad, aumentan las ventas de una empresa?

- **Regresión:** facilita la creación de modelos que explican la relación, lineal o no lineal, entre las dos variables.

- **Predecir valores:** permite predecir el valor de una variable basándose en el valor de otra.

En resumen, el análisis bivariante proporciona una visión más completa y profunda de los datos, permitiendo ir más allá de la descripción individual de cada variable y explorar las interacciones entre ellas.

4.1.1. Tabulación de datos bivariantes

4.1.1.1. Frecuencias conjuntas

Cuando observamos conjuntamente dos variables X e Y sobre una misma población de tamaño N, estamos ante una variable estadística bidimensional que representamos por (X, Y). Supongamos que la variable X toma k valores distintos $x_i, i = 1, \ldots, k$, y que la variable Y toma h valores distintos $y_j, j = 1, \ldots, h$. Se denomina frecuencia absoluta conjunta, y se denota por n_{ij}, al número de veces que se observa el par (x_i, y_j) y se verifica que $\sum_{i=1}^{k} \sum_{j=1}^{h} n_{ij} = N$

Se denomina frecuencia relativa conjunta, y se denota por f_{ij}, a la proporción de veces sobre N que se presenta conjuntamente el par (x_i, y_j), es decir:

$$f_{ij} = \frac{n_{ij}}{N}$$

verificándose que $\sum_{i=1}^{k} \sum_{j=1}^{h} f_{ij} = 1$

Se denomina distribución de frecuencias conjunta a la terna:

$$(x_i, y_j, n_{ij}) \qquad i = 1 \ldots k, j = 1 \ldots h$$

La Tabla 4.1 muestra cómo se realiza la representación numérica de los datos de una distribución de frecuencias conjunta mediante una tabla de doble entrada:

Tabla 4.1: Distribución de frecuencias conjuntas.

$X\backslash Y$	y_1	y_2	...	y_j	...	y_h
x_1	n_{11}	n_{12}	...	n_{1j}	...	n_{1h}
x_2	n_{21}	n_{22}	...	n_{2j}	...	n_{2h}
...	...	...	...	...	...	...
x_i	n_{i1}	n_{i2}	...	n_{ij}	...	n_{ih}
...	...	...	...	...	...	...
x_k	n_{k1}	n_{k2}	...	n_{kj}	...	n_{kh}

En la primera columna aparecen los valores de la variable X y en la primera fila los de la variable Y. La intersección de la fila i–ésima con la columna j–ésima contiene la frecuencia absoluta conjunta n_{ij} del par (x_i, y_j). De forma análoga construimos la distribución de frecuencias relativas conjunta (véase Tabla 4.2).

Si las variables son cualitativas, estas tablas se denominan tablas de contingencia.

Tabla 4.2: Distribución de frecuencias relativas conjuntas.

$X \backslash Y$	y_1	y_2	$\cdots$	y_j	$\cdots$	y_h
x_1	f_{11}	f_{12}	$\cdots$	f_{1j}	$\cdots$	f_{1h}
x_2	f_{21}	f_{22}	$\cdots$	f_{2j}	$\cdots$	f_{2h}
$\cdots$	$\cdots$	$\cdots$	$\cdots$	$\cdots$	$\cdots$	$\cdots$
x_i	f_{i1}	f_{i2}	$\cdots$	f_{ij}	$\cdots$	f_{ih}
$\cdots$	$\cdots$	$\cdots$	$\cdots$	$\cdots$	$\cdots$	$\cdots$
x_k	f_{k1}	f_{k2}	$\cdots$	f_{kj}	$\cdots$	f_{kh}

4.1.1.2. Frecuencias marginales

Las **distribuciones marginales** son las distribuciones de frecuencia de cada una de las variables por separado, ignorando la información sobre los valores de la otra variable. Indican cuántas veces (o qué porcentaje de veces) aparece cada valor de una variable sin tener en cuenta la otra variable.

A partir de la **distribución conjunta** de dos variables, tenemos dos distribuciones marginales:

- **Distribución marginal de la variable X:** se obtiene considerando sus valores, así como sus respectivas frecuencias, independientemente de los valores de la variable Y. Es decir, la distribución marginal de X viene dada por $(x_i, n_{i.})$, $i = 1 \ldots k$, donde $n_{i.}$ es la frecuencia absoluta marginal de X y se calcula como la suma de la i–ésima fila de frecuencias absolutas conjuntas:

$$n_{i.} = \sum_{j=1}^{h} n_{ij}$$

verificándose que $\sum_{i=1}^{k} n_{i.} = N$

En términos de frecuencias relativas la **distribución marginal** de X viene dada por $(x_i, f_{i.})$, $i = 1 \ldots k$, donde $f_{i.}$ es la frecuencia relativa marginal de X:

$$f_{i.} = \frac{n_{i.}}{N} \qquad \text{o} \qquad f_{i.} = \sum_{j=1}^{h} f_{ij}$$

y se verifica que $\sum_{i=1}^{k} f_{i.} = 1$

- **Distribución marginal de la variable** Y: análogamente, se obtiene considerando sus valores, así como sus respectivas frecuencias independientemente de los valores de la variable X. Es decir, la distribución marginal de Y viene dada por $(y_j, n_{j.})$, $j = 1 \dots h$, donde $n_{.j}$ es la frecuencia absoluta marginal de Y y se calcula como la suma de la j–ésima columna de frecuencias absolutas conjuntas:

$$n_{.j} = \sum_{i=1}^{k} n_{ij}$$

verificándose que $\sum_{j=1}^{h} n_{.j} = N$

En términos de frecuencias relativas la **distribución marginal** de Y viene dada por $(y_j, f_{j.})$, $j = 1 \dots h$, donde $f_{.j}$ es la frecuencia relativa marginal de Y:

$$f_{.j} = \frac{n_{.j}}{N} \qquad \text{o} \qquad f_{.j} = \sum_{i=1}^{k} f_{ij}$$

y se verifica que $\sum_{i=1}^{h} f_{.j} = 1$

Estas distribuciones suelen encontrar en los márgenes (de ahí su nombre) de la tabla de frecuencias conjuntas, como las sumas totales de cada fila y cada columna (véase Tabla 4.3). Hay que notar que las **distribuciones marginales** son distribuciones univariantes, por lo que se pueden caracterizar por todas las medidas de posición, dispersión y forma vistas en el capítulo anterior.

Tabla 4.3: Distribuciones marginales absolutas.

$X \backslash Y$	y_1	y_2	...	y_j	...	y_h	$n_{i.}$
x_1	n_{11}	n_{12}	...	n_{1j}	...	n_{1h}	$n_{1.}$
x_2	n_{21}	n_{22}	...	n_{2j}	...	n_{2h}	$n_{2.}$
...	...	...	...	...	...	...	...
x_i	n_{i1}	n_{i2}	...	n_{ij}	...	n_{ih}	$n_{i.}$
...	...	...	...	...	...	...	...
x_k	n_{k1}	n_{k2}	...	n_{kj}	...	n_{kh}	$n_{k.}$
$n_{.j}$	$n_{.1}$	$n_{.2}$	...	$n_{.j}$	...	$n_{.h}$	N

En resumen, las **distribuciones marginales** responden a la pregunta: "¿Cuál es la frecuencia (o proporción) de cada valor de esta variable en toda la muestra?" sin considerar la otra variable. Son útiles para entender la distribución individual de cada variable dentro del conjunto de datos.

4.1.1.3. Frecuencias condicionadas

En el análisis estadístico de dos variables, además de examinar la distribución conjunta de ambas, es de gran interés estudiar cómo se comporta una de las variables cuando se fija el valor de la otra.

En lugar de observar la distribución general de una variable en toda la muestra (distribución marginal), la **distribución condicionada** de una variable describe cómo se distribuye esa variable para un valor específico de la otra.

Por ejemplo, si estamos estudiando la relación entre los ingresos (X) y el nivel educativo (Y) de un grupo de personas, una distribución condicionada nos permitiría responder a la pregunta: ¿Cómo se distribuyen los ingresos (X) *entre* las personas que tienen un nivel educativo de "licenciatura" $(Y =$ licenciatura)?

Formalmente, si tenemos una distribución bidimensional (x_i, y_j, n_{ij}), $i = 1 \ldots k, j = 1 \ldots h$, la distribución de X condicionada a y_j viene dada por: (x_i, n_{ij}) con $i = 1 \ldots k$. Es decir, consiste en considerar simplemente la columna de frecuencias correspondientes al valor y_j.

De forma análoga, podemos definir la distribución de Y condicionada a x_i como el par (y_j, n_{ij}) con $j = 1 \ldots h$. O sea, basta con considerar simplemente la fila de frecuencias correspondientes al valor x_i.

Más interesante que las **frecuencias absolutas condicionadas** son las **frecuencias relativas condicionadas**, que permiten realizar comparaciones y que habitualmente se denominan **perfiles**:

- **Perfiles fila**: indican la frecuencia relativa condicionada del valor x_i, es decir, es la proporción de veces que se observa el par (x_i, y_j), con respecto al número de veces que aparece el valor y_j:

$$f_{i|j} = f_{X=x_i|Y=y_j} = \frac{n_{ij}}{n_{\cdot j}} \qquad \forall i = 1 \ldots k$$

En definitiva, los **perfiles fila** consisten en la distribución univariante de frecuencias relativas:

$$(x_i, f_{X=x_i|Y=y_j}) \qquad i = 1 \ldots k$$

verificándose que $\sum_{i=1}^{k} f_{X=x_i|Y=y_j} = 1$.

- **Perfiles columna**: indican la frecuencia relativa condicionada del valor y_j, es decir, es la proporción de veces que se observa el par (x_i, y_j), con respecto al número de veces que aparece el valor x_i:

$$f_{j|i} = f_{Y=y_j|X=x_i} = \frac{n_{ij}}{n_{i.}} \qquad \forall j = 1 \ldots h$$

En definitiva, los **perfiles columna** consisten en la distribución univariante de frecuencias relativas:

$$(y_j, f_{Y=y_j|X=x_i}) \qquad j = 1 \ldots h$$

verificándose que $\sum_{j=1}^{h} f_{Y=y_j|X=x_i} = 1$.

Al igual que con las **distribuciones marginales,** hay que destacar que las **distribuciones condicionadas** son distribuciones univariantes, por lo que se pueden caracterizar por todas las medidas de posición, dispersión y forma vistas en el capítulo anterior.

Al analizar las distribuciones condicionadas, podemos obtener información valiosa sobre la dependencia entre las variables. Si la distribución de Y cambia significativamente al cambiar el valor de X, esto sugiere que existe una dependencia entre las variables.

En resumen, las distribuciones condicionadas nos permiten profundizar en el análisis de la relación entre dos variables, proporcionando una perspectiva más detallada y matizada que el simple estudio de la distribución conjunta.

4.1.1.4. Independencia

Dos variables son independientes entre sí, si los valores que toma una de ellas no están afectados por los valores que toma la otra, lo que supone que las distribuciones condicionadas son idénticas a la distribución marginal correspondiente. En términos de frecuencias relativas se expresa del siguiente modo:

$$f_{i|j} = f_{i.} \qquad \forall j = 1 \ldots h$$
$$f_{j|i} = f_{.j} \qquad \forall i = 1 \ldots h$$

Como consecuencia, se puede enunciar el criterio de Independencia Estadística diciendo que dos variables son estadísticamente independientes si la frecuencia relativa conjunta es igual al producto de las frecuencias relativas marginales para todos los valores de ambas variables, es decir:

$$f_{ij} = f_{i.} \times f_{.j} \qquad \forall i = 1 \ldots k, j = 1 \ldots h$$

4.1.2. Teoría de Correlación

En el ámbito de la estadística bivariante, uno de los objetivos primordiales es analizar la posible **asociación lineal** existente entre dos variables cuantitativas. La **teoría de la correlación** proporciona el marco conceptual y las herramientas metodológicas para cuantificar la **magnitud** y la **dirección** de esta relación lineal.

Desde el punto de vista gráfico, una herramienta fundamental para explorar la posible relación entre dos variables cuantitativas es el **diagrama de dispersión** (*scatter plot*). Esta representación gráfica sitúa cada par de observaciones (x_i, y_i) como un punto en un eje de coordenadas, donde el eje horizontal representa los valores de una variable (convencionalmente la variable independiente o predictora) y el eje vertical representa los valores de la otra variable (la variable dependiente o de respuesta).

La disposición de estos puntos en el gráfico ofrece una primera impresión visual sobre la naturaleza de la asociación entre las dos variables. Podemos observar patrones que sugieren (ver Figuras 4.1 a 4.6):

- **Tendencia lineal:** si los puntos tienden a agruparse alrededor de una línea recta, esto sugiere una posible relación lineal, que puede ser **directa** (la nube de puntos asciende de izquierda a derecha) o **inversa** (la nube de puntos desciende de izquierda a derecha).

- **Relaciones no lineales:** si los puntos forman una curva u otro patrón no rectilíneo, indica una relación no lineal entre las variables.

- **Intensidad de la relación:** la dispersión de los puntos alrededor del patrón sugiere la intensidad de la relación. Puntos muy cercanos a una línea o curva indican una relación fuerte, mientras que una dispersión amplia sugiere una relación débil.

- **Valores atípicos** (*outliers*): cuando un dato se aparta considerablemente del patrón común, puede ser un indicador de un error de registro o de una situación atípica que merece un estudio más detallado.

- **Inexistencia de relación:** si no existe ningún patrón, es posible que no exista una relación entre ambas variables.

El diagrama de dispersión es, por lo tanto, un paso inicial crucial en el análisis de la correlación, ya que proporciona una información visual sobre la forma, sentido e intensidad de la posible asociación entre dos variables cuantitativas, complementando y guiando el posterior cálculo y la interpretación de medidas estadísticas como la covarianza y el coeficiente de correlación.

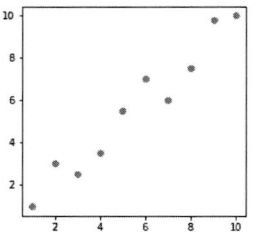

Figura 4.1: Relación lineal directa.

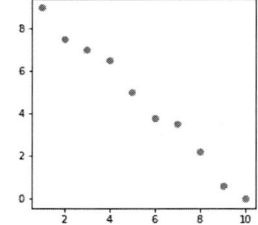

Figura 4.2: Relación lineal inversa fuerte.

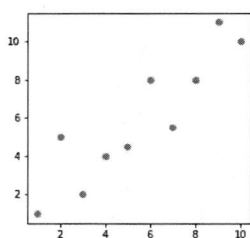

Figura 4.3: Relación lineal directa débil.

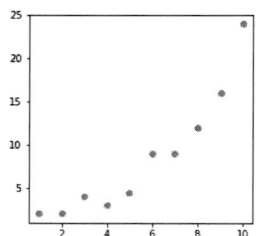

Figura 4.4: Relación no lineal directa.

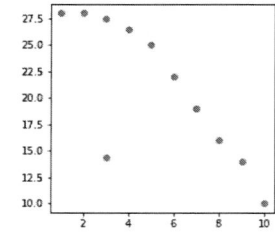

Figura 4.5: Relación no lineal inversa fuerte con un atípico.

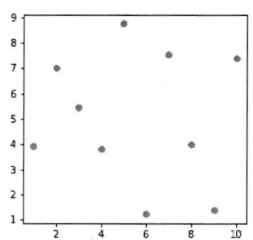

Figura 4.6: Sin relación.

A continuación analizaremos el concepto de **covarianza**. La covarianza es una medida estadística que evalúa cómo dos variables cambian conjuntamente. A diferencia de la varianza, que mide la dispersión de una única variable alrededor de su media, la covarianza indica el sentido de la relación lineal entre dos variables. Nos indica si ambas variables tienden a aumentar o disminuir juntas, o si mientras una aumenta, la otra tiende a disminuir.

Formalmente, dadas dos variables (X, Y) con observaciones (x_i, y_i), $i = 1 \ldots N$, la covarianza (S_{xy}) se define como:

$$S_{xy} = \frac{\sum_{i=1}^{n}(x_i - \bar{x})(y_i - \bar{y})}{N}$$

El signo de la covarianza nos informa sobre el sentido de la relación lineal entre las dos variables:

- **Covarianza positiva** $(S_{xy} > 0)$: indica que cuando una variable se desvía de su media en una dirección (por ejemplo, por encima de la media), la otra variable también tiende a desviarse de su media en la misma dirección. En otras palabras, ambas variables tienden a aumentar o disminuir simultáneamente.

- **Covarianza negativa** $(S_{xy} < 0)$: indica que cuando una variable se desvía de su media en una dirección, la otra variable tiende a desviarse en la dirección opuesta. Es decir, mientras una variable tiende a aumentar, la otra tiende a disminuir, y viceversa.

- **Covarianza cercana a cero** $(S_{xy} \approx 0)$: sugiere que no existe una tendencia lineal clara en cómo las dos variables varían conjuntamente. Esto no implica necesariamente que las variables sean independientes, ya que podría haber una relación no lineal entre ellas.

A pesar de proporcionar información sobre el sentido de la relación lineal, la covarianza presenta un gran inconveniente: su valor depende de las unidades de medida de las variables. Esto dificulta su interpretación a la hora de determinar la intensidad de la relación entre diferentes pares de variables. Por ejemplo, una covarianza de 100 podría indicar una relación fuerte si las variables tienen unidades pequeñas, pero podría ser débil si las unidades son grandes.

Para superar esta limitación y obtener una medida estandarizada de la fuerza y sentido de la relación lineal, se utiliza el **coeficiente de correlación**. El coeficiente de correlación lineal de Pearson se obtiene dividiendo la covarianza entre las desviaciones típicas de las dos variables:

$$r = \frac{S_{xy}}{S_x S_y}$$

Al dividir la covarianza por el producto de las desviaciones típicas, se eliminan las unidades de medida, y el coeficiente de correlación resultante se encuentra en el rango de $[-1, +1]$, lo que permite una interpretación directa de la fuerza y sentido de la relación lineal, independientemente de las escalas originales de las variables.

El **sentido** de la relación lineal se infiere del signo del coeficiente de correlación, que coincide con el de la **covarianza** entre dichas variables. Un coeficiente de correlación **positivo** $(r > 0)$ indica una **relación lineal directa**: a medida que los valores de una variable tienden a aumentar, los valores de la otra variable también muestran una tendencia a incrementarse. Un coeficiente de correlación **negativo** $(r < 0)$ señala una **relación lineal inversa**: un aumento en los valores de una variable se asocia con una tendencia a la disminución en los valores de la otra variable. Un coeficiente de correlación cercano a cero ($r \approx 0$) sugiere una **ausencia de relación lineal significativa** entre las dos variables.

La **intensidad** de la relación lineal se evalúa mediante el valor absoluto del coeficiente de correlación, $|r|$. Cuanto más se acerca $|r|$ a 1, mayor es la intensidad de la relación lineal, lo que se traduce en una menor dispersión de los puntos alrededor de una línea recta en un diagrama de dispersión. Por el contrario, valores de $|r|$ próximos a 0 indican una relación lineal débil o inexistente, con una mayor dispersión de los datos.

Es imprescindible destacar dos aspectos fundamentales en la interpretación de la correlación:

1. **Linealidad:** el coeficiente de correlación de Pearson mide específicamente la fuerza de la relación *lineal*. Variables que presentan una fuerte asociación no lineal pueden arrojar un coeficiente de correlación cercano a cero. Por lo tanto, es recomendable complementar el análisis con representaciones gráficas, como el diagrama de dispersión, para identificar posibles patrones no lineales.

2. **Causalidad:** la correlación estadística **no implica causalidad**. Una correlación significativa entre dos variables no prueba que una sea la causa de la otra. La relación observada podría ser espuria, resultado de la influencia de una tercera variable no considerada, o simplemente una coincidencia. El establecimiento de relaciones causales requiere un diseño experimental riguroso y un análisis teórico fundamentado.

4.1.3. Teoría de Regresión

La **teoría de regresión lineal simple** es una herramienta estadística fundamental cuyo objetivo principal es modelar y analizar la relación lineal entre **dos variables cuantitativas**: una variable dependiente (o de respuesta), denotada por Y, y una única variable independiente (o predictora), denotada por X.

La idea central de la regresión lineal simple es encontrar una función lineal que mejor describa cómo cambia la variable dependiente en respuesta a los cambios en la variable independiente. Este modelo lineal se representa mediante una ecuación de la forma:

$$Y = a + bX + \epsilon$$

donde:

- Y es la variable dependiente.

- X es la variable independiente.

- a es la ordenada en el origen (el valor de Y cuando X es cero).

- b es la pendiente (la variación que experimenta Y cuando X aumenta una unidad).

- ϵ es el término de error (o residuo), que representa la variabilidad en Y que no puede ser explicada por la relación lineal con X.

El proceso de regresión lineal simple implica estimar los valores de los coeficientes a y b a partir de un conjunto de pares de datos observados, (x_i, y_i). El método más utilizado para esta estimación es el de **mínimos cuadrados ordinarios (MCO)**, que busca minimizar la suma de los cuadrados de los residuos (las diferencias entre los valores observados de Y y los valores predichos por el modelo lineal).

Una vez que se ha ajustado el modelo de regresión lineal simple, se pueden realizar diversas tareas importantes, como:

- **Explicación:** comprender cómo la variable independiente X influye en la variable dependiente Y, interpretando la magnitud y el signo del coeficiente de la pendiente (b).

- **Evaluación de la bondad de ajuste del modelo:** determinar en qué grado la recta de regresión describe la relación entre las dos variables, a través de medidas como el coeficiente de determinación lineal (R^2) y el análisis de los residuos.

- **Predicción:** utilizar la línea de regresión estimada para predecir valores de la variable dependiente Y para nuevos valores de la variable independiente X.

En resumen, la teoría de regresión lineal simple proporciona un marco fundamental para analizar y modelar la relación lineal entre dos variables cuantitativas, siendo una herramienta esencial para la predicción y la comprensión de cómo una variable influye en otra.

4.1.3.1. Bondad del Ajuste

Una vez ajustado un modelo de regresión lineal simple, es crucial evaluar la bondad con la que la recta de regresión describe la relación entre las variables. Dos conceptos fundamentales para esta evaluación son la **varianza residual** y el **coeficiente de determinación lineal** (R^2).

En primer lugar, los **residuos** miden las diferencias entre los valores observados de Y y los valores teóricos predichos por el modelo lineal, $\hat{Y}$:

$$e_i = y_i - \hat{y}_i = y_i - (a + bx_i)$$

La **varianza residual** mide la dispersión de los errores o residuos. Un modelo con un buen ajuste tendrá residuos pequeños, lo que se traduce en una baja varianza residual. Matemáticamente, la varianza residual (S_{rY}^2) se calcula como el promedio de los cuadrados de los residuos:

$$S_{rY}^2 = \frac{\sum_{i=1}^{N} e_i^2}{N} = \frac{\sum_{i=1}^{N} (y_i - \hat{y}_i)^2}{N}$$

donde y_i son los valores observados de la variable dependiente e $\hat{y}_i$ son los valores predichos por el modelo de regresión.

Una **varianza residual baja** indica que los puntos de datos observados están cerca de la línea de regresión estimada, lo que sugiere un buen ajuste del modelo a los datos. Una **varianza residual alta** indica que los puntos de datos están dispersos alrededor de la línea de regresión, lo que sugiere que el modelo lineal no explica bien la variabilidad de la variable dependiente.

El **coeficiente de determinación lineal** (R^2) es una medida adimensional que representa la proporción de la variabilidad total de la variable dependiente (Y) que es explicada por el modelo de regresión lineal. Varía entre 0 y 1.

Se calcula como:

$$R^2 = 1 - \frac{S_{rY}^2}{S_Y^2}$$

donde S_{rY}^2 representa la varianza residual y S_Y^2 es la varianza de la variable explicada, Y.

Un R^2 cercano a **1** indica que una gran proporción de la variabilidad de Y es explicada por el modelo lineal, lo que sugiere un buen ajuste. Por ejemplo, un R^2 de 0.80 significa que el 80 % de la variación en Y puede ser atribuida a la relación lineal con X. Un R^2 cercano a **0** indica que el modelo lineal explica una proporción muy pequeña de la variabilidad de Y, lo que sugiere un mal ajuste.

Hay que indicar que, cuando se lleva a cabo una regresión no lineal entre dos variables, el cálculo de los residuos, de la varianza residual y del valor R^2 se realiza de forma análoga. En este caso R^2 recibe el nombre de **coeficiente de determinación general**.

Además, cuando se trata de una regresión lineal, se verifica que $R^2 = r^2$, lo que simplifica el cálculo del coeficiente de determinación lineal.

En resumen, la varianza residual y el coeficiente de determinación lineal son esenciales para evaluar la calidad del ajuste de un modelo de regresión a los datos observados. La varianza residual mide el error no explicado por el modelo, mientras que R^2 indica la proporción de la variabilidad de la variable dependiente que es explicada por la relación con la variable independiente.

Por último, es interesante realizar un análisis adicional mediante el denominado **gráfico de residuos**. Consiste en un diagrama de dispersión donde se representan los residuos e_i en el eje de ordenadas, frente a los valores teóricos de la variable explicada, $\hat{y}_i$, en el eje de abscisas (véanse ejemplos más adelante).

Si la relación entre las variables es lineal, el **gráfico de residuos** debería mostrar una distribución aleatoria alrededor de una línea horizontal en el cero, sin ningún patrón sistemático. Un patrón con forma de curva sugiere que la relación entre las variables no es lineal y que la regresión lineal podría no ser adecuada.

La presencia en el gráfico de un patrón en "abanico" (la dispersión de los residuos aumenta o disminuye a medida que aumentan los valores teóricos), es signo de heterocedasticidad: la varianza de los errores no es constante. Esto puede afectar a la validez del modelo de regresión.

La existencia de cualquiera de estos patrones en el gráfico de residuos obliga a considerar modificaciones en el modelo, transformando las variables o empleando modelos no lineales.

4.1.3.2. Predicción y Fiabilidad

Una de las aplicaciones principales de un modelo de regresión lineal es la **predicción** de valores de la variable dependiente (Y) para nuevos valores de la variable independiente (X). Una vez que hemos estimado la recta de regresión, $Y = a + bX$, podemos sustituir un nuevo valor de X, x_h, en esta ecuación para obtener una predicción del valor correspondiente de Y, denotado como $\hat{y}_h$.

La fiabilidad de estas predicciones no es absoluta y está sujeta a diversos factores que introducen incertidumbre. Evaluar esta fiabilidad es crucial para una interpretación adecuada de los resultados. Algunos de los factores más importantes que influyen en la fiabilidad de las predicciones son:

- **Bondad del ajuste del modelo** (R^2): un modelo con un alto coeficiente de determinación (R^2 cercano a 1) generalmente producirá predicciones más fiables, ya que una mayor proporción de la variabilidad de Y está explicada por la relación lineal con X. Un R^2 bajo indica que el modelo explica poco de la variable Y, lo que conlleva predicciones menos precisas.

- **Rango de los datos observados:** las predicciones son fiables para valores de X que se encuentran dentro del rango de los datos utilizados para ajustar el modelo (**interpolación**). La **extrapolación** (predecir valores de Y para valores de X fuera de este rango) es inherentemente más arriesgada, ya que no tenemos evidencia de que la relación lineal se mantenga fuera del rango observado.

4.2. Estadística Bivariante con R

4.2.1. Tabulación y representación gráfica

Sólo vamos a ver cómo calcular **tablas de contingencia**, es decir, distribuciones conjuntas de dos variables cualitativas. A partir del conjunto de datos `alumnos`, vamos a considerar las variables `Deporte`[1] y `Sexo`.

Para obtener la distribución conjunta hay que utilizar la función `table`. En vez de indicar sólo una variable, como vimos en el Capítulo 3, vamos a especificar las dos variables que deseamos analizar:

```
> table(alumnos$Deporte, alumnos$Sexo)

                   Hombre Mujer
Nunca                   1     6
Ocasionalmente         10    29
Regularmente           35    14
Frecuentemente         28     3
Muy frecuentemente     11     1
```

Podemos obtener las **frecuencias relativas conjuntas** mediante la función `prop.table`:

```
> prop.table(table(alumnos$Deporte, alumnos$Sexo))

                       Hombre      Mujer
Nunca              0.007246377 0.043478261
Ocasionalmente     0.072463768 0.210144928
Regularmente       0.253623188 0.101449275
Frecuentemente     0.202898551 0.021739130
Muy frecuentemente 0.079710145 0.007246377
```

---

[1] Los niveles de esta variable se han reordenado tal y como se explicó en la sección 3.4.

Para obtener las frecuencias marginales, basta con emplear la función **addmargins**. Se muestra cómo hacerlo sobre las frecuencias absolutas, siendo exactamente igual para las relativas:

```
> addmargins(table(alumnos$Deporte, alumnos$Sexo))

                   Hombre Mujer Sum
Nunca                   1     6   7
Ocasionalmente         10    29  39
Regularmente           35    14  49
Frecuentemente         28     3  31
Muy frecuentemente     11     1  12
Sum                    85    53 138
```

Podemos calcular los **perfiles fila** (distribución de la variable Sexo según los valores de la variable Deporte) usando de nuevo la función prop.table, pero indicando que deseamos calcular los porcentajes por filas. Esto se hace indicando que la dimensión sobre la que queremos hacer este cálculo es la primera (1=filas, 2=columnas):

```
> prop.table(table(alumnos$Deporte, alumnos$Sexo), 1)

                       Hombre       Mujer
Nunca              0.14285714  0.85714286
Ocasionalmente     0.25641026  0.74358974
Regularmente       0.71428571  0.28571429
Frecuentemente     0.90322581  0.09677419
Muy frecuentemente 0.91666667  0.08333333
```

Análogamente para **perfiles columna** (distribución de la variable Deporte según los valores de la variable Sexo):

```
> prop.table(table(alumnos$Deporte, alumnos$Sexo), 2)

                       Hombre       Mujer
Nunca              0.01176471  0.11320755
Ocasionalmente     0.11764706  0.54716981
Regularmente       0.41176471  0.26415094
Frecuentemente     0.32941176  0.05660377
Muy frecuentemente 0.12941176  0.01886792
```

Si deseamos agregar las distribuciones marginales hay que elaborarlo un poco más. En el caso de los perfiles columna:

```
> dist_conj = table(alumnos$Deporte, alumnos$Sexo)
> marginalX = rowSums(table(alumnos$Deporte, alumnos$Sexo))
> conj_y_margX = cbind(dist_conj, marginalX)
> prop.table(conj_y_margX, 2)
                       Hombre      Mujer    marginalX
Nunca              0.01176471 0.11320755 0.05072464
Ocasionalmente     0.11764706 0.54716981 0.28260870
Regularmente       0.41176471 0.26415094 0.35507246
Frecuentemente     0.32941176 0.05660377 0.22463768
Muy frecuentemente 0.12941176 0.01886792 0.08695652
```

Donde hemos calculado primero las frecuencias conjuntas (`dist_conj`), luego la marginal de X con la función `rowSums` (`marginalX`), a continuación hemos juntado ambas distribuciones (`conj_y_margX`) y, finalmente, hemos calculado las frecuencias relativas por columnas.

Representación gráfica

Cuando se trabaja con dos variables cualitativas, suele ser más interesante realizar la representación gráfica de las distribuciones condicionadas que de la distribución conjunta. En cualquier caso, se emplean gráficos de barras que se construyen utilizando la función `barplot`.

Vamos a ver cómo realizar la representación de los **perfiles fila** y de los **perfiles columna**. Para ello emplearemos las funciones vistas anteriormente, calculando los perfiles, almacenándolos en una variable y empleándola para construir sencillamente la gráfica. Por simplicidad no vamos a incluir las distribuciones marginales.

La función `barplot` trabaja por columnas, por lo que comenzamos viendo cómo representar los perfiles columna. Primero calculamos la distribución conjunta, a continuación los perfiles y, finalmente, realizamos la representación. En ella indicamos la propiedad `beside=TRUE` para construir un gráfico de barras adosadas (si no se especifica, serían barras apiladas), indicamos los textos de la leyenda (que se extraen de los nombres de las filas) y posicionamos la leyenda en la parte superior izquierda:

```
> dist_conj = table(alumnos$Deporte, alumnos$Sexo)
> perfiles_col = prop.table(dist_conj, 2)
> barplot(perfiles_col, beside=TRUE,
    legend=rownames(perfiles_col), args.legend = list(x
    ='topleft'))
```

Con lo que obtenemos la siguiente representación de la Figura 4.7:

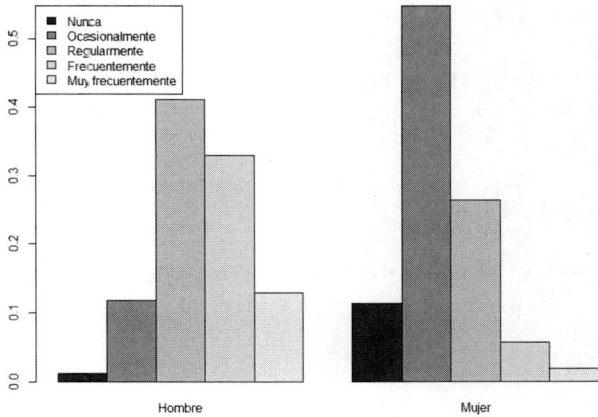

Figura 4.7: Representación de los perfiles columna.

Para representar los perfiles fila procedemos de igual manera, pero transponemos la matriz de dichos perfiles (con la función `t()`) para realizar correctamente su representación (Figura 4.8):

```
> dist_conj = table(alumnos$Deporte, alumnos$Sexo)
> perfiles_fila = t(prop.table(dist_conj, 1))
> barplot(perfiles_fila, beside=TRUE ,
    legend=rownames(perfiles_fila), args.legend = list(x ='top'))
```

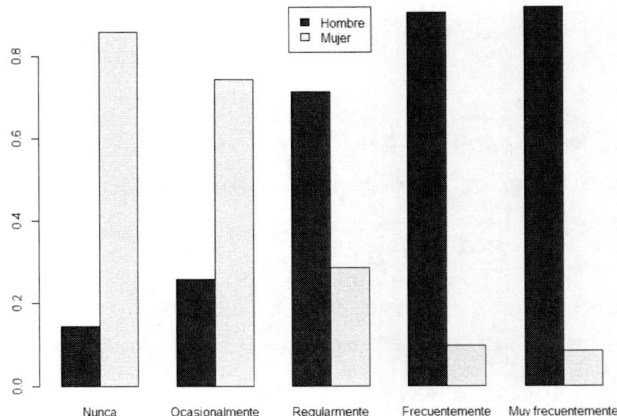

Figura 4.8: Representación de los perfiles fila.

4.2.2. Correlación

Pasamos a analizar la relación entre dos variables cuantitativas: la estatura y el peso de los alumnos. Comenzamos construyendo el **diagrama de dispersión** con la función `plot`:

```
> plot(Peso ~ Estatura, data=alumnos, pch=16, col='blue')
```

que genera el siguiente gráfico (Figura 4.9):

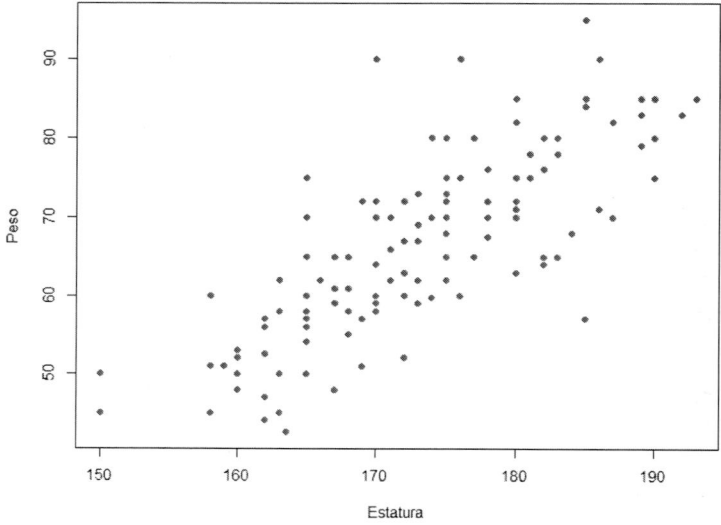

Figura 4.9: Gráfico de dispersión de la estatura y el peso.

donde se aprecia que existe una relación directa entre ambas variables. Puede considerarse que se trata de una relación lineal con una intensidad media.

La instrucción anterior se podía haber simplificado más:

```
> plot(alumnos$Peso ~ alumnos$Estatura, pch=16, col='blue')
```

pero entonces las etiquetas de los ejes no hubieran sido tan claras. La opción `pch=16` indica que el símbolo empleado en la representación es un círculo sólido, mientras que `col='blue'` fija el color de los símbolos. También se pueden especificar un elevado número de parámetros para indicar otros elementos del gráfico.

Pasamos a calcular la **covarianza** entre las dos variables:

```
> cov(alumnos$Estatura, alumnos$Peso, use="complete")
[1] 83.61253
```

El parámetro **use** especifica qué hacer con los datos faltantes. La opción **complete** indica que sólo se tienen en cuenta las observaciones en las que se dispone de los dos valores: estatura y peso. El valor de la covarianza es positivo, indicando una relación lineal directa entre las dos variables, coherente con lo visto en el diagrama de dispersión.

Para analizar la intensidad de la relación, recurrimos al **coeficiente de correlación de Pearson**:

```
> cor(alumnos$Estatura, alumnos$Peso, use="complete")
[1] 0.7844216
```

Al margen del signo, que tiene la misma interpretación que el de la covarianza, el valor es 0.784, lo que refleja una relación lineal importante entre ambas variables.

4.2.3. Regresión lineal

Una vez asumida la existencia de una relación lineal entre ambas variables, vamos a estimar la recta de regresión entre ambas. Para ello empleamos la función **lm** (linear model):

```
> lm(Peso ~ Estatura, data=alumnos)
...
(Intercept)     Estatura
  -107.396        1.002
```

que nos indica que la recta de regresión viene determinada por $Y = -107.396 + 1.002X$.

Si queremos acceder directamente a estos valores, lo podemos hacer mediante la función **coef**, que extrae los coeficientes de un modelo de regresión (en este caso lineal). Las siguientes instrucciones llaman a esta función y, a continuación, guardan los coeficientes de la recta de regresión en las variables a y b, que emplearemos más adelante para realizar el cálculo de los residuos:

```
> coeficientes = coef(lm(Peso ~ Estatura, data=alumnos))
> a = coeficientes[1] # Primer coeficiente: corte con eje ordenadas
> b = coeficientes[2] # Segundo coeficiente: pendiente
> a
(Intercept)
```

```
-107.3961
> b
Estatura
1.002278
```

La función `lm` proporciona más información. Podemos acceder a ella de la siguiente manera:

```
> regresion=lm(Peso ~ Estatura, data=alumnos)
> summary(regresion)
Call:
lm(formula = Peso ~ Estatura, data = alumnos)

Residuals:
Min       1Q    Median       3Q       Max
-21.0254  -3.9912  -0.0026   3.9837   27.0088

Coefficients:
Estimate Std. Error t value Pr(>|t|)
(Intercept) -107.39605    11.83113   -9.077 1.19e-15 ***
Estatura       1.00228     0.06821   14.695  < 2e-16 ***
---
Signif. codes:  0 '***' 0.001 '**' 0.01 '*' 0.05 '.' 0.1 ' ' 1

Residual standard error: 7.265 on 135 degrees of freedom
(5 observations deleted due to missingness)
Multiple R-squared:  0.6153,    Adjusted R-squared:  0.6125
F-statistic: 215.9 on 1 and 135 DF,  p-value: < 2.2e-16
```

Se puede apreciar que la función `lm` devuelve un número elevado de medidas: los cuartiles de los valores residuales, los coeficientes de la recta[2], resultados de ciertos contrastes de hipótesis, el valor de R^2, etc.

Se observa que $R^2 = 0.6153$, que indica que, según este modelo lineal, la Estatura determina en un 61.53% el Peso de los alumnos. Veremos más adelante cómo obtener este valor a partir de los residuos.

Podemos aprovechar también el resultado de la función `lm` para realizar la representación gráfica de la recta de regresión junto con el gráfico de dispersión (Figura 4.10):

---

[2]Al haber almacenado el resultado de la función `lm` en la variable `regresion`, podríamos haber obtenido los coeficientes de la recta directamente con la instrucción `coeficientes = coef(regresion)`. A partir de ahí, el cálculo de a y b se hubiera realizado de la misma manera.

```
> plot(Peso ~ Estatura, data=alumnos, pch=16, col='blue')
> abline(regresion, col='red')
```

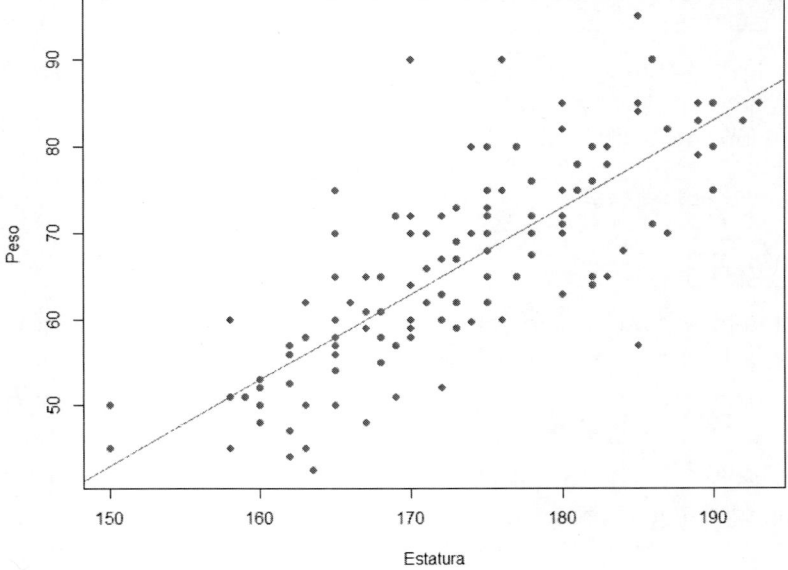

Figura 4.10: Recta de regresión entre el peso y la estatura.

Para realizar un estudio de la bondad de ajuste es necesario realizar un análisis de los residuos. Comenzaremos calculándolos y, posteriormente, calcularemos el coeficiente de determinación general (ya visto en la salida detallada de la función lm) y obtendremos el gráfico de residuos. Estos se pueden calcular con las siguientes instrucciones, en las que empleamos los coeficientes de la recta de regresión almacenados previamente en las variables a y b:

```
> yt = a + b * alumnos$Estatura
> residuos = alumno$Peso - yt
```

donde la variable yt almacena los valores teóricos para cada observación y, a partir de estos y de los valores observados, se obtienen los residuos.

A partir de los residuos podemos obtener la varianza residual según la expresión $S_{rY}^2 = \frac{\sum_{i=1}^{N} e_i^2}{N}$. Debemos calcular primero cuántos valores no ausentes tenemos (N) y realizar la operación anterior:

```
> N = sum(!is.na(residuos))
> S2ry=sum(residuos^2, na.rm=T) / N
> S2y = varp(alumnos$Peso, na.rm=T)
> 1-S2ry/S2y
[1] 0.6153173
```

Al tratarse de un modelo lineal, el valor del coeficiente de determinación lineal, R^2, se podía haber obtenido también como el cuadrado del coeficiente de correlación lineal de Pearson:

```
> r = cor(alumnos$Estatura, alumnos$Peso, use="complete")
> r^2
[1] 0.6153173
```

Para finalizar el análisis de la bondad de ajuste, obtenemos el gráfico de residuos con la siguiente instrucción:

```
> plot(yt, residuos, pch = 16, col = 'red')
```

En dicho gráfico (Figura 4.11) no se aprecia ningún patrón que sugiera no linealidad o heterocedasticidad, por lo que damos por bueno el ajuste lineal.

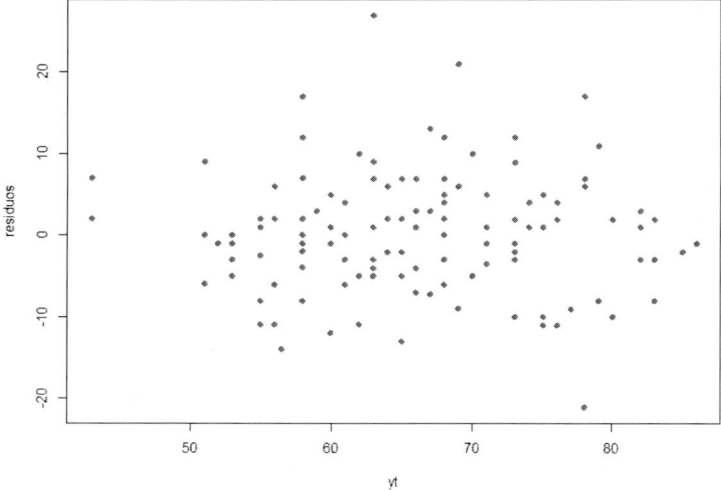

Figura 4.11: Gráfico de residuos de la regresión Peso $\sim$ Estatura.

Finalmente, vamos a emplear el modelo para realizar una predicción. Si tuviéramos que estimar el peso de un alumno que tiene una estatura de 175 cm:

```
> peso = a + b * 175
> peso
[1] 68.00259
```

obtenemos una predicción de 68 kg. Al tratarse de una interpolación (175 cm se encuentra entre la estatura mínima y máxima del estudio), la fiabilidad dependerá de la bondad de ajuste del modelo. En este caso el ajuste es importante ($R^2 = 0.6153$), pero sin llegar a ser muy alto.

4.3. Estadística Bivariante con R Commander

4.3.1. Tabulación y representación gráfica

En R Commander, la opción **Estadísticos → Tablas de contingencia → Tabla de doble entrada** permite obtener las distribuciones conjuntas y condicionadas de dos variables cualitativas. En la Figura 4.12 basta con seleccionar las dos variables que se desea analizar (pestaña Datos) e indicar en la pestaña Estadísticos qué frecuencias necesitamos: porcentajes por fila (perfiles fila), por columna (perfiles columna), porcentajes totales (frecuencias relativas conjuntas) o sin porcentajes (frecuencias absolutas conjuntas).

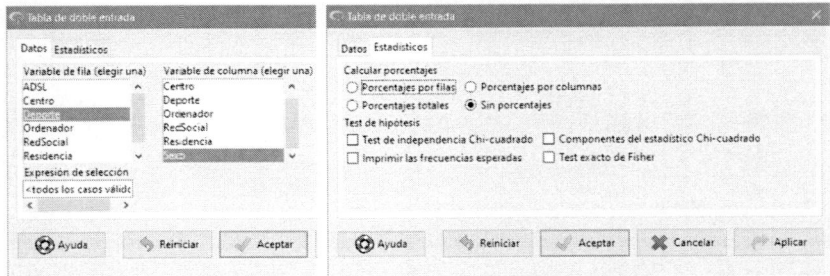

Figura 4.12: Tabla de doble entrada en R Commander.

En caso de elegir frecuencias absolutas, la salida es:

```
Frequency table:
                Sexo
Deporte         Hombre Mujer
  Nunca              1     6
  Ocasionalmente    10    29
  Regularmente      35    14
```

| Frecuentemente | 28 | 3 |
| Muy frecuentemente | 11 | 1 |

En caso de seleccionar los perfiles columna:

```
Column percentages:
                    Sexo
Deporte             Hombre Mujer
  Nunca                1.2  11.3
  Ocasionalmente      11.8  54.7
  Regularmente        41.2  26.4
  Frecuentemente      32.9   5.7
  Muy frecuentemente  12.9   1.9
  Total              100.0 100.0
  Count               85.0  53.0
```

Representación gráfica

Podemos realizar gráficos de barras de dos variables cualitativas a partir de la opción **Gráficas → Gráficas de barras**. Para ello en la pestaña Datos seleccionaremos una de las variables y emplearemos la otra para distinguir por grupos. En la Figura 4.13 se desea realizar una gráfica de barras de la variable `Deporte` pero diferenciando por `Sexo`. Además, indicamos en la pestaña Opciones que se desean frecuencias absolutas (Recuentos de frecuencias) y barras adosadas (barras Lado a lado):

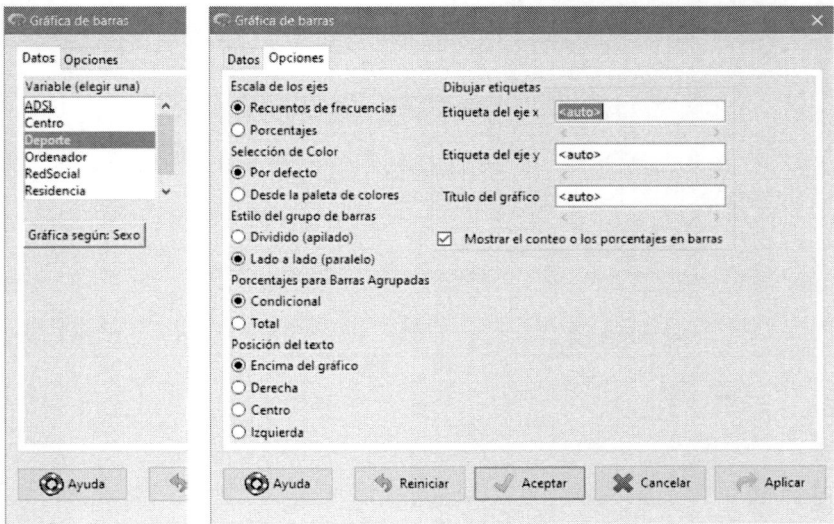

Figura 4.13: Gráficos de barras.

El resultado se muestra en la Figura 4.14. Como ya se ha comentado, la representación de la distribución conjunta no suele ser tan interesante como la de las distribuciones condicionadas. Vamos a ver ahora cómo se pueden realizar estas representaciones.

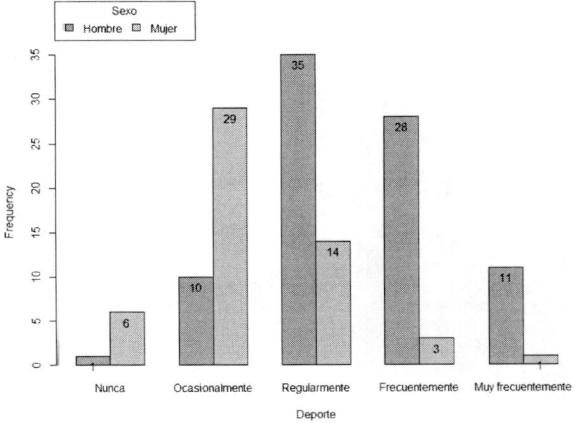

Figura 4.14: Gráfico de la distribución conjunta.

Continuamos con la misma selección de variables, `Deporte` y `Sexo`, pero vamos modificar las opciones. En "Escala de los ejes" seleccionamos "Porcentajes" (véase Figura 4.15).

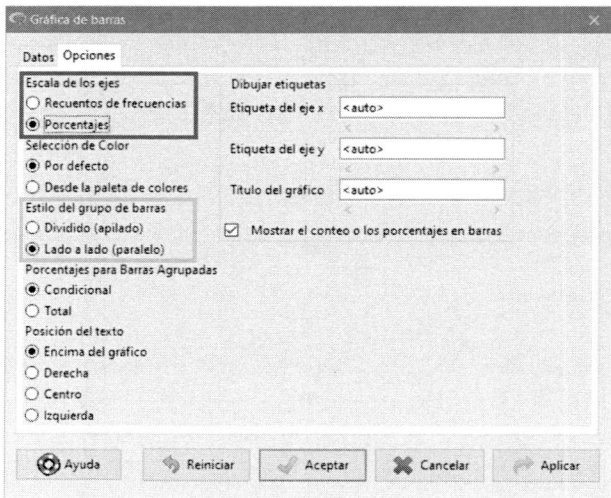

Figura 4.15: Representación de distribuciones condicionadas.

También podemos modificar el estilo del grupo de barras indicando si las deseamos apiladas o adosadas. El resultado ahora es el que se muestra en las Figuras 4.16 y 4.17. Se observa que ambas gráficas representan la distribución de la variable Sexo para cada valor de la variable Deporte. En términos de las tablas de contingencia consideradas previamente, estas gráficas se corresponden con los perfiles fila.

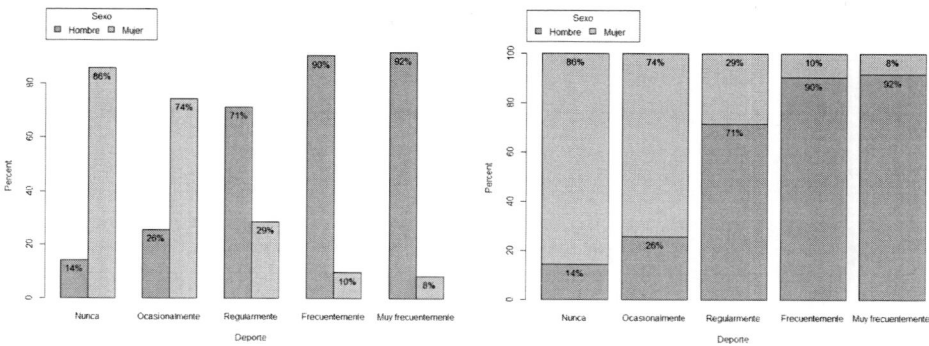

Figura 4.16: Gráfico de barras adosadas.   **Figura 4.17:** Gráfico de barras apiladas.

Si en la pestaña Datos (parte izquierda de la Figura 4.13) hubiéramos seleccionado representar la variable Sexo, realizando el gráfico según la variable Deporte, hubiéramos obtenido la representación de los perfiles columna, es decir, la distribución de la práctica del Deporte según el Sexo. Ambas representaciones se muestran en las Figuras 4.18 y 4.19:

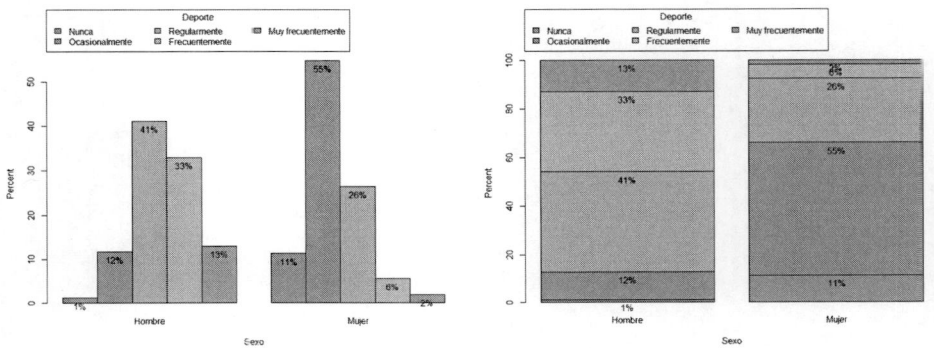

Figura 4.18: Gráfico de barras adosadas.   **Figura 4.19:** Gráfico de barras apiladas.

4.3.2. Correlación

La opción **Gráficos→ Gráfica XY** permite realizar un diagrama de dispersión entre dos variables numéricas. En la Figura 4.20 se muestra el correspondiente diálogo, donde hemos seleccionado las variables Estatura y Peso. La pestaña Opciones permite personalizar la apariencia del gráfico, incluyendo títulos, tipo de marcas, etc. El resultado puede verse en la Figura 4.21.

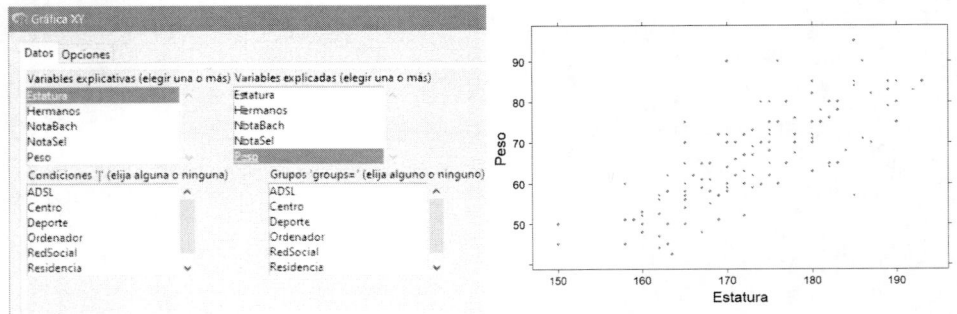

Figura 4.20: Diálogo para Gráfica XY.   **Figura 4.21:** Diagrama de dispersión.

El diálogo anterior también permite especificar una variable para distinguir por grupos. Si especificamos la variable `Sexo`, en el gráfico de dispersión se van a mostrar diferentes marcadores para las observaciones correspondientes a Hombres y Mujeres:

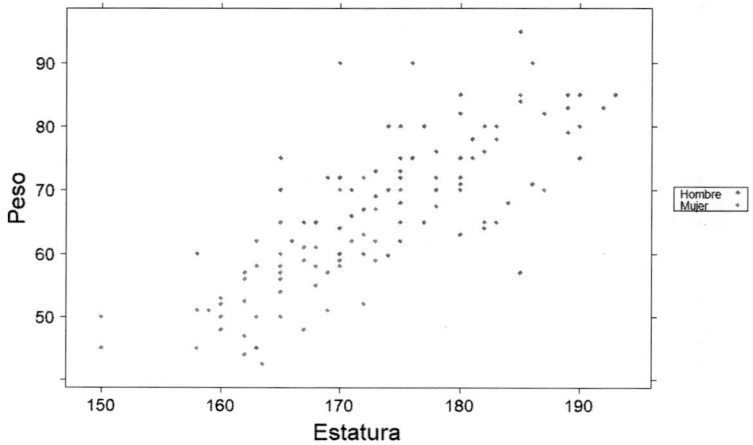

Figura 4.22: Diagrama de dispersión Estatura - Peso mostrando el Sexo.

Finalmente, si en el mismo diálogo se indica una variable como condición, se crea un diagrama de dispersión para cada categoría de dicha variable (Figura 4.23):

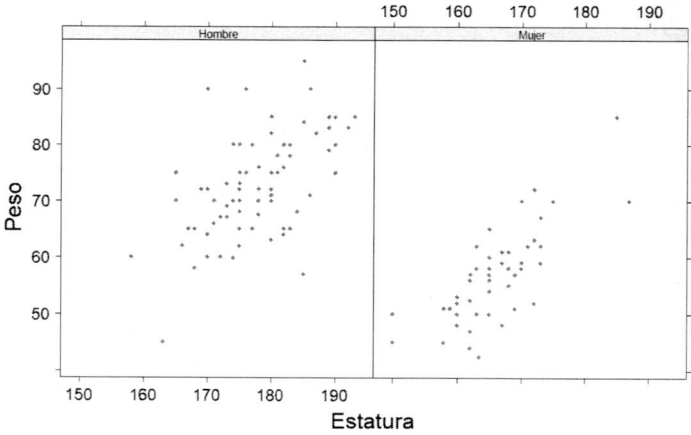

Figura 4.23: Diagrama de dispersión Estatura - Peso por Sexo.

102

La opción **Estadísticos → Resúmenes → Matriz de correlaciones** nos muestra un diálogo (véase Figura 4.24) donde podemos seleccionar dos o más variables para obtener su matriz de correlaciones.

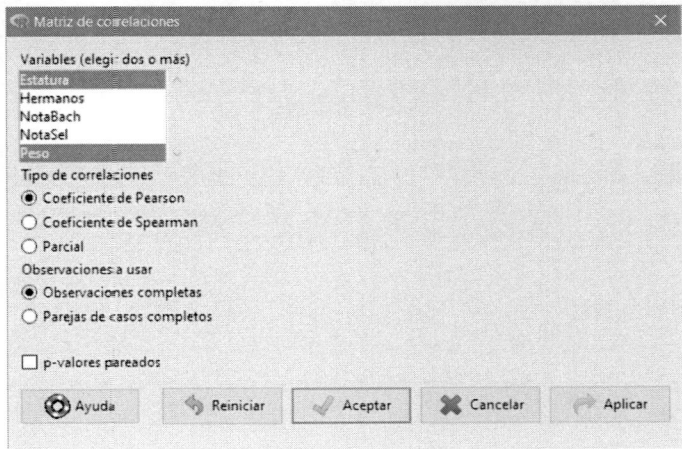

Figura 4.24: Diálogo matriz de correlaciones.

Habiendo seleccionado las variables `Estatura` y `Peso`, obtenemos la siguiente salida, donde se aprecia que el coeficiente de correlación entre ambas variables es $r = 0.7844216$.

```
Estatura        Peso
Estatura 1.0000000 0.7844216
Peso     0.7844216 1.0000000
```

4.3.3. Regresión lineal

La opción **Estadísticos→Ajuste de modelos→Regresión lineal** abre un diálogo que nos permite realizar de forma sencilla una regresión lineal. Basta con especificar las variables explicada y explicativas y `R Commander` mostrará la información más importante de la regresión. En este diálogo hay que especificar un nombre para el modelo, pudiendo coexistir diferentes modelos en una misma sesión de `R Commander`. Por ejemplo, un modelo lineal simple, un modelo lineal general, un modelo exponencial, etc[3].

En la Figura 4.25 se crea un modelo lineal simple, etiquetado como `RegLineal1`, que va a explicar la variable `Peso` en función de la `Estatura`.

---

[3]En caso de haber creado diferentes modelos, se puede cambiar de uno a otro con la opción **Modelos→Seleccionar el modelo activo** o con el botón que hay en la parte superior derecha de la ventana de `R Commander`, justo debajo de la zona de menús.

En el momento en que se ejecute esta opción, el modelo `RegLineal1` pasará a ser el modelo activo.

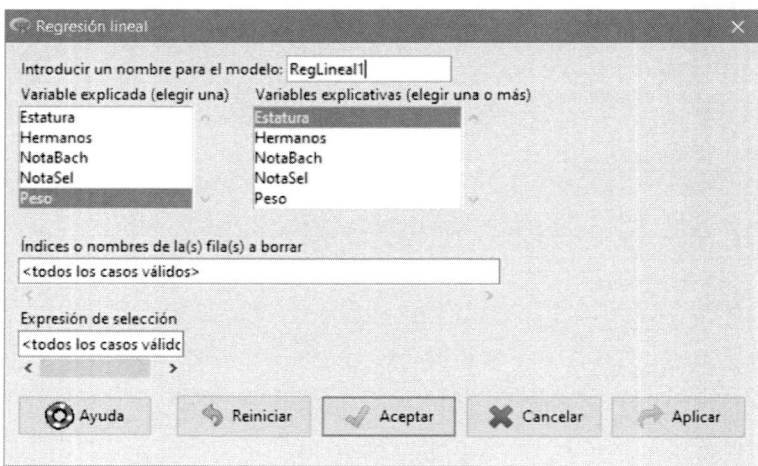

Figura 4.25: Diálogo regresión lineal.

La salida que se obtiene **R Commander** es la misma que proporcionaba la función `lm`:

```
Call:
lm(formula = Peso ~ Estatura, data = alumnos)
...

Coefficients:
            Estimate Std. Error t value Pr(>|t|)
(Intercept) -107.39605    11.83113  -9.077 1.19e-15 ***
Estatura       1.00228     0.06821  14.695  < 2e-16 ***
---
Signif. codes:  0 '***' 0.001 '**' 0.01 '*' 0.05 '.' 0.1 ' ' 1

Residual standard error: 7.265 on 135 degrees of freedom
  (5 observations deleted due to missingness)
Multiple R-squared: 0.6153,    Adjusted R-squared: 0.6125
F-statistic: 215.9 on 1 and 135 DF,  p-value: < 2.2e-16
```

Como ya se indicó en su momento, en esta salida podemos destacar los coeficientes de la recta ($a = -107.39605, b = 1.00228$) y el valor del coeficiente de determinación lineal ($R^2 = 0.6153$).

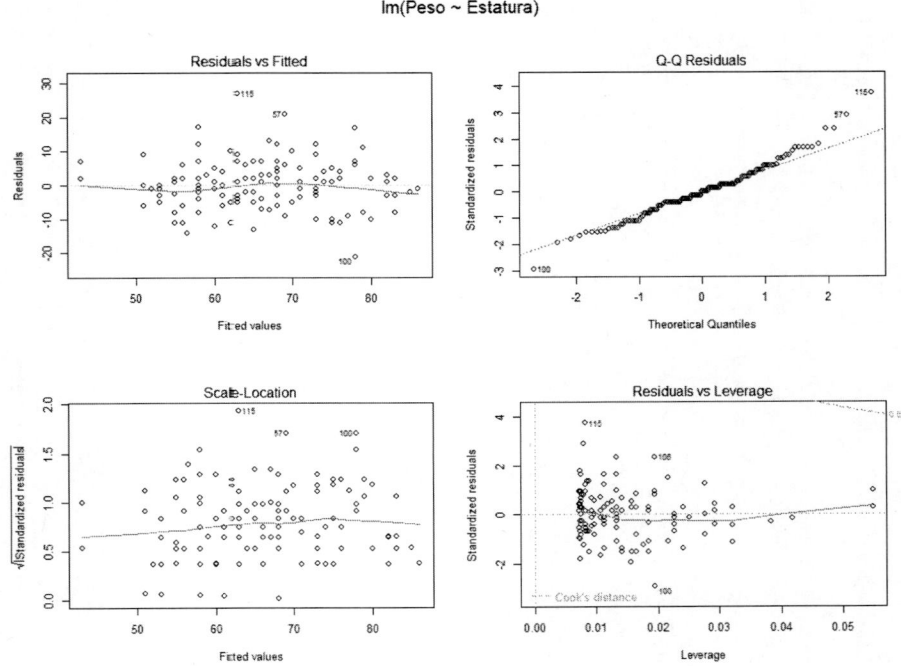

Figura 4.26: Diálogo regresión lineal.

Además de evaluar la bondad de ajuste mediante el valor de R^2, podemos realizar un análisis gráfico de los residuos. Esto se hace desde la opción **Modelos→Gráficas→Gráficas básicas de diagnóstico**. Empleando el modelo activo, se muestran cuatro representaciones gráficas de los residuos (Figura 4.26). La primera se corresponde con la explicada en los conceptos básicos de este capítulo y coincide con la obtenida con comandos de R (véase Figura 4.11).

La segunda se trata de un gráfico Q-Q plot para comprobar la normalidad de los residuos, quedando fuera del alcance de este texto las otras dos representaciones.

Parte III

Cálculo de Probabilidades

Capítulo 5

Probabilidad y Variables Aleatorias

5.1. Conceptos básicos

Dado un experimento aleatorio y el conjunto de todos los posibles resultados (sucesos) del experimento, al que denominaremos espacio muestral (Ω), se define *probabilidad* como una medida teórica de la certidumbre de ocurrencia de los sucesos:

$$P \colon \wp(\Omega) \longrightarrow \mathbb{R}$$
$$A \longmapsto P(A)$$

Una *variable aleatoria* (v.a.) es una función que asigna un valor numérico a cada suceso de un experimento aleatorio. Matemáticamente, es una función:

$$X : \Omega \longrightarrow \mathbb{R}$$

que cumple, para cada valor real, $X^{-1}(x) \subset \Omega$, por lo que se puede asignar $P(x) = P(X^{-1}(x))$.

Una variable aleatoria se dice *discreta* si solo puede tomar un conjunto finito (o infinito numerable) de valores con probabilidad positiva. La *función de probabilidad* asigna a cada posible valor de X la probabilidad de que ese valor se observe en una realización del experimento:

$$p_i = p(X = x_i) \qquad i = 1, \ldots, n$$

Una variable aleatoria se dice *continua*, si puede tomar cualquier valor entre dos fijados centro de un intervalo o en toda la recta real. La *función de densidad* de una variable aleatoria continua es una función matemática, $f(x)$, que describe la probabilidad de que una variable aleatoria tome ciertos valores dentro de un rango. En términos generales, la función de densidad no da la probabilidad exacta de un valor particular (porque en las variables continuas la probabilidad de cualquier valor específico es cero), sino que describe cómo se distribuye la probabilidad sobre todos los posibles valores del rango.

$$P(a \leq X \leq b) = \int_a^b f(x)dx$$

La *función de distribución* de X, que denotaremos por F, es la probabilidad acumulada hasta el punto x, y se define como.

$$F(x) = P(X \leq x)$$

La función *cuantil* es la inversa de la función de distribución. Dada una probabilidad $0 < q < 1$, se dice que el cuantil de orden q de una distribución X es el menor valor x que acumula una probabilidad q:

$$F^{-1} \colon [0,1] \longrightarrow \mathbb{R}$$
$$q \longmapsto F^{-1}(q) = \inf \{x \in D_X | P(X \leq x) = F(x) \geq q\}$$

Es decir, se trata del menor valor x de la variable que cumple la condición $F(x) \geq q$. Se dice que x es el cuantil q de X, o también el percentil $100q\,\%$ de X.

5.1.1. Características notables

Podemos construir medidas numéricas que cuantifiquen algunos aspectos del comportamiento de una variable aleatoria.

5.1.1.1. Esperanza matemática

La esperanza matemática (o valor esperado) representa el promedio teórico que se esperaría observar al repetir un experimento aleatorio infinitas veces. A la esperanza matemática de una variable aleatoria se le llama también **media** o **valor esperado** de la distribución de probabilidades de la variable. Se denota por $E[X]$ o por μ. Su definición depende del tipo de variable aleatoria. Para las discretas:

$$\mu = E[X] = \sum_{i=1}^n x_i p_i$$

Para las continuas:

$$\mu = E[X] = \int_{\mathbb{R}} x f(x) dx$$

Algunas de las propiedades más importantes de la esperanza matemática son las siguientes:

- Para $c \in \mathbb{R}$ constante, $E(c) = c$

- Para $c \in \mathbb{R}$ constante y X v.a., se cumple que $E[cX] = cE[X]$

- Si X, Y son v.a., se verifica que $E[X + Y] = E[X] + E[Y]$

- Si X es una v.a. y $a, b \in \mathbb{R}$, se cumple que $E[aX + b] = aE[X] + b$

- Si X e Y son v.a. independientes, entonces $E[XY] = E[X]E[Y]$

5.1.1.2. Varianza de una variable aleatoria

Dada la variable aleatoria X, llamamos **varianza** de X y la denotaremos por $\text{Var}[X]$ o σ_X^2 a la expresión:

$$\sigma_X^2 = \text{Var}[X] = E\left[(X - \mu)^2\right]$$

Si X e Y son variables aleatorias y $a, b \in \mathbb{R}$, algunas de las propiedades más importantes de la varianza son las siguientes:

- $\text{Var}[X] \geq 0$

- $\text{Var}[X] = 0$ si y sólo si X es una constante

- $\text{Var}[X] = E[X^2] - (E[X])^2$

- Si X e Y independientes, entonces $\text{Var}[X + Y] = \text{Var}[X] + \text{Var}[Y]$

- $\text{Var}[aX + b] = a^2 \text{Var}[X]$

5.1.1.3. Desviación típica de una variable aleatoria

Por último, la **desviación típica** es la raíz cuadrada positiva de la varianza. Se denota por σ y se define como:

$$\sigma = \sqrt{\text{Var}[X]}$$

Sus propiedades se desprenden de las de la varianza, destacando que si $Y = aX + b$, entonces $\sigma_Y = a\sigma_X$.

5.1.2. Distribuciones discretas notables

Las distribuciones discretas más usadas en ciencias sociales son la uniforme discreta, la Bernoulli, la binomial, la hipergeométrica, la geométrica y la Poisson.

5.1.2.1. Distribución uniforme discreta, $U_D(1, N)$

La distribución uniforme discreta es la distribución de probabilidad de una variable aleatoria en la que todos los valores tienen la misma probabilidad de ocurrencia. Es decir, en esta distribución, cada resultado tiene la misma probabilidad de ser observado. Su función de probabilidad viene dada por:

$$p_x = P(X = x) = \frac{1}{N}, \qquad x = 1, \ldots, N$$

Su valor esperado o medio (esperanza) es $E[X] = \frac{N+1}{2}$, y su varianza $Var[X] = \frac{N^2-1}{12}$.

5.1.2.2. Distribución de Bernoulli, $Be(p)$

Un experimento de Bernoulli es un experimento aleatorio que cumple con las siguientes condiciones:

1. Solo hay dos posibles resultados: éxito y fracaso. Por ejemplo:

   - Lanzar una moneda: cara (éxito) o cruz (fracaso).

   - Control de calidad: un producto es defectuoso (éxito) o no defectuoso (fracaso).

   - Atención al cliente: un cliente realiza una compra (éxito) o no (fracaso).

   - Un tratamiento médico: el paciente mejora (éxito) o no (fracaso).

2. La probabilidad de éxito es constante y se denota por p, mientras que la probabilidad de fracaso es $1 - p = q$.

3. Cada repetición del experimento es independiente de las demás.

La distribución de Bernoulli modela una variable aleatoria discreta (X) que representa el número de éxitos en un único experimento de Bernoulli. Los posibles resultados son 0 (fracaso) o 1 (éxito).

Formalmente, dado un experimento dicotómico con probabilidad de éxito p, la variable aleatoria X definida como:

$$X = \begin{cases} 1, & \text{si hay éxito} \\ 0, & \text{si hay fracaso} \end{cases}$$

sigue una distribución de Bernoulli, $X \sim Be(p)$.

Su función de probabilidad viene dada por:

$$P(X = x) = \begin{cases} p, & \text{si } x = 1 \\ 1 - p, & \text{si } x = 0 \end{cases}$$

De una forma más compacta:

$$P(X = x) = p^x (1 - p)^{1-x} \quad \text{para } x = 0, 1$$

Con media $E[X] = p$, y varianza $Var[X] = p(1 - p)$.

5.1.2.3. Distribución binomial, $Bi(n, p)$

La distribución binomial describe el número de éxitos en una secuencia de n ensayos independientes de Bernoulli, donde cada ensayo tiene dos posibles resultados (éxito o fracaso) y la probabilidad de éxito p es constante en cada uno de ellos. Es decir, la distribución binomial cuenta cuántas veces ocurre un "éxito" en un número fijo de ensayos, cuando la probabilidad de éxito en cada ensayo es siempre la misma. Su función de probabilidad viene dada por:

$$P(X = x) = \binom{n}{x} p^x (1 - p)^{n-x}, \qquad \forall x \in \{0, 1, \ldots, n\}$$

Con media $E[X] = np$, y varianza $Var[X] = np(1 - p)$.

Las propiedades más importantes de la distribución binomial son las siguientes:

- La distribución Bernoulli es un caso particular de la Binomial:

$$Be(p) = Bi(1, p)$$

- La distribución Binomial es la suma de variables aleatorias de tipo Bernoulli independientes y con la misma probabilidad de éxito:

$$Bi(n, p) = Be(p) + \cdots + Be(p) \quad (n \text{ veces})$$

- La suma de variables aleatorias de tipo Binomial independientes y con el mismo parámetro p es otra distribución Binomial cuyo primer parámetro es la suma de las repeticiones del experimento dicotómico:

$$Bi(n_1, p) + Bi(n_2, p) = Bi(n_1 + n_2, p)$$

5.1.2.4. Distribución hipergeométrica, $H(N, n, D)$

La distribución hipergeométrica describe la probabilidad de obtener un cierto número de éxitos en una muestra sin reemplazamiento de tamaño n, tomada de una población finita de tamaño N que contiene D éxitos y $N - D$ fracasos. A diferencia de la distribución binomial, donde los ensayos son con reemplazamiento (independientes), la distribución hipergeométrica se usa cuando los ensayos son sin reemplazamiento, lo que hace que las probabilidades cambien de un ensayo a otro. Su función de probabilidad viene dada por:

$$p(x) = \frac{\binom{D}{x}\binom{N-D}{n-x}}{\binom{N}{n}} \qquad \forall x \in \{max(0, n + D - N), \ldots, min(n, D)\}$$

Con media $E[X] = n\frac{D}{N}$ y varianza $Var[X] = n\frac{D}{N}\left(1 - \frac{D}{N}\right)\frac{N-n}{N-1}$.

5.1.2.5. Distribución geométrica, $G(p)$

La distribución geométrica modela el número de fracasos antes de obtener el primer "éxito" en un experimento de Bernoulli repetido de manera independiente (probabilidad constante p), donde en cada ensayo solo hay dos resultados posibles: éxito o fracaso. Su función de probabilidad viene dada por:

$$P(X = x) = p(1 - p)^x \qquad \forall x \in \{0, 1, \ldots \infty\}$$

Con media $E[X] = \frac{1-p}{p}$ y varianza $Var[X] = \frac{1-p}{p^2}$.

5.1.2.6. Distribución de Poisson, $\wp(\lambda)$

La distribución de Poisson modela el número de eventos que ocurren en un intervalo de tiempo o espacio fijo, bajo las siguientes condiciones:

1. Los eventos son independientes: la ocurrencia de un evento no afecta la ocurrencia de otro.

2. La tasa de ocurrencia (λ) es constante: la probabilidad de que un evento ocurra en un intervalo es proporcional al tamaño del intervalo.

3. No ocurren dos eventos simultáneamente: en un intervalo infinitesimal, solo puede ocurrir un evento o ninguno.

Su función de probabilidad viene dada por:

$$P(X = x) = \lambda^x \frac{e^{-\lambda}}{x!} \qquad \forall x \in \{0, 1, \ldots\}$$

Con media $E[X] = \lambda$ y varianza $Var[X] = \lambda$.
La distribución de Poisson verifica las siguientes propiedades:

- La media λ de una variable aleatoria de Poisson es proporcional al intervalo estudiado. Si $X =$ "Número de llamadas recibidas en un call center en 1 hora" sigue una distribución $\wp(5)$, entonces la variable $Y =$ "Número de llamadas recibidas en el mismo call center en 3 horas" tiene una distribución $\wp(3 \times 5) = \wp(15)$.

- La suma de dos variables aleatorias de Poisson independientes es otra variable aleatoria de Poisson cuya media es la suma de medias: $\wp(\lambda_1) + \wp(\lambda_2) = \wp(\lambda_1 + \lambda_2)$

5.1.3. Distribuciones continuas notables

Las distribuciones continuas más usados en ciencias sociales son la uniforme, la exponencial, la gamma y la normal.

5.1.3.1. Distribución uniforme, $U(a, b)$

La distribución uniforme continua toma valores dentro del intervalo (a, b) de tal forma que la densidad de probabilidad es constante a lo largo de dicho intervalo. Dicho de otra forma, todos los subintervalos de la misma amplitud dentro del intervalo (a, b) tienen la misma probabilidad de ocurrencia. Su función de densidad es:

$$f(x) = \begin{cases} \frac{1}{b-a} & \text{si } a \leq x \leq b \\ 0 & \text{en otro caso} \end{cases}$$

Con media $E[X] = \frac{a+b}{2}$ y varianza $Var[X] = \frac{(b-a)^2}{12}$.

5.1.3.2. Distribución exponencial, $\text{Exp}(\lambda)$

La distribución exponencial describe el tiempo entre eventos en un proceso de Poisson que ocurre a una tasa constante λ. En otras palabras, se utiliza para modelar el tiempo que transcurre hasta que ocurre un evento determinado, siempre que los eventos ocurran de manera independiente y a una tasa constante en el tiempo. Su función de densidad es:

$$f(x) = \begin{cases} \lambda e^{-\lambda x} & \text{si } x \geq 0 \\ 0 & \text{en otro caso} \end{cases}$$

Con media $E[X] = \frac{1}{\lambda}$ y varianza $Var[X] = \frac{1}{\lambda^2}$.

5.1.3.3. Distribución gamma, $\text{Gamma}(a, \lambda)$

La distribución Gamma está determinada por dos parámetros, a y λ, y su función de densidad viene dada por:

$$f(x) = \begin{cases} \frac{\lambda^a x^{a-1} e^{-\lambda x}}{\Gamma(a)} & \text{si } x > 0 \\ 0 & \text{en otro caso} \end{cases}$$

Su media y varianza son:

$$E[X] = \frac{a}{\lambda} \qquad Var[X] = \frac{a}{\lambda^2}$$

Cuando a es entero esta distribución recibe el nombre de distribución de Erlang, y modela el tiempo de espera hasta que ocurren a eventos. Es útil cuando se quiere modelar la suma de variables aleatorias exponenciales independientes, cada una representando el tiempo hasta que ocurre un evento. Por lo tanto, se puede entender la distribución Gamma (con a entero) como el tiempo aleatorio que transcurre hasta que ocurren a sucesos de Poisson con tasa λ.

Se pueden destacar las siguientes propiedades de la distribución Gamma:

- Si $X \sim \text{Gamma}(1, \lambda)$, entonces $X \sim \text{Exp}(\lambda)$

- Si $X_1, \ldots, X_n$ son variables aleatorias independientes con $X_i \sim \text{Exp}(\lambda)$, entonces:
$$\sum_{i=1}^{n} X_i \sim \text{Gamma}(n, \lambda)$$

- Si $X \sim \text{Gamma}(\frac{n}{2}, \frac{1}{2})$ con n entero, entonces $X \sim \chi_n^2$

5.1.3.4. Distribución normal, $N(\mu, \sigma)$

La distribución normal, también conocida como distribución de Gauss o distribución gaussiana, es una de las distribuciones de probabilidad más importantes y ampliamente utilizadas en estadística. Se utiliza para modelar muchos fenómenos naturales, sociales y científicos debido a su capacidad para describir situaciones en las que los datos tienden a agruparse alrededor de un valor central con una dispersión simétrica. Además, es la distribución que se toma como supuesto clave en la inferencia estadística que se ve en los siguientes capítulos. Su función de densidad es:

$$f(x) = \frac{1}{\sqrt{2\pi\sigma^2}} e^{-\frac{(x-\mu)^2}{2\sigma^2}} \qquad \text{para } -\infty < x < \infty$$

A una variable $X \sim N(0,1)$ se le denomina variable normal estándar. Las propiedades más importantes son:

- Si $X \sim N(\mu, \sigma)$, entonces $E[X] = \mu$ y $Var[X] = \sigma^2$.

- La suma de dos variables aleatorias normales sigue una distribución normal. Si X e Y son v.a. independientes con $X \sim N(\mu_X, \sigma_X)$, $Y \sim N(\mu_Y, \sigma_Y)$, entonces

$$X + Y \sim N(\mu_X + \mu_Y, \sqrt{\sigma_X^2 + \sigma_Y^2})$$

En general, si $X_1, \ldots, X_n$ son v.a. independientes con $X_i \sim N(\mu_i, \sigma_i)$, se verifica:

$$\sum_{i=1}^{n} X_i \sim N\left(\sum_{i=1}^{n} \mu_i, \sqrt{\sum_{i=1}^{n} \sigma_i^2}\right)$$

- Si $X \sim N(\mu, \sigma)$, entonces la variable

$$Z = \frac{X - \mu}{\sigma}$$

cumple $Z \sim N(0,1)$, es decir, se trata de una variable normal estándar.

- La distribución normal es simétrica respecto al valor de la media, μ. Dicho valor coincide con la moda de la distribución.

5.2. Cálculo de probabilidades con R y R Commander

R dispone de un amplio repertorio de funciones para realizar cálculos correspondientes a diferentes distribuciones de probabilidad. La sintaxis de estas funciones es siempre la misma:

<code>prefijo + sufijo</code>

donde el prefijo indica el tipo de cálculo que se va a realizar y el sufijo identifica la distribución sobre la que se va a actuar[1]:

prefijo	sufijo
d	binom
	hyper
p	geom
	pois
q	unif
	exp
r	gamma
	norm

Cada una de las distribuciones identificadas por el sufijo (su nombre es bastante representativo) cuenta con cuatro funciones determinadas por el prefijo:

- d: calcula el valor de la función de probabilidad (distribuciones discretas) o de densidad (distribuciones continuas) en un punto x.

- p: evalúa la función de distribución en un punto q.

- q: proporciona el cuantil de la distribución para una probabilidad p.

- r: genera valores aleatorios que siguen la distribución correspondiente.

El primer parámetro de estas funciones indica el valor sobre el que actúan (valor de x para las funciones de tipo d, valor de q para las funciones de tipo p, valor de p para las funciones de tipo q, número de valores generados para las funciones de tipo r). Los siguientes parámetros dependen de los de la distribución subyacente. En la Tabla 5.1 se puede ver la sintaxis detallada de las funciones.

---

[1]Además de las ocho distribuciones que aparecen en esta tabla, hay otras que no se han presentado todavía, pero que se emplearán más adelante: chisq, t y F

De esta manera, la función `dbinom` permite calcular la probabilidad de que una variable aleatoria binomial tome un valor concreto x. De la misma forma, la función `pgeom` proporciona el valor de la función de distribución de una variable geométrica en un punto q. La función `qexp` calcula cuantiles para una distribución exponencial y, por ejemplo, la función `rnorm` devuelve un conjunto de valores aleatorios normales.

A continuación se muestra el uso de algunas de estas funciones:

```
# Probabilidad de que una variable Bi(10, 0.5) tome valor X=2:
> dbinom(x=2, size = 10, prob = 0.5)
[1] 0.04394531

# Si se mantiene el orden, no es necesario indicar el nombre de
    los parámetros:
> dbinom(2, 10, 0.5)
[1] 0.04394531

# Además, x puede ser un vector. En este caso se pide la
    probabilidad de que la variable tome valores 2, 3 y 4:
> dbinom(2:4, 10, 0.5)
[1] 0.04394531 0.11718750 0.20507812
```

```
# Cuantil 0.25 de una distribución geométrica G(0.1):
> qgeom(0.25, 0.1)
[1] 2

# O los tres cuartiles:
> qgeom(c(0.25, 0.50, 0.75), 0.1)
[1]  2  6 13
```

```
# Si X ~ Exp(λ = 2), F(0.25) = P(X ≤ 0.25) se calcula como:
> pexp(0.25, 2)
[1] 0.3934693
```

```
# Generar 4 valores de una variable N(0, 1):
> rnorm(4, 0, 1)
[1] -1.1649580 -0.8048523  0.3885095 -0.1776049

# Algunos parámetros tienen valores por defecto. Si en una normal
    no se indican, se consideran mean=0 y sd=1:

> rnorm(4)
[1] -1.0415650  1.4652603  0.6450783  1.1718219
```

```
# Si X ~ H(N = 20, n = 5, D = 8), calcular P(X = 2):
# En las funciones de R relativas a la distribución
    hipergeométrica, los parámetros son D, N - D y n:
> dhyper(2, 8, 20 - 8, 5)
[1] 0.3973168
```

```
# Generar 6 valores de una distribución de Poisson de parámetro
    λ = 5:
> rpois(6, 5)
[1] 4 9 8 6 2 3
```

```
# Si X ~ Gamma(a = 5, λ = 2), calcular P(X ≤ 3):
> pgamma(3, 5, 2)
[1] 0.7149435
```

Las funciones de tipo p y q tienen un parámetro adicional, lower.tail, que indica si se trata de la cola izquierda o derecha. Por defecto su valor es TRUE, que corresponde a la cola izquierda. En caso de especificar lower.tail=FALSE, las funciones de tipo p devuelven el complementario de la función de distribución, es decir, $1 - F(x) = P(X > x)$, mientras que las funciones de tipo q devuelven el cuantil por la derecha, es decir, $\inf \{x | P(X > x) \leq p\}$.

```
# Probabilidad de que una distribución normal N(10, 2) tome
    valores mayores que 12:
> pnorm(12, 10, 2, lower.tail=FALSE)
[1] 0.1586553
```

```
# Si X es una variable Bi(8, 0.5), calcular P(X ≥ 3):
# Notar que, al ser discreta, P(X ≥ 3) = P(X > 2):
> pbinom(2, 8, 0.5, FALSE)
[1] 0.8554688
```

```
# Si X es una v.a. N(0, 1), calcular el valor que deja a su
    derecha una probabilidad de 0.05 (z_{0.05}):
> qnorm(0.05, 0, 1, FALSE)
[1] 1.644854

# O, de forma más abreviada:
> qnorm(0.05, F)
[1] 1.644854
```

Tabla 5.1: Comandos de R para el cálculo de probabilidades.

VARIABLES ALEATORIAS DISCRETAS		
Distribución	*Comando*	Resultado
$X \sim Bi(size, prob)$	dbinom(x, size, prob) pbinom(q, size, prob) qbinom(p, size, prob) rbinom(n, size, prob)	$f(x) = P(X = x)$ $F(q) = P(X \leq q)$ $Q(p) = \inf\{x\|P(X \leq x) \geq p\}$ $(X_1, \ldots, X_n)$
$X \sim H(m + n, k, m)$	dhyper(x, m, n, k) phyper(q, m, n, k) qhyper(p, m, n, k) rhyper(nn, m, n, k)	$f(x) = P(X = x)$ $F(q) = P(X \leq q)$ $Q(p) = \inf\{x\|P(X \leq x) \geq p\}$ $(X_1, \ldots, X_{nn})$
$X \sim G(prob)$	dgeom(x, prob) pgeom(q, prob) qgeom(p, prob) rgeom(n, prob)	$f(x) = P(X = x)$ $F(q) = P(X \leq q)$ $Q(p) = \inf\{x\|P(X \leq x) \geq p\}$ $(X_1, \ldots, X_n)$
$X \sim \wp(lambda)$	dpois(x, lambda) ppois(q, lambda) qpois(p, lambda) rpois(n, lambda)	$f(x) = P(X = x)$ $F(q) = P(X \leq q)$ $Q(p) = \inf\{x\|P(X \leq x) \geq p\}$ $(X_1, \ldots, X_n)$
VARIABLES ALEATORIAS CONTINUAS		
Distribución	*Comando*	Resultado
$X \sim U(a, b)$	dunif(x, a, b) punif(q, a, b) qunif(p, a ,b) runif(n, a, b)	$f(x)$ $F(q) = P(X \leq q)$ $Q(p) = \inf\{x\|P(X \leq x) \geq p\}$ $(X_1, \ldots, X_n)$
$X \sim Exp(rate)$	dexp(x, rate) pexp(q, rate) qexp(p, rate) rexp(n, rate)	$f(x)$ $F(q) = P(X \leq q)$ $Q(p) = \inf\{x\|P(X \leq x) \geq p\}$ $(X_1, \ldots, X_n)$
$X \sim Gamma(shape\ rate)$	dgamma(x, shape, rate)[*] pgamma(q, shape, rate)[*] qgamma(p, shape, rate)[*] rgamma(n, shape, rate)[*]	$f(x)$ $F(q) = P(X \leq q)$ $Q(p) = \inf\{x\|P(X \leq x) \geq p\}$ $(X_1, \ldots, X_n)$
$X \sim N(mean, sd)$	dnorm(x, mean, sd) pnorm(q, mean, sd) qnorm(p, mean, sd) rnorm(n, mean, sd)	$f(x)$ $F(q) = P(X \leq q)$ $Q(p) = \inf\{x\|P(X \leq x) \geq p\}$ $(X_1, \ldots, X_n)$

[*] En R Commander, en los diálogos correspondientes a la variable aleatoria Gamma, en lugar del valor de λ hay que introducir el factor de escala ($s = 1/\lambda$).

R Commander nos facilita el uso de las funciones anteriores a través de diálogos en los que podemos introducir los parámetros comentados previamente. Por ejemplo, para calcular probabilidades acumuladas de una binomial, tenemos que ir a **Distribuciones** → **Distribuciones discretas** → **Distribución binomial** → **Probabilidades binomiales acumuladas**.

Aparece el diálogo mostrado en la Figura 5.1, donde se han introducido los valores necesarios para calcular $P(X \leq 4)$, con $X \sim Bi(10, 0.5)$:

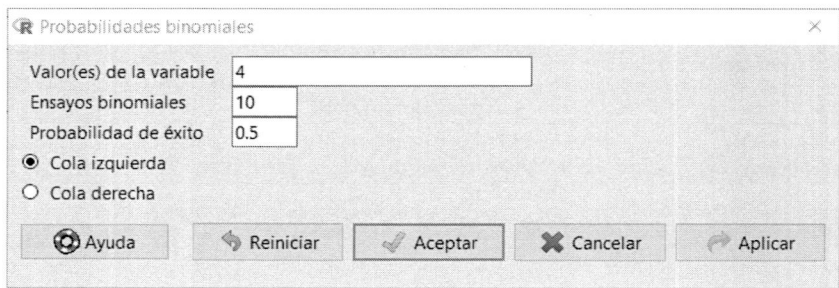

Figura 5.1: Diálogo de R Commander para el cálculo de una probabilidad acumulada en una distribución binomial.

Al pulsar el botón de aceptar, se genera la siguiente orden en consola de R Commander:

```
> pbinom(c(4), size=10, prob=0.5, lower.tail=TRUE)
```

y proporciona el resultado 0.3769531. Hay que tener en cuenta que si en el diálogo hubiéramos seleccionado la cola derecha, estaríamos calculando $P(X > 4)$, es decir, la probabilidad complementaria: $1 - P(X \leq 4) = 1 - 0.3769531 = 0.6230469$.

Hay que notar que la instrucción anterior generada por R Commander es equivalente a la siguiente forma simplificada comentada al explicar las funciones de probabilidad de R:

```
> pbinom(4, 10, 0.5, T)
```

Las demás distribuciones tienen diálogos similares donde simplemente hay que indicar los valores de los parámetros. De forma análoga se realiza el cálculo de cuantiles, probabilidades puntuales (variables discretas) y generación de valores aleatorios. Por último, destacar que para calcular probabilidades no acumuladas en las distribuciones discretas, R Commander no nos permite indicar el valor del cual se quiere calcular la probabilidad, generando una tabla de probabilidades donde podemos buscar el valor deseado. Esto a veces resulta incómodo y es mejor recurrir directamente a la función de R de tipo d.

El *plug-in* TeachStat de R Commander también ofrece diálogos similares para el cálculo de probabilidades. En **Estadística Básica→Variables**

Aleatorias tenemos la posibilidad de acceder a las correspondientes funciones de variables discretas o continuas. Su uso es similar al comentado anteriormente para R Commander, pero conviene destacar algunos cambios en este *plug-in*:

- Existe la opción de definir una variable aleatoria genérica, indicando la probabilidad en cada punto del soporte (variables discretas) o la función de densidad a trozos (variables continuas).

- El listado de distribuciones no es tan amplio como el que ofrece R Commander.

- Para cada variable aleatoria se presenta la opción **Características...** que nos muestra, una vez especificados los parámetros de la distribución, las características más relevantes de la misma (media, varianza, etc.).

- La opción **Probabilidades acumuladas** permite calcular la probabilidad de un intervalo, es decir, $P(a < X \leq b)$, indicando los valores de a y de b. En caso de no especificar el valor de a, lo que obtenemos es $P(X \leq b) = F(b)$, o sea, el equivalente a la cola izquierda de R Commander. Si no se indica el valor de b, se obtiene $P(a < X) = 1 - F(a)$, es decir la cola derecha de la distribución.

- Además, la opción **Probabilidades acumuladas** también permite representar la región sobre la que se hace el cálculo de probabilidades.

En la la Figura 5.2 se muestra el diálogo correspondiente al cálculo de probabilidades acumuladas de una distribución Poisson:

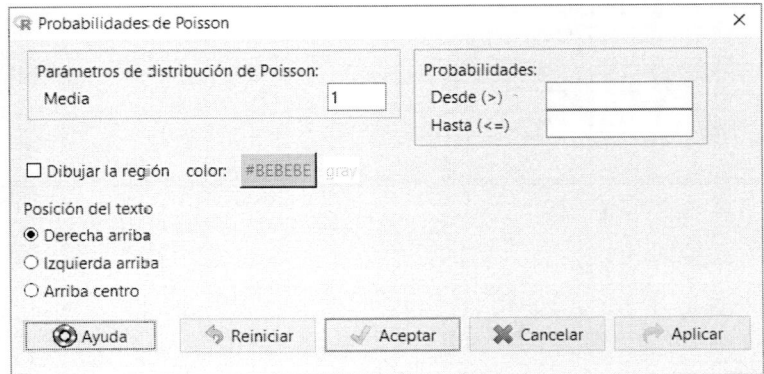

Figura 5.2: Diálogo para el cálculo en TeachStat de una probabilidad acumulada en una distribución Poisson.

5.3. Ejemplos resueltos

Ejemplo 5.1

Una máquina lee códigos de barras impresos en etiquetas de tamaño estandarizado. Esporádicamente recibe, de manera aleatoria, etiquetas que no puede leer por errores diversos (falta el código, está rayado, mal pegado, etc.) y las deriva a una bandeja lateral para ser procesadas por un operario; esta bandeja tiene capacidad para 160 etiquetas. En promedio, un 2 % de las etiquetas que lee son defectuosas y las procesa en lotes de 7 000 etiquetas. Al terminar de procesar un lote, el operario pasa a recoger las etiquetas defectuosas. ¿Cuál es la probabilidad de que se encuentre en el suelo etiquetas que han desbordado la bandeja por superar su capacidad máxima?

Solución. Se define la variable aleatoria $X =$ "Número de etiquetas defectuosas en un lote". Se puede suponer que las etiquetas erróneas aparecen de forma aleatoria e independiente, por lo que se trata de un experimento dicotómico (etiqueta errónea o no errónea) que se repite 7 000 veces y cuyos resultados son independientes: el estado de una etiqueta no depende de las anteriores. Por lo tanto, la variable X sigue una distribución binomial con parámetros $n = 7000$ y $p = 0.02$: $X \sim Bi(7000, 0.02)$.

Se debe calcular la probabilidad de que X sea mayor que 160. Es decir, $P(X > 160)$. Para ello, se utiliza en la consola la función o comando `pbinom`:

```
> pbinom(160, size=7000, prob=0.02, lower.tail=FALSE)
[1] 0.04235098
```

o bien, de manera más compacta:

```
> pbinom(160, 7000, 0.02, F)
[1] 0.04235098
```

Por lo tanto, $P(X > 160) = 0.04235$ y la probabilidad de que se desborde la bandeja es del 4.235 %.

Si se utiliza la interfaz gráfica `R Commander`, se puede apreciar en la Figura 5.3 el diálogo con los valores de los diferentes parámetros.

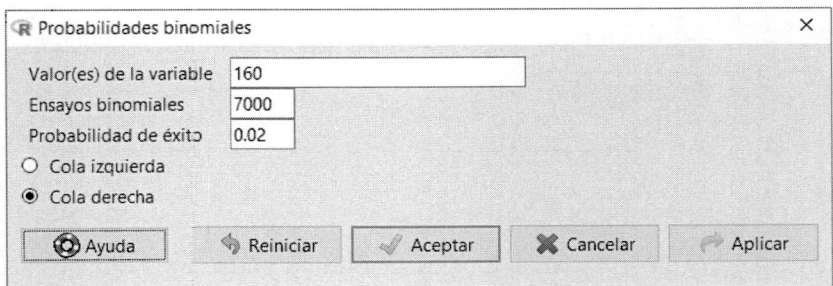

Figura 5.3: Diálogo para el cálculo de una probabilidad acumulada en una distribución binomial.

Ejemplo 5.2

El salario mensual en el sector de la producción cinematográfica a nivel nacional sigue una distribución exponencial de media 2 600 €. Los CEO son el 5 % del total y perciben los salarios más altos.

a) ¿Cuál es el mínimo salario mensual de un CEO?

b) De una muestra aleatoria simple de 2 000 empleados del sector, ¿cuál es la probabilidad de que más de 100 de ellos sean CEO?

Solución.

a) Se define la variable aleatoria $X =$ "Salario, en euros, en el sector de la producción cinematográfica". X sigue una distribución exponencial de media $E[X] = 2\,600$ € y con parámetro λ desconocido, es decir $X \sim \text{Exp}(\lambda)$.

Se debe calcular el parámetro λ:

$$E[X] = \frac{1}{\lambda} \longrightarrow \lambda = \frac{1}{2600} = 0.00038$$

Por lo tanto, $X \sim \text{Exp}(0.00038)$. Se debe calcular ahora $P(X \geq k) = 0.05$, es decir, calcular el cuantil 0.05 de cola derecha. Para ello, se utiliza en la consola la función o comando `qexp`:

```
> qexp(0.05, rate=1/2600, lower.tail=FALSE)
[1] 7788.904
```

o bien, simplemente:

```
> qexp(0.05, 1/2600, F)
[1] 7788.904
```

Por lo tanto, $k = 7\,788.90\,€$. Como poco, el salario mensual de los CEO es de $7\,888.90\,€$.

Si se utiliza `TeachStat` o `R Commander`, se puede apreciar en la Figura 5.4 el diálogo con los valores de los diferentes parámetros. En estos diálogos no es posible indicar operaciones en los cuadros de texto, teniendo que escribir directamente los valores numéricos de los parámetros. En este caso no se puede introducir la expresión 1/2600 en el parámetro de la exponencial, y hay que poner el valor calculado previamente (0.00038). Al tomar pocas cifras significativas, habrá una sensible diferencia con el valor correcto calculado previamente.

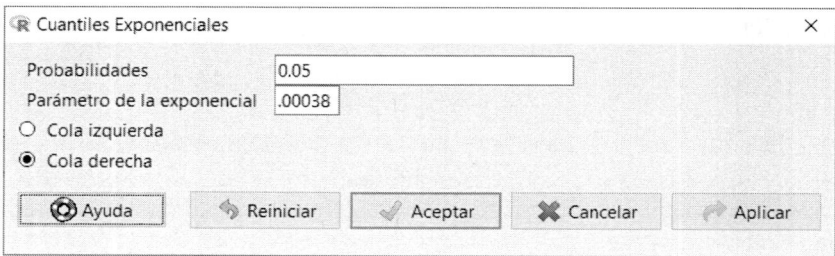

Figura 5.4: Diálogo para el cálculo de un cuantil en una distribución exponencial.

b) Se define la variable aleatoria $Y =$ "Número de CEO en los 2 000 empleados del sector". Se trata de un experimento dicotómico (CEO o no) que se repite 2 000 veces y los resultados son independientes. Por lo tanto, la variable Y sigue una distribución binomial $Y \sim Bi(2000, 0.05)$.

Se quiere calcular la probabilidad de que Y sea mayor que 100, $P(Y > 100)$. Para ello, se utiliza en la consola la función `pbinom`:

```
> pbinom(100, size=2000, prob=0.05, lower.tail=FALSE)
[1] 0.4734
```

Por lo tanto, $P(Y > 100) = 0.4734$.

Si se utiliza `TeachStat`, se puede apreciar en la Figura 5.5 el diálogo con los valores de los diferentes parámetros.

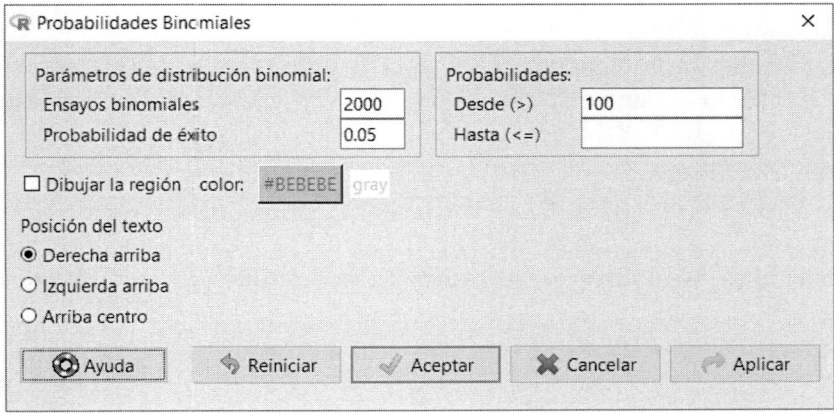

Figura 5.5: Diálogo para el cálculo de una probabilidad acumulada en una distribución binomial.

Ejemplo 5.3

La autenticación en dos fases es una medida de seguridad que consiste en que el usuario de un servicio debe probar su identidad a través de dos medios diferentes para que se le conceda acceso. Un banco *on-line*, para prevenir estafas de *phishing*, solicita a los usuarios web que introduzcan su contraseña y, a continuación, un código numérico que les envía por SMS. Cuando un usuario solicita acceso a la web, tarda en promedio 5 segundos en recibir el código por SMS y 12 en introducir el código y obtener acceso. El banco quiere que se cancelen automáticamente todas las solicitudes de acceso que tarden más de un determinado tiempo t por considerar que son solicitudes que el cliente ha abandonado antes de finalizar. ¿Cuál debe ser el valor de t si el banco calcula que los casos de abandono antes de finalizar suponen sólo un 5 % del total de solicitudes de acceso? Se puede considerar que los tiempos siguen una distribución normal con desviaciones típicas $\sigma = 3$ en el primer proceso y $\sigma = 7$ en el segundo.

Solución. Se definen las variables aleatorias:

$X_1 = $ "Tiempo que se tarda en recibir el código por SMS (segundos)". $X_1 \sim N(5,3)$.

$X_2 = $ "Tiempo que se tarda en introducir el código y obtener acceso (segundos)". $X_2 \sim N(12,7)$.

Ambas variables se pueden considerar independientes porque se generan por medios distintos. A partir de ellas, el tiempo total de acceso será:

$X = $ "Tiempo total que un usuario necesita para acceder a la web (segundos)". $X = X_1 + X_2 \sim N(5 + 12, \sqrt{3^2 + 7^2}) \simeq N(17, 7.62)$.

Si se considera que sólo el 5% de los accesos superan el tiempo t, este tiempo es el cuantil $q_{0.95}$ de la distribución de X. Por lo tanto, se debe calcular $P(X < t) = 0.95$ y calcular el cuantil 0.95 de cola izquierda de la distribución de X. Para ello, se utiliza en la consola la función o comando `qnorm`:

```
> qnorm(0.95, mean=17, sd=sqrt(3^2+7^2), lower.tail=TRUE)
# O bien, de forma compacta:
> qnorm(0.95, 17, sqrt(3^2+7^2))
[1] 29.52683
```

El valor del cuantil es $t = q_{0.95} = 29.53$ segundos. Por lo tanto, el tiempo máximo antes de que el banco cancele la solicitud será de 29.53 segundos.

Si se utiliza la interfaz gráfica `R Commander` (o `TeachStat`), se puede apreciar en la Figura 5.6 el diálogo con los valores de los diferentes parámetros.

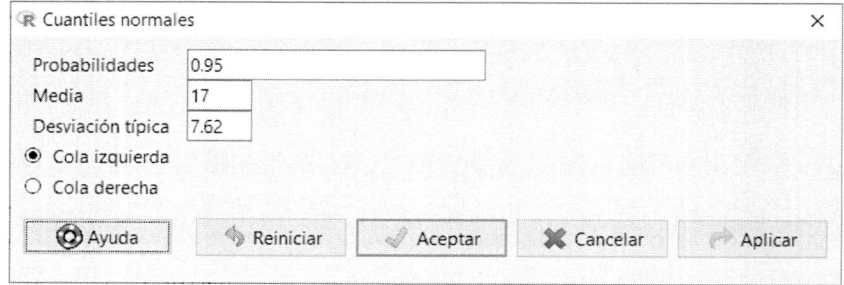

Figura 5.6: Diálogo para el cálculo de un cuantil en una distribución normal.

Ejemplo 5.4

El número de personas que visitan un museo sigue una distribución de Poisson con media 20 visitantes por hora. El museo quiere establecer un aforo máximo para que la visita resulte más cómoda, pero sin reducir demasiado el número de visitantes. ¿Cuál es el número máximo k de visitantes que debería admitir diariamente de manera que sólo el 5% de los días este aforo fuera superado? El museo abre nueve horas diarias.

Solución. Se define la variable aleatoria X = "Número diario de visitantes del museo". X sigue una distribución de Poisson con parámetro $\lambda = 9 \times 20 = 180$: $X \sim \wp(180)$, asumiendo que el número de visitantes es independiente de una hora a otra.

El valor k buscado debe verificar que $P(X > k) \leq 0.05$. Por lo tanto, se debe calcular el cuantil 0.05 de cola derecha de la distribución de X. Para ello, se utiliza en la consola la función o comando `qpois`:

```
> qpois(0.05, lambda=180, lower.tail=FALSE)
# O bien
> qpois(0.05, 180, F)
[1] 202
```

Por lo tanto, $k = 202$. Como mucho, el aforo diario es de 202 visitantes.

Si se utiliza `R Commander`, se puede apreciar en la Figura 5.7 el diálogo con los valores de los diferentes parámetros.

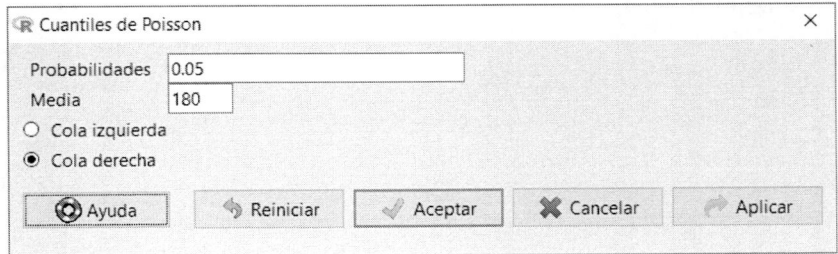

Figura 5.7: Diálogo para el cálculo de un cuantil en una distribución de Poisson.

Ejemplo 5.5

El gasto medio por compra de los clientes de una franquicia de tiendas de artículos deportivos es de 67 € con una desviación típica de 5 €. El propietario de dos de estas tiendas estima que el número de ventas semanales es de doscientas en la primera tienda y trescientas en la segunda. ¿Cuál es la probabilidad de que en una semana cualquiera el propietario recaude más de 33 600 € entre las dos tiendas? Puede considerarse que la distribución del gasto es normal.

Solución. Se definen las variables aleatorias:

X = "Recaudación semanal de las dos tiendas (€)".

Y = "Gasto por compra (€)".

La recaudación total semanal X es la suma de las recaudaciones de ambas tiendas. Entre las dos tiendas se realizan 500 compras que consideramos independientes. Como cada compra es una variable aleatoria normal, $Y_i \sim N(67, 5)$, la suma también es normal y por lo tanto:

$$X = \sum_{i=1}^{500} Y_i \sim N\left(500 \times 67, \sqrt{500 \times 5^2}\right) \approx N(33500, 111.80)$$

Se debe calcular la probabilidad de que X sea mayor que $33\,600$. Es decir, $P(X > 33600)$. Para ello, se utiliza en la consola la función o comando `pnorm`:

```
> pnorm(33600, 33500, 111.80, F)
[1] 0.1855394
```

Y la probabilidad de que recaude más de $33\,600\,€$ en una semana es del $18.55\,\%$. Si se utiliza la interfaz gráfica `R Commander`, se puede apreciar en la Figura 5.8 el diálogo con los valores de los diferentes parámetros.

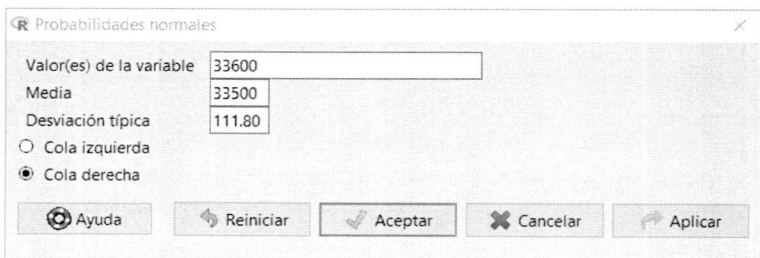

Figura 5.8: Diálogo para el cálculo de una probabilidad acumulada en una distribución normal.

Ejemplo 5.6

Antes de una extracción de sangre se realiza un cuestionario al paciente, quien lo contesta por escrito. El tiempo que los pacientes necesitan para rellenarlo es aleatorio y sigue una distribución exponencial de media diez minutos.

a) ¿Qué probabilidad hay de que un paciente tarde menos de cinco minutos en responder al cuestionario?

b) En un momento determinado acuden cinco pacientes. ¿Qué probabilidad hay de que tres de ellos tarden menos de cinco minutos en responder el cuestionario?

c) Si en lugar de responder el cuestionario por escrito hubiera una persona entrevistando a los pacientes, esa misma persona tendría que entrevistarles uno a continuación del otro. ¿Qué probabilidad hay de que tarde menos de 45 minutos en entrevistar a los cinco?

Solución.

a) Se define la variable aleatoria X = "Tiempo que necesita un paciente para rellenar el cuestionario (minutos)". X sigue una distribución exponencial con parámetro $\lambda = 1/10$: $X \sim \text{Exp}(0.1)$, asumiendo que el número de visitantes es independiente de una hora a otra.

Se debe calcular la probabilidad de que X sea menor que 5, es decir, $P(X < 5)$. Para ello, se utiliza en la consola la función o comando `pexp`:

```
> pexp(5, rate=0.1, lower.tail=TRUE)
# O bien
> pexp(5, 0.1)
[1] 0.3934693
```

Por lo que la probabilidad de que tarde menos de 5 minutos en responder al cuestionario es del 39.35 %.

Si se utiliza `TeachStat`, se puede apreciar en la Figura 5.9 el diálogo con los valores de los diferentes parámetros.

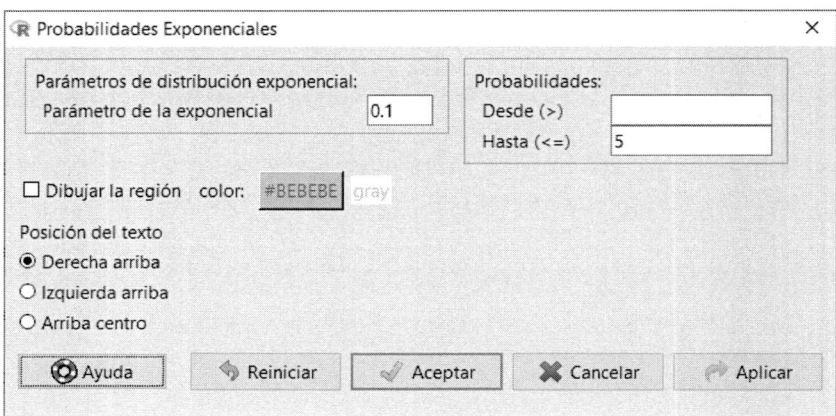

Figura 5.9: Diálogo para el cálculo de una probabilidad acumulada en una distribución exponencial.

b) Se define la variable aleatoria Y = "Número de pacientes de los cinco que tardan menos de cinco minutos en rellenar el cuestionario". Y sigue una distribución binomial con parámetros $n = 5$ y $p = 0.3935$: $Y \sim Bi(5, 0.3935)$.

Se debe calcular la probabilidad de que Y sea igual a 3, es decir, $P(Y = 3)$. Para ello, se utiliza en la consola la función `dbinom`:

```
> dbinom(3, 5, 0.3935)
[1] 0.2241278
```

Por lo que la probabilidad de que tres de los cinco tarden menos de cinco minutos en responder al cuestionario es del 22.41 %.

Si se utiliza `TeachStat`, se puede apreciar en la Figura 5.10 el diálogo con los valores de los diferentes parámetros.

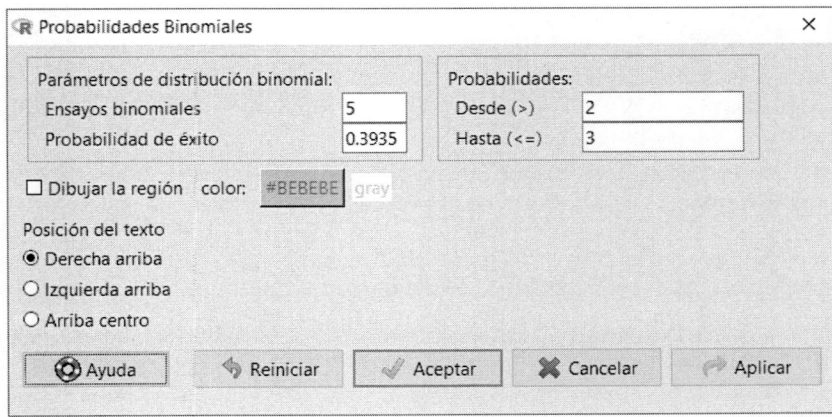

Figura 5.10: Diálogo para el cálculo de una probabilidad puntual en una distribución binomial.

c) Se define la variable aleatoria $U =$ "Tiempo en minutos que se tarda en entrevistar a los cinco pacientes, uno a continuación de otro". Por lo tanto, la variable U sigue una distribución gamma con parámetros $a = 5$ y $\lambda = 0.1$: $U \sim \mathrm{Gamma}(5, 0.1)$.

Se debe calcular la probabilidad de que U sea menor que 45. Es decir, $P(U < 45)$. Para ello, se utiliza en la consola la función o comando `pgamma`:

```
> pgamma(45, shape=5, rate=0.1, lower.tail=TRUE)
# O bien:
> pgamma(45, 5, 0.1)
[1] 0.4678964
```

que alternativamente se puede escribir, indicando el factor de escala en lugar de la tasa media, como:

```
> pgamma(45, shape=5, scale=10, lower.tail=TRUE)
[1] 0.4678964
```

Por lo que la probabilidad de que se tarde menos de 45 minutos en entrevistar a los cinco pacientes es del 46.79 %.

Si se utiliza la interfaz gráfica `R Commander` (la distribución gamma no está disponible en `TeachStat`), se puede apreciar en la Figura 5.11 el diálogo con los valores de los diferentes parámetros.

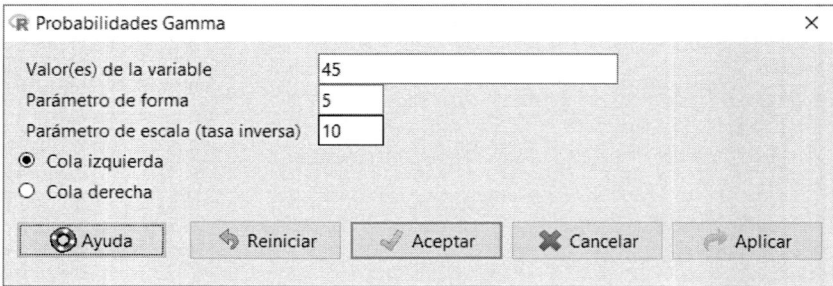

Figura 5.11: Diálogo para el cálculo de una probabilidad acumulada en una distribución gamma.

Ejemplo 5.7

En una conocida plataforma de *trading*, dedicada a la compraventa de activos cotizados con mucha liquidez de mercado (acciones, divisas y futuros), de los últimos 15 clientes que han invertido en criptomonedas, 7 han invertido en *Bitcoin* (BTC). Si seleccionamos aleatoriamente a 4 de esos clientes, ¿cuál es la probabilidad de que exactamente dos hayan invertido en BTC?

Solución. Se define la variable aleatoria X = "Número de clientes que han invertido en BTC de los 4 seleccionados". X sigue una distribución hipergeométrica con parámetros $N = 15$, $n = 4$ y $D = 7$: $X \sim H(15, 4, 7)$.

Se debe calcular la probabilidad de que X sea igual a 2. Es decir, $P(X = 2)$. Para ello, se utiliza en la consola la función o comando `dhyper`:

```
> dhyper(2, m=7, n=8, k=4)
[1] 0.4307692
```

Por lo que la probabilidad de que, de los cuatro clientes, dos de ellos hayan invertido en BTC es del 43.08 %.

Si se utiliza la interfaz gráfica `R Commander`, se puede apreciar en la Figura 5.12 el diálogo con los valores de los diferentes parámetros.

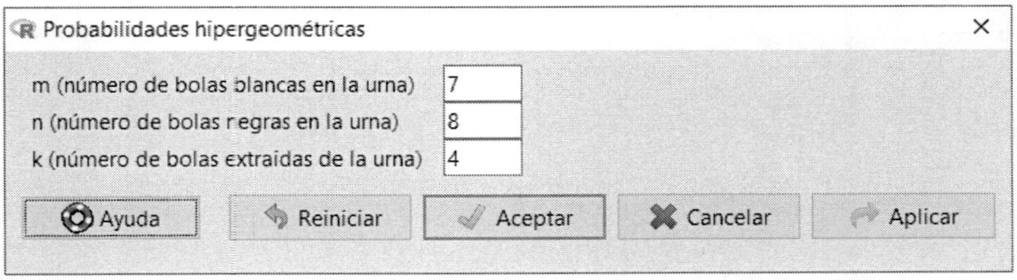

Figura 5.12: Diálogo para el cálculo de una probabilidad puntual en una distribución hipergeométrica.

Ejemplo 5.8

Un profesor universitario observa que el 25 % de los estudiantes obtienen menos de 5 puntos en su examen final y, por lo tanto, suspenden la asignatura. A la vista de ello, decide revisar los exámenes finales hasta encontrar uno que haya obtenido una calificación inferior a 5 puntos. ¿Cuál es la probabilidad de que tenga que revisar más de 8 exámenes hasta que encuentre uno con una puntuación inferior a 5 puntos?

Solución. Se define la variable aleatoria $X = $ "Número de exámenes revisados antes de encontrar uno con puntuación inferior a 5 puntos". Por lo tanto, la variable X sigue una distribución geométrica con parámetro $p = 0.25$: $X \sim G(0.25)$.

Si hay que revisar más de 8 exámenes hasta encontrar el primer suspenso, significa que se han encontrado al menos 8 aprobados (fracasos) antes del primer suspenso (éxito). Se debe calcular $P(X \geq 8) = P(X > 7)$. Para ello, se utiliza en la consola la función o comando `pgeom`:

```
> pgeom(7, 0.25, F)
[1] 0.1001129
```

Por lo tanto, la probabilidad de que tenga que revisar más de 8 exámenes hasta encontrar uno con puntuación inferior a 5 puntos es del 10.01 %.

Si se utiliza `TeachStat`, se puede apreciar en la Figura 5.13 el diálogo con los valores de los diferentes parámetros.

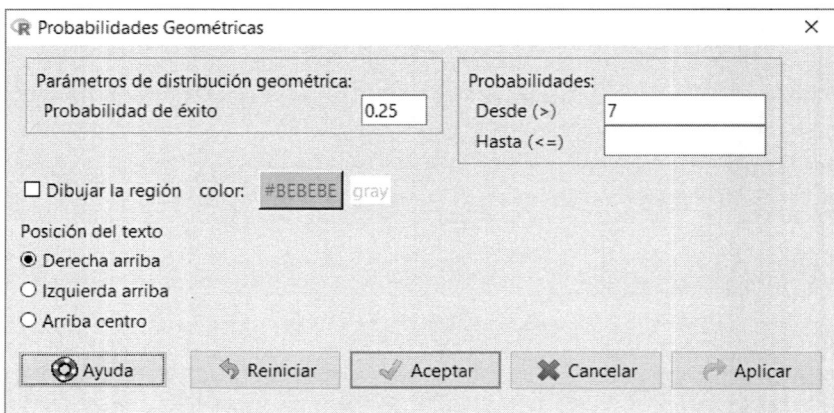

Figura 5.13: Diálogo para el cálculo de una probabilidad acumulada en una distribución geométrica.

Ejemplo 5.9

El tiempo de duración, en años, de las pilas de un marcapasos de determinada marca se distribuye según una ley gamma de parámetros $a = 4$ y $\lambda = 0.2$. ¿Cuál es la probabilidad de que las pilas funcionen al menos 15 años?

Solución. Se define la variable aleatoria $X = $ "Tiempo de duración, en años, de las pilas de un marcapasos". Por lo tanto, la variable X sigue una distribución gamma con parámetros $a = 4$ y $\lambda = 0.2$: $X \sim \text{Gamma}(4, 0.2)$.

Se debe calcular la probabilidad de que X sea mayor o igual a 15. Es decir, $P(X \geq 15)$. Para ello, se utiliza en la consola la función o comando `pgamma`:

```
> pgamma(15, shape=4, rate=0.2, lower.tail=FALSE)
[1] 0.6472319
```

o alternativamente:

```
> pgamma(15, shape=4, scale=5, lower.tail=FALSE)
[1] 0.6472319
```

Por lo tanto, la probabilidad de que la duración de las pilas sea de al menos 15 años es del 64.72 %.

Si se utiliza la interfaz gráfica `R Commander`, se puede apreciar en la Figura 5.14 el diálogo con los valores de los diferentes parámetros.

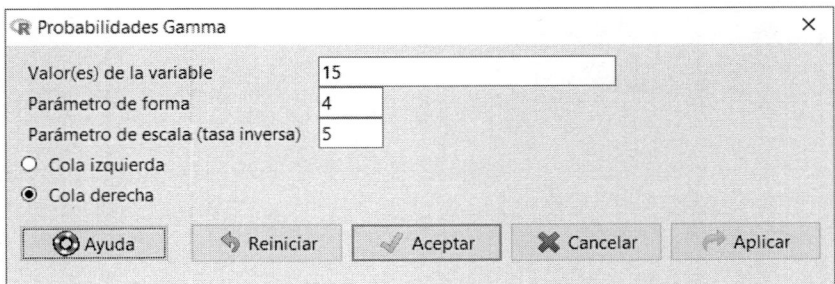

Figura 5.14: Diálogo para el cálculo de una probabilidad acumulada en una distribución gamma.

Ejemplo 5.10

El número de pacientes que atiende un médico de Atención Primaria (AP) se distribuye según una distribución de Poisson con una media de 7 pacientes por hora.

a) Para una hora cualquiera, ¿cuál es la probabilidad de que atienda a más de 8 pacientes?

b) A lo largo de una jornada laboral de 8 horas: ¿cuál es la probabilidad de que atienda a más de 8 pacientes por hora como mucho en 2 horas?

Solución.

a) Se define la variable aleatoria $X =$ "Número de pacientes que atiende un médico de AP por hora". X sigue una distribución de Poisson con parámetro $\lambda = 7$: $X \sim \wp(7)$

Se debe calcular probabilidad de que atienda a más de 8 pacientes en una hora. Es decir, $P(X > 8)$. Para ello, se utiliza en la consola la función o comando `ppois`:

```
> ppois(8, lambda=7, lower.tail=FALSE)
[1] 0.2709087
```

Por lo tanto, la probabilidad de que atienda a más de 8 pacientes por hora es del 27.09 %.

Si se utiliza `TeachStat`, se puede apreciar en la Figura 5.15 el diálogo con los valores de los diferentes parámetros.

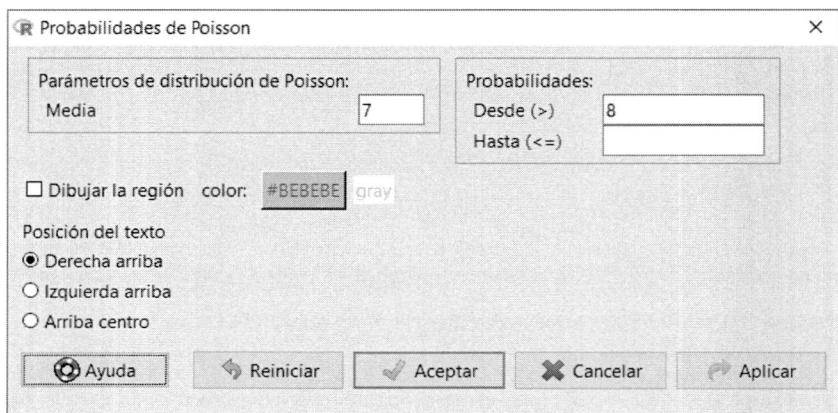

Figura 5.15: Diálogo para el cálculo de una probabilidad acumulada en una distribución de Poisson.

b) Se define la variable aleatoria $Y =$ "Número de horas, a lo largo de la jornada laboral, en las que el médico atiende a más de 8 pacientes". Y sigue una distribución binomial con parámetros $n = 8$ $p = 0.2709$: $Y \sim Bi(8, 0.2709)$

Se debe calcular probabilidad de que la variable Y sea menor o igual a 2, es decir, $P(Y \leq 2)$. Para ello, se utiliza en la consola la función o comando `pbinom`:

```
> pbinom(2, size=8, prob=0.2709, lower.tail=TRUE)
# O bien
> pbinom(2, 8, 0.2709)
[1] 0.6258876
```

Por lo tanto, la probabilidad de que como mucho en tres horas atiendan a más de 8 pacientes es del 62.59 %.

Si se utiliza `TeachStat`, se puede apreciar en la Figura 5.16 el diálogo con los valores de los diferentes parámetros.

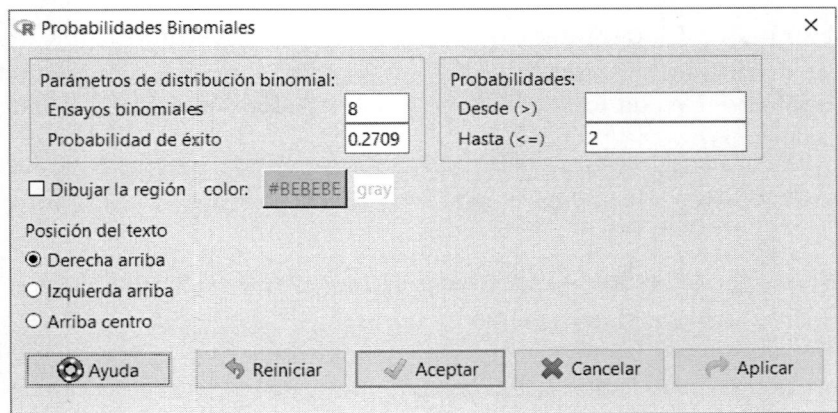

Figura 5.16: Diálogo para el cálculo de una probabilidad acumulada en una distribución binomial.

5.4. Ejercicios propuestos

Ejercicio 5.1. Una fábrica produce cigüeñales de motor, para lo que utiliza dos máquinas A y B, que trabajan de manera independiente. De vez en cuando, y en instantes aleatorios, alguno de los cigüeñales resulta defectuoso. La máquina A produce, en promedio, una pieza defectuosa a la semana (cinco días laborables), mientras que la máquina B produce semanalmente una media de tres piezas defectuosas.

a) ¿Cuál es la probabilidad de que transcurran más de tres días seguidos sin que ninguna pieza producida en la fábrica resulte defectuosa?

b) Si se toma la producción de cinco semanas aleatorias de la máquina A, ¿cuál es la probabilidad de encontrar dos piezas defectuosas?

Ejercicio 5.2. Los pesos del jamón enlatado de una determinada marca tienen una distribución normal, con una media de 260 gr y una desviación estándar de 5 gr. En la etiqueta aparece un peso de 250 gr.

a) ¿Qué proporción de latas pesa menos de la cantidad que señala la etiqueta?

b) Si el jamón enlatado se distribuye en cajas que contienen 50 latas cada una, ¿cuál es la probabilidad de que una determinada caja pese más de 13.2 kg? El peso de la caja vacía es de 150 gr.

Ejercicio 5.3. Una empresa que se dedica al mantenimiento de fotocopiadoras de oficina ha observado que, en promedio, dedica diez minutos al mantenimiento de cada fotocopiadora, y que este tiempo sigue una distribución exponencial.

a) ¿Qué proporción de fotocopiadoras requieren entre 5 y 20 minutos para su mantenimiento?

b) El uso inadecuado de una fotocopiadora puede hacer que el mantenimiento se alargue por encima de un tiempo t, que es el máximo tiempo que la empresa considera en su plan. Si una fotocopiadora requiere un tiempo mayor que t, la empresa cobra un suplemento por ella. Sabiendo que un 5 % de las fotocopiadoras pagan habitualmente dicho suplemento, ¿cuál es el valor de t?

c) Un operario tiene que realizar el mantenimiento de las cinco fotocopiadoras de un departamento. ¿Cuál es la probabilidad de que necesite más de una hora y media en total? Las cinco fotocopiadoras están en distintas oficinas y se puede suponer que sus tiempos de mantenimiento son independientes unos de otros.

d) ¿Cuál es la probabilidad de que haya que pagar un suplemento por el mantenimiento de dos o más de las cinco fotocopiadoras del apartado anterior?

Ejercicio 5.4. Una consultoría elabora diagnósticos financieros de pequeñas empresas empleando dos analistas. El primero establece el análisis de los datos y elabora los índices financieros adecuados; una vez finalizada esta etapa, el segundo analista elabora un diagnóstico preciso de la situación financiera de la empresa y propone soluciones a los problemas identificados a lo largo del proceso. La duración de estos dos procesos depende principalmente del tamaño de las empresas, pero se puede considerar que el tiempo que necesita el primer analista sigue una distribución normal de media 10 días y desviación típica 3 días, mientras que el segundo analista necesita en promedio 15 días, con una desviación típica de 4 días, y este tiempo sigue también una distribución normal. El tiempo total necesario para el diagnóstico es la suma de ambos tiempos. Se puede considerar que los tiempos necesarios para realizar el trabajo de ambos analistas son independientes uno del otro.

a) ¿Cuánto tiempo se necesita, en promedio, para elaborar el diagnóstico financiero de una empresa?

b) ¿Cuál es la probabilidad de que un diagnóstico tarde entre 20 y 25 días en ser elaborado?

c) La consultoría quiere premiar a los analistas que menos tiempo necesiten para elaborar un diagnóstico, para lo que establece un plus económico que recibirán los autores del 5 % de los diagnósticos financieros que menos tiempo total han necesitado para elaborarse. ¿Hasta cuánto tiempo puede necesitar un diagnóstico para que sus autores puedan obtener el plus económico?

d) Para minimizar errores, se decide que a partir de ahora un tercer analista revise cada diagnóstico una vez terminado y antes de elaborar el informe definitivo. Este tercer analista necesita exactamente dos días para revisar cada diagnóstico. ¿Cuáles serán ahora las respuestas a los apartados a) y c)?

Ejercicio 5.5. Una tienda de comercio electrónico maneja dos líneas de productos:

- Electrodomésticos pequeños: el número diario de pedidos sigue una distribución de Poisson con una media de 5 electrodomésticos pequeños.

- Electrodomésticos grandes: el número diario de pedidos sigue una distribución de Poisson con una media de 3 electrodomésticos grandes.

Estos dos productos se venden de manera independiente.

La tienda no gestiona el transporte diario de los electrodomésticos a menos que haya recibido un número mínimo k de pedidos. Calcular el valor de k sabiendo que como máximo el 3 % de los días no gestiona los pedidos de electrodomésticos porque el número de pedidos del día no alcanza ese valor.

Ejercicio 5.6. Una asesoría encarga a un gestor revisar las declaraciones de renta de sus clientes antes de su presentación en la Agencia Tributaria. Por regla general, un 3 % de las declaraciones son incorrectas. Cada día, el gestor revisa 24 declaraciones.

a) Calcular la probabilidad de que un día cualquiera el gestor reciba al menos una declaración incorrecta.

b) ¿Cuál es la probabilidad de que, a lo largo de cinco días, solamente en uno de ellos el gestor encuentre alguna declaración incorrecta?

c) ¿Qué probabilidad hay de que sean correctas al menos las seis primeras declaraciones que revise el gestor un día cualquiera?

Ejercicio 5.7. El primer día de trabajo, los ocho nuevos empleados de una empresa farmacéutica deben realizar un curso virtual de formación sobre prevención de riesgos laborales. El tiempo que tarda cada empleado en completar esta formación es aleatorio y sigue una distribución exponencial con media de 40 minutos. A partir de esta información, responde a las siguientes preguntas:

a) ¿Qué probabilidad hay de que un empleado complete la formación en menos de 25 minutos?

b) Ya que hay un único ordenador para realizar el curso, los empleados deben hacerlo uno detrás de otro. ¿Qué probabilidad hay de que los ocho nuevos empleados tarden en terminar el curso más de 4.5 horas?

Ejercicio 5.8. Los paquetes de detergente producidos por una empresa contienen impurezas cuya concentración puede ser representada por una distribución normal de media 12.2 gr/cc y varianza de 4 gr^2/cc^2. Los estándares exigen que el control de calidad rechace el producto si contiene una concentración de impurezas superior a 15 gr/cc. Si se va a analizar un lote de 400 paquetes, ¿cuál es la probabilidad de que al menos 35 paquetes sean rechazados?

Ejercicio 5.9. El valor de un coche usado se deteriora con cada año que pasa, de manera que si analizamos el valor de los coches matriculados observamos que sigue un comportamiento exponencial, habiendo unos pocos coches que tienen un valor muy alto y muchos cuyo valor es pequeño. Concretamente, se ha observado que el valor de los vehículos matriculados en una determinada área de los Estados Unidos sigue una distribución exponencial de media 8 000 dólares. Si se van a matricular doscientos coches en esta área, ¿cuál es la probabilidad de que al menos la cuarta parte de ellos tenga un valor superior a 12 000 dólares?

Ejercicio 5.10. Ante el estreno de una nueva serie de televisión, un ejecutivo de la cadena ha estimado que el índice de audiencia obtenido tras el primer mes de emisión debería seguir una distribución normal con media 15 % y desviación típica 4.5 %, que es la que siguen los índices de audiencia de las series de esa categoría. Para la próxima temporada, la cadena ha decidido suprimir de la programación al 5 % de los programas que hayan obtenido los índices de audiencia más bajos en la temporada actual.

a) ¿Cuál es el índice de audiencia que debería obtener la serie para evitar ser suprimida?

b) Se sabe, por temporadas anteriores, que el 10 % de las nuevas series obtienen un índice de audiencia superior a 20. La cadena tiene preparadas siete nuevas series para la temporada próxima. Si se mantiene esta proporción, ¿cuál es la probabilidad de que al menos tres de ellas obtengan un índice de audiencia superior a 20?

Ejercicio 5.11. El Gobierno de Aragón pretende conceder ayudas para la compra de instrumentos musicales a los estudiantes de Conservatorio. El objetivo es que el 10 % de los hogares con Renta Anual Neta más baja puedan acceder a estas ayudas. Los datos del Instituto Nacional de Estadística muestran que la Renta Anual Neta por hogar en Aragón sigue una distribución normal cuya media vale 32 067 €, y que el 5 % de las familias aragonesas tiene una Renta Anual Neta inferior a 26 050 €.

a) ¿Cuál es la Renta Anual Neta que debe tener como máximo una familia para poder acceder a las ayudas?

b) Una Asociación de Madres y Padres de un Conservatorio tiene 200 socios y quiere asesorar a los solicitantes de las ayudas. Para asignar los recursos necesarios quiere estimar cuántas de las 200 familias debería atender. ¿Cuál es la probabilidad de que entre las 200 familias haya más de 15 en condiciones de solicitar las ayudas?

Ejercicio 5.12. El coste del recibo de la luz se ha incrementado en las últimas semanas. Según un estudio reciente, el coste medio mensual estaría establecido en 93.72 €, si bien el 15 % de los hogares españoles paga más de cien euros. El Gobierno quiere establecer ayudas al 5 % de los hogares que más pagan. Suponiendo que el coste del recibo de la luz sigue una distribución normal, responde a las siguientes preguntas:

a) ¿Cuál el precio que debe pagar mensualmente como mínimo un hogar para tener derecho a estas ayudas?

b) Una asociación de consumidores tiene 500 socios y quiere asesorar a los solicitantes de las ayudas. Para asignar los recursos necesarios quiere estimar cuántas de las 500 familias debería atender. ¿Cuál es la probabilidad de que entre las 500 familias haya más de 20 en condiciones de solicitar las ayudas?

Ejercicio 5.13. Una empresa de telefonía e internet ha observado que el tiempo transcurrido hasta que un cliente cancela su contrato se ajusta a una distribución exponencial de media dos años. Con el fin de premiar la fidelidad de sus clientes, se plantea ofrecer un pequeño descuento en la cuota mensual al 10 % de los clientes que más tiempo lleven abonados a sus servicios. ¿Cuál es el mínimo tiempo que un cliente deberá haber estado abonado para poder acogerse a esta oferta?

Ejercicio 5.14. La fabricación de discos duros de 2.5 pulgadas para ordenadores portátiles está sujeta a fallos por la presencia de partículas de contaminación entre sus componentes. La superficie más sensible de un disco duro pasa por dos procesos: en el primero de ellos el número medio de partículas de contaminación que aparecen es 20, y en el segundo proceso este número es de 25. Ambos valores son aleatorios y se puede suponer que son independientes y siguen una distribución de Poisson. Un disco duro se considera defectuoso si contiene más de 60 partículas de contaminación. Un día un trabajador del departamento de calidad va a analizar un lote de 100 discos duros, ¿cuál es la probabilidad de que detecte como mucho cinco discos duros defectuosos?

Ejercicio 5.15. Las notificaciones de una aplicación móvil llegan de manera aleatoria y constante a lo largo del día, de manera que el número de ellas que se reciben en una hora sigue una distribución de Poisson con un promedio de 4. Si una persona conecta su teléfono por la mañana, ¿cuál es la probabilidad de que antes de 40 minutos haya recibido seis notificaciones?

5.5. Preguntas teórico–prácticas

Pregunta 5.1. Calcular, de forma aproximada, la probabilidad $P(1.9 < X \leq 4.2)$, mediante la gráfica de la función de distribución que se presenta a continuación:

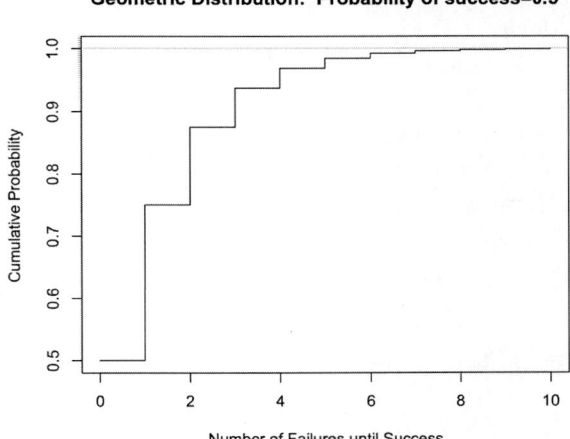

Geometric Distribution: Probability of success=0.5

Pregunta 5.2. En un concurso–oposición, una de las pruebas consiste en la defensa de un tema elegido por el aspirante de entre una terna obtenida al azar entre los 40 temas que componen el temario. Uno de los candidatos ha estudiado sólo 15 de los 40 temas. Si llamamos $X =$ "Número de temas que el candidato se ha estudiado de entre los tres que ha obtenido", ¿cuál es la distribución de probabilidades de la variable X?

Pregunta 5.3. Si X_1 y X_2 son dos variables aleatorias independientes, ¿cuál de las siguientes afirmaciones es falsa?

(a) Si $X_1 \sim \wp(\lambda_1)$ y $X_2 \sim \wp(\lambda_2)$, entonces $X_1 + X_2 \sim \wp(\lambda_1 + \lambda_2)$

(b) Si $X_1 \sim Bi(n_1, p)$ y $X_2 \sim Bi(n_2, p)$, entonces $X_1 + X_2 \sim Bi(n_1 + n_2, p)$

(c) Si $X_1 \sim N(\mu_1, \sigma_1)$ y $X_2 \sim N(\mu_2, \sigma_2)$, entonces $X_1 + X_2 \sim N(\mu_1 + \mu_2, \sigma_1 + \sigma_2)$

(d) Si $X_1 \sim Be(p)$ y $X_2 \sim Be(p)$, entonces $X_1 + X_2 \sim Bi(2, p)$

Pregunta 5.4. El jefe de producción de una fábrica ha comprobado que el 5 % de los componentes fabricados en un cierto proceso son defectuosos. Si se eligen aleatoriamente seis de estos componentes, ¿cuál es la distribución de probabilidades de la variable $X =$ "Número de componentes defectuosos entre los seis elegidos"?

Pregunta 5.5. Indica si es verdadera (V) o falsa (F) cada una de las siguientes afirmaciones:

a) Si una variable se mide en euros es necesariamente una variable continua.

b) Si X es una variable aleatoria continua, $Y = 5X$ también es una variable aleatoria continua.

c) El área bajo la función de densidad de una variable aleatoria continua no puede ser mayor que 1.

d) Si X es una variable aleatoria continua, $P(X < 6) = F(5)$.

Pregunta 5.6. Dada la siguiente función de probabilidad de una variable aleatoria discreta:

X	p_X
0	0.16
1	0.21
2	0.25
3	0.21
4	0.17

calcular $P(1.25 \leq X < 4.71)$.

Pregunta 5.7. El tiempo que tarda un *rider* en hacer una entrega sigue una distribución normal de media 21 minutos. Si una persona hace un pedido, ¿en cuál de estos rangos de tiempo es más probable que reciba el pedido?

a) Entre 16 y 26 minutos.

b) Entre 18 y 28 minutos.

c) Entre 21 y 31 minutos.

Pregunta 5.8. Si X es una variable discreta que solo toma valores enteros, indica si cada una de las siguientes afirmaciones es verdadera (V) o falsa (F):

a) $P(4 \leq X < 6) = F(5) - F(3)$.

b) La esperanza matemática de X mide la dispersión de los valores de X.

c) La esperanza matemática de X no puede ser negativa.

d) La varianza de X no puede ser negativa.

Pregunta 5.9. Una variable aleatoria X tiene la siguiente función de distribución:

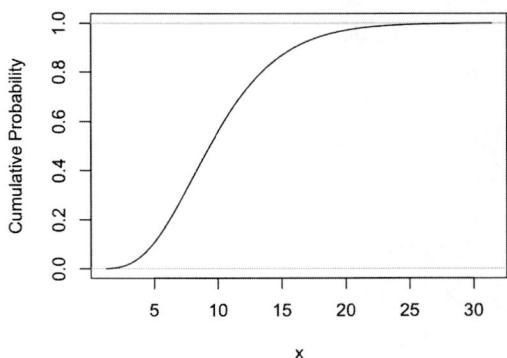

Calcular aproximadamente $P(-5 \leq X < 5)$.

Pregunta 5.10. En la Lotería Nacional, el primer premio se elige extrayendo de un bombo una bola numerada de entre 100 000. Una persona juega asiduamente. ¿Cuál es la distribución de probabilidades de la variable $X =$ "Número de veces que tiene que jugar hasta que le toque el primer premio por vez primera"?

Pregunta 5.11. ¿Verdadero o falso? Si la función de densidad de una variable aleatoria X es la que se indica en la siguiente figura:

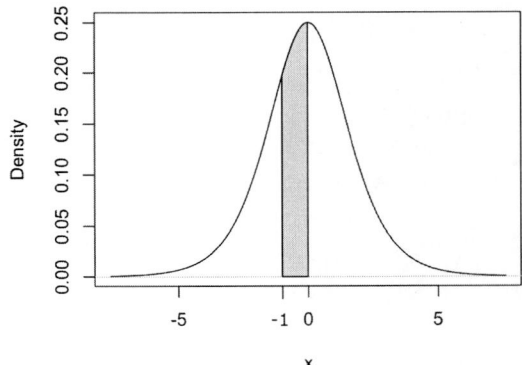

la probabilidad de que X tome valores en la zona sombreada es aproximadamente 0.225.

Pregunta 5.12. A la cola del mostrador de facturación de un aeropuerto llegan viajeros a razón de cuatro por minuto. Se puede considerar que llegan en instantes aleatorios y de manera independiente unos de otros. ¿Cuál es la distribución de probabilidades de la variable aleatoria $X = $ "Número de viajeros que llegan a la cola del mostrador de facturación en media hora"?

Pregunta 5.13. Se ha comprobado que el peso de los bebés al nacer es una variable aleatoria con función de densidad

$$f(x) = \begin{cases} \frac{1}{2} & 2 \leq x \leq 4 \\ 0 & resto \end{cases}$$

¿Qué distribución de probabilidad sigue la variable?

Pregunta 5.14. La variable aleatoria $X = $ "Número de días al año en que la precipitación de nieve en Seinäjoki (Finlandia) supera los 100 mm" ¿es discreta o continua?

Pregunta 5.15. Si X_1 y X_2 son dos variables aleatorias independientes, ¿cuál de las siguientes afirmaciones es falsa?

(a) Si $X_1 \sim \wp(\lambda_1)$ y $X_2 \sim \wp(\lambda_2)$, entonces $X_1 + X_2 \sim \wp(\lambda_1 + \lambda_2)$

(b) Si $X_1 \sim N(\mu_1, \sigma_1)$ y $X_2 \sim N(\mu_2, \sigma_2)$, entonces $X_1 + X_2 \sim N(\mu_1 + \mu_2, \sqrt{\sigma_1^2 + \sigma_2^2})$

(c) Si $X_1 \sim Be(p)$ y $X_2 \sim Be(p)$, entonces $X_1 + X_2 \sim Be(2p)$

(d) Si $X_1 \sim Bi(n_1, p)$ y $X_2 \sim Bi(n_2, p)$, entonces $X_1 + X_2 \sim Bi(n_1 + n_2, p)$

Pregunta 5.16. La variable aleatoria $X = $ "Temperatura diaria a las doce del mediodía en Colonia del Sacramento (Uruguay)", ¿es discreta o continua?

Pregunta 5.17. Si X es una variable aleatoria continua con distribución $U[15, 20]$, calcula $P(X > 19)$.

Pregunta 5.18. Un banco rechaza cada día, en promedio, 480 de sus transacciones internacionales *on–line* por ser erróneas (identificación incorrecta, datos incompletos, errores en el IBAN de destino, etc). Dado que las transacciones proceden de todo el mundo, se puede considerar que las transacciones erróneas se producen en instantes aleatorios y de manera independiente unas de otras a lo largo de las 24 horas del día. ¿Cuál es la distribución de probabilidades de la variable aleatoria X = "Número de transacciones erróneas rechazadas por el banco en una hora"?

Pregunta 5.19.   ¿Cuál de las siguientes distribuciones de probabilidad corresponde a la variable aleatoria cuya función de distribución está representada en la figura?

a) $U[0,1]$

b) $N(2,6)$

c) $U[2,6]$

d) $Bi(4,0.5)$

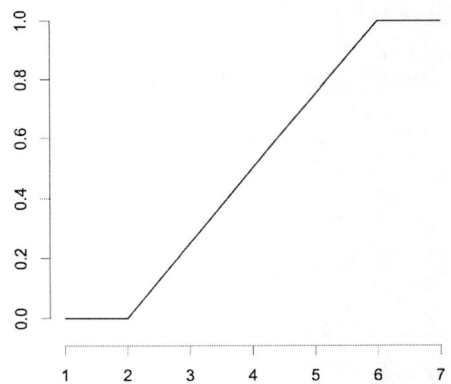

Pregunta 5.20.   Si $X \sim \text{Exp}(\lambda)$, ¿cuál de las siguientes expresiones corresponde con la función de distribución de X?

a) $1 - e^{-\lambda x}$

b) $e^{-\lambda x}$

c) $1 - \lambda e^{-\lambda x}$

d) $\lambda e^{-\lambda x}$

5.6. Soluciones

5.6.1. Soluciones a los ejercicios propuestos

Ejercicio 5.1.

a) X = "Número de cigüeñales defectuosos producidos semanalmente". Como las máquinas funcionan de manera independiente, $X \sim \wp(4)$.

Llamamos Y = "Tiempo transcurrido entre dos piezas defectuosas (en semanas)". Como $X \sim \wp(4)$, $Y \sim \text{Exp}(4)$.

Como una semana son cinco días laborables, hay que calcular $P(Y > 3/5)$.

$P(Y > 3/5) = 0.09072$.

b) El número de piezas defectuosas que fabrica semanalmente la máquina A sigue una distribución $\wp(1)$. En una muestra aleatoria de cinco semanas, la cantidad T de piezas defectuosas seguirá una distribución $T \sim \wp(5)$, asumiendo que el número de piezas defectuosas que se producen es independiente de una semana a otra.

$P(T = 2) = 0.08422$.

Ejercicio 5.2.

a) X = "Peso de una lata de jamón (gr)". $X \sim N(260, 5)$.

$P(X < 250) = 0.02275$. Un $2.275\,\%$ de los botes pesará menos de los 250 gr indicados en la etiqueta.

b) Y = "Peso total de 50 latas de jamón (gr)".

El peso total de las 50 latas X es la suma de los pesos de las 50 latas. Como el peso de cada lata es una variable aleatoria normal independiente, la suma también es normal con valores:

$\mu_Y = 50 \cdot 260 = 13000$

$\sigma_Y^2 = 50 \cdot 25 = 1\,250 \quad \Rightarrow \quad \sigma_Y = \sqrt{1\,250} = 35.36$

y, por lo tanto, $X \sim N(13000, 35.36)$.

Se debe calcular la probabilidad de que Y sea mayor que $13200 - 150 = 13050$. Es decir, $P(X > 13050)$. $P(X > 13050) = 0.0787$.

Ejercicio 5.3.

a) $X =$ "Tiempo dedicado al mantenimiento de una fotocopiadora (min)".
$X \sim \text{Exp}(0.1)$.

$P(5 \leq X \leq 20) = 0.4712$.

b) Se quiere calcular el cuantil t que verifica $P(X > t) = 0.05$.

El cuantil es $t = 29.96$ minutos.

c) $Y =$ "Tiempo dedicado al mantenimiento de las 5 fotocopiadoras (min)". Como los cinco tiempos son independientes, $Y \sim \text{Gamma}(5, 0.1)$, entendiendo que realiza el mantenimiento de las cinco máquinas una tras otra.

$P(Y > 90) = 0.05496$.

d) $U =$ "Número de fotocopiadoras de la oficina por las que hay que pagar el suplemento". Como el suplemento se paga o no en función del tiempo de mantenimiento y los cinco tiempos son independientes, la probabilidad de que haya que pagar el suplemento es la misma para cada una de las fotocopiadoras, así que $U \sim Bi(5, 0.05)$.

$P(U \geq 2) = P(U > 1) = 0.02259$.

Ejercicio 5.4.

a) $X =$ "Tiempo necesario para elaborar un diagnóstico (días)". X es suma de dos variables normales $N(10, 3)$ y $N(15, 4)$ independientes, por lo que $X \sim N(10 + 15, \sqrt{3^2 + 4^2}) \equiv N(25, 5)$.

$E[X] = 25$ días.

b) $P(20 < X < 25) = 0.5 - P(X < 20) = 0.3413$.

c) $P(X < k) = 0.05 \rightarrow k = 16.78$ días.

d) Al añadir una cantidad constante $(c = 2)$ el tiempo promedio aumenta en dos unidades pero la varianza no cambia, de manera que ahora $X \sim N(27, 5)$.

Entonces, a) $E[X] = 27$ días y c) 18.78 días.

Ejercicio 5.5. X = "Número de pedidos diarios de electrodomésticos pequeños": $X \sim \wp(5)$

Y = "Número de pedidos diarios de electrodomésticos grandes": $Y \sim \wp(3)$"

El número total de pedidos recibidos en un día es aleatorio con distribución $V = X + Y \sim \wp(8)$, por ser X e Y variables de Poisson e independientes.

Si k es el mayor valor tal que $P(V < k) = P(V \leq k-1) \leq 0.03$ entonces $P(V \leq k) \geq 0.03$ y k es el cuantil $v_{0.03}$. Por lo tanto, $k = 3$ pedidos.

Ejercicio 5.6.

a) X = "Número de declaraciones incorrectas que recibe el gestor en un día". Como se puede considerar que una declaración es correcta o incorrecta independientemente de las demás, $X \sim Bi(24, 0.03)$.

$P(X \geq 1) = P(X > 0) = 0.5186$.

b) Y = "Número de días de los cinco en los que el gestor recibe alguna declaración incorrecta". Igualmente se puede considerar que el número de declaraciones incorrectas es independiente de un día para otro. Así, $Y \sim Bi(5, 0.5186)$ y $P(Y = 1) = 0.1393$.

c) U = "Número de declaraciones correctas que revisa antes de encontrar la primera incorrecta". $U \sim G(0.03)$ y $P(U \geq 6) = 0.8330$.

Ejercicio 5.7.

a) X = "Tiempo que necesita un empleado para realizar el curso virtual (minutos)".

$X \sim \text{Exp}(0.025)$ y $P(X < 25) = 0.4647$.

b) Y = "Tiempo que tardan los 8 empleados en realizar el curso virtual, uno a continuación de otro (minutos)".

$Y \sim \text{Gamma}(8, 0.025)$ y $P(Y > 270) = 0.6359$.

Ejercicio 5.8. X = "Concentración de impurezas (gr/cc)". $X \sim N(12.2, 2)$

Probabilidad de rechazo: $P(X > 15) = 0.08076$

Y = "Número de paquetes rechazados de los 400 producidos".

Se pide $Y \sim Bi(400, 0.0808)$ y $P(Y \geq 35) = P(Y > 34) = 0.3356$.

Ejercicio 5.9. X = "Valor de un coche usado (miles de dólares)". $X \sim$ Exp$(1/8)$ y $P(X > 12) = 0.2231$.

Y = "Número de coches matriculados que tienen un valor superior a 12 000 dólares". $Y \sim Bi(200, 0.2231)$.

Se pide $P(Y \geq 50) = P(Y > 49) = 0.2022$.

Ejercicio 5.10.

a) X = "Índice de audiencia de las series emitidas por la cadena tras su primer mes".

 $X \sim N(15, 4.5)$. El cuantil pedido es $q_{0.05} = 7.60$, luego deberá tener un índice de audiencia mínimo del 7.60 %.

b) Y = "Número de series de entre las siete que obtendrán un índice de audiencia superior a 20". $Y \sim Bi(7, 0.10)$ y $P(Y \geq 3) = P(Y > 2) = 0.02570$.

Ejercicio 5.11.

a) X = "Renta Anual Neta de un hogar aragonés (€)". $X \sim N(32067, \sigma)$.

 $P(X < 26050) = 0.05 \Rightarrow P(Z < \frac{26050-32067}{\sigma}) = P(Z < -\frac{6017}{\sigma}) = 0.05 \Rightarrow -\frac{6017}{\sigma} = -1.645$

 $\sigma = \frac{6017}{1.645} = 3657.75 \Rightarrow X \sim N(32067, 3657.75)$

 $P(X < k) = 0.10 \Rightarrow k = 27379.40$ €.

b) Y = "Número de familias en la Asociación cuya Renta Anual Neta es inferior a 27 379.40 €". $Y \sim Bi(200, 0.1)$.

 $P(Y > 15) = 0.8569$.

Ejercicio 5.12.

a) X = "Coste mensual del recibo de la luz de un hogar en España (€)". $X \sim N(93.72, \sigma)$.

 $P(X > 100) = 0.15 \Rightarrow P(Z > \frac{100-93.72}{\sigma}) = P(Z > 6.28/\sigma) = 0.15 \Rightarrow 6.28/\sigma = 1.036$

 $\sigma = 6.28/1.036 = 6.062 \Rightarrow X \sim N(93.72, 6.062)$

 $P(X > k) = 0.05 \Rightarrow k = 103.69$ €.

b) Y = "Número de socios cuyo recibo mensual es superior a 103.69 €".
$Y \sim Bi(500, 0.05)$ porque se puede suponer que lo que paga cada socio
es independiente de lo que pagan los demás.

$P(Y > 20) = 0.8211$.

Ejercicio 5.13. X = "Tiempo que un cliente lleva abonado a la empresa
(años)". $X \sim \text{Exp}(0.5)$, ya que $\lambda = \frac{1}{E[X]}$.
Se pide el cuantil $x_{0.90} = 4.61$ años.

Ejercicio 5.14. X = "Número de partículas defectuosas en un disco duro". $X \sim \wp(20 + 25) \equiv \wp(45)$, puesto que X es la suma de las partículas
de contaminación que recibe en cada uno de los dos procesos y estos son
independientes.
Probabilidad de que un disco duro se considere defectuoso: $P(X > 60) =$
0.01329.
Y = "Número de discos duros defectuosos en un lote de 100". $Y \sim$
$Bi(100, 0.01329)$.
Se pide $P(Y \leq 5) = 0.9977$.

Ejercicio 5.15. X = "Tiempo que transcurre hasta que se reciben seis
notificaciones (minutos)".
El tiempo en horas transcurrido entre dos notificaciones sigue una distribución exponencial $\text{Exp}(4)$; como se puede suponer que los tiempos son
independientes de una a otra notificación, hasta que se reciba la sexta notificación transcurrirá un tiempo aleatorio $X \sim \text{Gamma}(6, 4)$ horas o $X \sim$
$\text{Gamma}(6, \frac{1}{15})$ minutos.
Por lo tanto la probabilidad pedida es $P(X < 40) = 0.05409$.

5.6.2. Soluciones a las preguntas teórico–prácticas

Pregunta 5.1.   0.2

Pregunta 5.2. $X \sim H(40, 3, 15)$

Pregunta 5.3.   c)

Pregunta 5.4. $X \sim Bi(6, 0.05)$

Pregunta 5.5.   a) F b) V c) V d) F

Pregunta 5.6.   0.63

Pregunta 5.7.   a)

Pregunta 5.8.   a) V b) F c) F d) V

Pregunta 5.9.   0.1

Pregunta 5.10. $X \sim G(0.00001)$

Pregunta 5.11.   Verdadero

Pregunta 5.12. $X \sim \wp(120)$

Pregunta 5.13. $X \sim U(2, 4)$

Pregunta 5.14.   Discreta

Pregunta 5.15.   c)

Pregunta 5.16.   Continua

Pregunta 5.17.   0.2

Pregunta 5.18. $\wp(20)$

Pregunta 5.19. c)

Pregunta 5.20. a)

Parte IV

Inferencia estadística

Capítulo 6

Muestreo

6.1. Conceptos básicos

El **muestreo** es una técnica fundamental en la estadística inferencial que permite extraer conclusiones acerca de una población a partir de una muestra representativa. En lugar de estudiar a toda la población, lo cual podría ser costoso o impracticable, se selecciona un subconjunto de individuos u observaciones que reflejan las características del grupo completo. Este enfoque permite obtener estimaciones y realizar inferencias sin la necesidad de recopilar datos exhaustivos. El proceso de muestreo es clave en áreas como la investigación científica, las encuestas de opinión y los estudios de mercado, entre otros.

Para fijar terminología, se define la **muestra** como el conjunto de individuos seleccionados del total de la población para su análisis. Esta debe ser representativa de la población para que los resultados obtenidos puedan ser generalizables. La **población**, por su parte, se refiere al conjunto completo de individuos sobre los que se desea hacer inferencias. A la hora de seleccionar una muestra, se pueden emplear distintos métodos, siendo algunos de los más comunes el muestreo aleatorio, el muestreo estratificado y el muestreo por conveniencia, cada uno con sus ventajas y limitaciones.

6.1.1. Muestreo aleatorio simple

El **muestreo aleatorio simple** es uno de los métodos más básicos y fundamentales de selección de muestras en estadística. Consiste en elegir una muestra de elementos de una población de manera que cada individuo tenga la misma probabilidad de ser seleccionado, y todas las selecciones se hacen de

159

forma independiente. Este método asegura que la muestra sea representativa de la población, siempre que se realice correctamente. Es decir, cualquier miembro de la población tiene las mismas posibilidades de ser incluido en la muestra, lo que elimina sesgos y garantiza la imparcialidad del proceso.

6.1.1.1. Muestreo aleatorio simple con reposición

El **muestreo aleatorio simple con reposición** es un tipo de muestreo en el que, después de seleccionar un individuo de la población para la muestra, se devuelve dicha unidad a la población antes de realizar la siguiente selección. Esto significa que cada individuo de la población tiene la misma probabilidad de ser seleccionado en cada extracción, incluso si ya ha sido elegido anteriormente. Por lo tanto, una muestra aleatoria simple con reposición $(X_1, \ldots, X_n)$ es una variable aleatoria $n-$-dimensional en la que:

- Todos los X_i son **independientes** unos de otros.

- Todos ellos siguen la misma distribución.

- Su distribución coincide con la distribución de la población.

La muestra recogida por este método se llama **muestra aleatoria simple (m.a.s.)**.

6.1.1.2. Muestreo aleatorio simple sin reposición

El **muestreo aleatorio simple sin reposición** es un método en el que, una vez que un individuo ha sido seleccionado para formar parte de la muestra, no se vuelve a incluir en las siguientes selecciones. Es decir, cada elemento de la población tiene distinta probabilidad de ser elegido ya que las extracciones no son independientes. Este enfoque asegura que cada unidad de la población sea seleccionada solo una vez, lo que puede ser ventajoso cuando se desea obtener una muestra diversa y representativa sin duplicar ningún elemento. Por lo tanto, una muestra aleatoria simple sin reposición $(X_1, \ldots, X_n)$ es una variable aleatoria $n-$dimensional en la que:

- Todos los X_i son **dependientes** unos de otros.

- Todos ellos siguen la misma distribución.

- Su distribución coincide con la distribución de la población.

6.1.2. Estadísticos muestrales

Una vez tomada una **muestra aleatoria simple**, es crucial manejarla de manera adecuada para que pueda proporcionar información precisa sobre las características desconocidas de la población. Esto nos lleva al concepto de **estadístico**, que es una función de la muestra que resume o describe alguna propiedad de los datos obtenidos. En términos más técnicos, un **estadístico** es una función aplicada a las observaciones muestrales que no depende de ningún parámetro desconocido de la población. Dado que la muestra se extrae de manera aleatoria, la función estadística asociada también se convierte en una **variable aleatoria** que tendrá una distribución de probabilidad propia, con características como la **esperanza** y la **varianza**, que se derivan de las propiedades de los datos muestrales.

Por lo tanto, los **estadísticos muestrales** son valores numéricos calculados a partir de los datos de una muestra, y se utilizan para hacer estimaciones o inferencias sobre parámetros desconocidos de la población de la que proviene la muestra. Estos estadísticos son fundamentales en la estadística inferencial, ya que permiten obtener información sobre la población sin necesidad de estudiarla en su totalidad. Algunos ejemplos comunes de estadísticos muestrales incluyen la **media muestral**, la **varianza muestral**, la **desviación muestral**, la **proporción muestral** y la **suma muestral**, entre otros.

Formalmente, si X es una variable aleatoria definida sobre una población y tomamos una muestra aleatoria simple $(X_1, \ldots, X_n)$, cualquier función T que se aplique a estos datos muestrales y que no dependa de parámetros desconocidos de la población se considera un **estadístico**:

$$T \colon \mathbb{R}^n \longrightarrow \mathbb{R}$$
$$(x_1, \ldots, x_n) \longmapsto T(x_1, \ldots, x_n)$$

Una de las características clave de un estadístico es que su valor queda completamente determinado una vez que se ha seleccionado la muestra. Es decir, el valor del estadístico depende únicamente de los datos observados en la muestra, lo que lo convierte en una cantidad calculable e independiente de la población total. Esto significa que el estadístico no requiere conocer los parámetros desconocidos de la población para ser calculado, pero, al mismo tiempo, su valor es útil para hacer inferencias sobre esos parámetros.

6.1.2.1. Media muestral

El estadístico **media muestral** es uno de los más utilizados en estadística, ya que proporciona una medida de tendencia central de los datos de una muestra aleatoria.

Formalmente, consideremos una variable aleatoria, X, definida sobre una población con $E[X] = \mu$ y $Var[X] = \sigma^2$. Si $(X_1, \ldots, X_n)$ es una muestra aleatoria simple de tamaño n, la media muestral $\bar{X}_n$ se define como:

$$\bar{X}_n = \frac{1}{n}\sum_{i=1}^{n} X_i = \frac{X_1 + X_2 + \cdots + X_n}{n}$$

Su esperanza y varianza son las siguientes:

$$E[\bar{X}_n] = \mu \qquad \mathrm{Var}[\bar{X}_n] = \frac{\sigma^2}{n}$$

6.1.2.2. Proporción muestral

El estadístico **proporción muestral** es una medida utilizada en estadística para estimar la proporción de un evento o característica en una población, basándose en una muestra seleccionada.

Sea X una variable aleatoria con distribución de Bernoulli $Be(p)$, la proporción muestral $\hat{p}_n$ se define como:

$$\hat{p}_n = \frac{1}{n}\sum_{i=1}^{n} X_i = \frac{X_1 + X_2 + \cdots + X_n}{n}$$

Su esperanza y varianza son las siguientes:

$$E[\hat{p}_n] = p \qquad \mathrm{Var}[\hat{p}_n] = \frac{p(1-p)}{n}$$

6.1.2.3. Varianza y cuasivarianza muestrales

La **varianza y cuasivarianza muestrales** son unas medidas de la dispersión o la variabilidad de los datos dentro de una muestra. Si X es una variable aleatoria definida sobre una población con $E[X] = \mu$ y $Var[X] = \sigma^2$, dada una muestra aleatoria simple $(X_1, \ldots, X_n)$, se define la varianza muestral S_n^2 y la cuasivarianza muestral $S_{n,1}^2$ como:

$$s_n^2 = \frac{1}{n}\sum_{i=1}^{n}\left(X_i - \bar{X}_n\right)^2 \qquad s_{1,n}^2 = \frac{1}{n-1}\sum_{i=1}^{n}\left(X_i - \bar{X}_n\right)^2$$

Sus esperanzas son las siguientes:

$$E[s_n^2] = \frac{(n-1)\sigma^2}{n} \qquad E[s_{1,n}^2] = \sigma^2$$

La **cuasivarianza muestral** se introduce para eliminar el error de sesgo y que así su esperanza coincida con la varianza poblacional.

6.1.2.4. Suma muestral

El estadístico **suma muestral** es uno de los estadísticos más simples y fundamentales en estadística, y se obtiene sumando los valores de todas las observaciones de una muestra aleatoria.

Sea $(X_1, \dots, X_n)$ una muestra aleatoria simple de una variable aleatoria poblacional X, con $E[X] = \mu$ y $Var[X] = \sigma^2$. La suma muestral S_n se define como:

$$S_n = \sum_{i=1}^{n} X_i$$

Sus esperanzas y varianzas son las siguientes:

$$E[S_n] = n\mu \qquad \mathrm{Var}[S_n] = n\sigma^2$$

6.1.3. Distribución de los estadísticos muestrales

Un estadístico es una variable aleatoria y, por lo tanto, sus valores siguen una distribución de probabilidades conocida como la **distribución del estadístico en el muestreo**. Esta distribución se refiere a la distribución de probabilidades del estadístico cuando se toman repetidamente muestras de una población. Este concepto es fundamental para la inferencia estadística, ya que nos ayuda a entender cómo se comportan los estimadores a lo largo de muchas muestras y a realizar predicciones sobre el comportamiento de la población a partir de dichas muestras.

La distribución de un estadístico en el muestreo se puede obtener de forma exacta o aproximada. El cálculo de la distribución exacta se basa en técnicas analíticas como el método del cambio de variable o en el método de la función generatriz. Por su parte, las distribuciones aproximadas pueden obtenerse de forma empírica, mediante simulación (método de Montecarlo), o de forma asintótica.

6.1.3.1. Distribuciones exactas

Teniendo en cuenta las distribuciones definidas en el capítulo anterior, se verifican las siguientes distribuciones de los estimadores:

- Si $(X_1, \ldots, X_n)$ es una muestra aleatoria simple de $X \sim Be(p)$, entonces $S_n \sim Bi(n, p)$.

- Si $(X_1, \ldots, X_n)$ es una muestra aleatoria sin reemplazamiento de $X \sim Be(p)$ y la población es de tamaño N, entonces $S_n \sim H(N, n, Np)$.

- Si $(X_1, \ldots, X_n)$ es una muestra aleatoria simple de $X \sim \wp(\lambda)$, entonces $S_n \sim \wp(n\lambda)$.

- Si $(X_1, \ldots, X_n)$ es una muestra aleatoria simple de $X \sim \text{Exp}(\lambda)$, entonces $S_n \sim \text{Gamma}(n, \lambda)$.

- Si $(X_1, \ldots, X_n)$ es una muestra aleatoria simple de $X \sim N(\mu, \sigma)$, entonces $S_n \sim N(n\mu, \sqrt{n}\sigma)$ y $\bar{X}_n \sim N\left(\mu, \frac{\sigma}{\sqrt{n}}\right)$.

6.1.3.2. Distribuciones aproximadas

En este texto sólo vamos a considerar la **aproximación asintótica**, un concepto en Estadística que hace referencia al comportamiento de los estadísticos muestrales cuando el tamaño de la muestra tiende a ser muy grande. En otras palabras, describe cómo se comportan los estimadores y las distribuciones de probabilidad de los estadísticos a medida que el tamaño de la muestra crece hacia el infinito. Esta teoría se basa en la idea de que, con muestras lo suficientemente grandes, las distribuciones de ciertos estadísticos muestrales se acercan a distribuciones conocidas, como la distribución normal, lo que facilita el análisis y la inferencia.

En el contexto de la **teoría de grandes muestras**, existen dos resultados fundamentales:

1. **Teorema Central del Límite (TCL):** este teorema establece que, independientemente de la distribución original de la población, la distribución de la media muestral (o de otros estadísticos apropiados) se aproximará a una distribución normal conforme el tamaño de la muestra aumenta.

2. **Consistencia:** se refiere a la propiedad de que, a medida que el tamaño de la muestra aumenta, el estimador muestral converge al valor del

parámetro poblacional que está estimando. En términos simples, los estimadores se vuelven más precisos a medida que se toma una muestra más grande.

Sea $(X_1, \ldots, X_n)$ una muestra aleatoria de tamaño n, con X_i variables independientes e idénticamente distribuidas (v.a.i.i.d.) de una población con media μ y desviación típica σ. Cuando el tamaño de la muestra n es grande ($n > 30$), el Teorema Central del Límite nos dice que la distribución de los estadísticos muestrales se aproxima a una distribución normal:

- La **media muestral** se aproxima a una distribución normal con media igual a la media poblacional μ y desviación típica igual a $\frac{\sigma}{\sqrt{n}}$, donde σ es la desviación típica de la población:

$$\bar{X}_n \approx N\left(\mu, \frac{\sigma}{\sqrt{n}}\right)$$

- La **proporción muestral** se aproxima a una distribución normal con media igual a la proporción muestral p y desviación típica igual a $\sqrt{\frac{p(1-p)}{n}}$:

$$\hat{p}_n \approx N\left(p, \sqrt{\frac{p(1-p)}{n}}\right)$$

- La **suma muestral** se aproxima a una distribución normal con media igual a $n\mu$, donde μ es la media poblacional y desviación típica $\sqrt{n}\sigma$, donde σ es la desviación típica de la población:

$$S_n \approx N(n\mu, \sqrt{n}\sigma)$$

Importante

Para poder aplicar estos resultados, en la práctica exigiremos que el tamaño muestral sea mayor que 30 ($n > 30$)

6.2. Ejemplos resueltos

Ejemplo 6.1

En el referéndum celebrado el 23 de junio de 2016 en el Reino Unido y Gibraltar se preguntó a los votantes: *¿Debería el Reino Unido permanecer como miembro de la Unión Europea?* El 51.9 % de los votantes respondió que no[a].

a) Si se selecciona una muestra aleatoria simple de 200 votantes, ¿cuál es la probabilidad de que al menos la mitad de ellos hayan votado *No*?

b) Si la muestra fuera de 20 votantes, ¿cuál es la probabilidad de que al menos diez de ellos hayan votado *No*?

---

[a]https://www.bbc.com/news/politics/eu_referendum/results

Solución.

a) Se define la variable aleatoria X = "Voto de un ciudadano ($1 = $ No/$0 = $ Sí)". La variable X sigue una distribución de Bernoulli con parámetro $p = 0.519$: $X \sim Be(0.519)$.

Se toma una muestra de $n = 200$ ciudadanos. Como $n > 30$, aplicando el Teorema Central del Límite se obtiene

$$\hat{p}_{200} \approx N\left(0.519, \sqrt{\frac{0.519 \times (1 - 0.519)}{200}}\right) \simeq N(0.519, 0.03533)$$

Se debe calcular la probabilidad de que $\hat{p}_{200}$ sea mayor o igual que 0.5. Es decir, $P(\hat{p}_{200} \geq 0.5)$. Para ello, se utiliza la función **pnorm**:

```
> pnorm(0.5, mean=0.519, sd=0.03533, lower.tail=FALSE)
[1] 0.7046378
```

o bien:

```
> pnorm(0.5, 0.519, 0.03533, F)
[1] 0.7046378
```

Por lo tanto, $P(\hat{p}_{200} \geq 0.5) = 0.7046$. La probabilidad de que al menos la mitad haya votado *No* es del 70.46 %.

También se puede realizar de manera exacta: se toma una muestra de $n = 200$ ciudadanos y se quiere saber $P(S_{200} \geq 100)$. $S_{200} \sim Bi(200, 0.519)$, y $P(S_{200} \geq 100) = 0.7287$.

b) Ahora se toma una muestra de $n = 20$ ciudadanos. $S_{20} \sim Bi(20, 0.519)$ y se quiere saber $P(S_{20} \geq 10) = P(S_{20} > 9)$. Para ello, se utiliza en la consola la función pbinom:

```
> pbinom(9, 20, 0.519, F)
[1] 0.6535005
```

Por lo tanto, $P(S_{20} \geq 10) = P(S_{20} > 9) = 0.6535$. La probabilidad de que al menos 10 hayan votado *No* es del 65.35 %.

Ejemplo 6.2

La duración de las bombillas de un fabricante sigue una distribución exponencial con un valor medio de 1 200 horas. Las bombillas se distribuyen en lotes de 400. ¿Cuál es la probabilidad de que la duración media de las bombillas de un lote sea inferior a 1 100 horas?

Solución. Se define la variable aleatoria X = "Duración de una bombilla (horas)". X sigue una distribución exponencial de media $E[X] = 1200$ horas, por lo que:

$$\lambda = \frac{1}{E[X]} = \frac{1}{1200} = 0.00083 \implies X \sim \text{Exp}(0.0008333)$$

Se toman las 400 bombillas de un lote, que supuestamente se han introducido al azar. Se puede considerar que se trata de una muestra aleatoria simple. Como la muestra es grande, aplicando el Teorema Central del Límite se tiene que $\bar{X}_{400} \approx N\left(\frac{1}{\lambda}, \frac{1}{\lambda\sqrt{n}}\right) \equiv N(1200, 60)$.

Se debe calcular la probabilidad de que $\bar{X}_{400}$ sea menor que 1100. Es decir, $P(\bar{X}_{400} < 1100)$. Para ello, se utiliza en la consola la función o comando pnorm:

```
> pnorm(1100, 1200, 60)
[1] 0.04779035
```

Por lo tanto, $P(\bar{X}_{400} < 1100) = 0.04779$. La probabilidad de que la duración media sea menor a 1 100 horas es del 4.78 %.

Ejemplo 6.3

La especificación técnica de un fabricante de vehículos afirma que el rendimiento medio de un determinado modelo es de 15.42 km/l, con una desviación típica de 1.23 km/l. Para probar esta afirmación se prueba el rendimiento en 35 vehículos y se obtiene el rendimiento promedio de los 35 valores obtenidos. ¿Cuál es la probabilidad de que el rendimiento promedio sea inferior a 15 km/l?

Solución. Se define la variable aleatoria X = "Rendimiento de un vehículo (km/l)". X sigue una distribución desconocida de media 15.42 km/l y desviación típica 1.23 km/l.

Se toma una muestra del rendimiento en $n = 35$ vehículos y se obtiene la media. Su distribución se puede obtener aplicando el Teorema Central del Límite porque $n > 30$. Como resultado, $\bar{X}_{35} \approx N(15.42, 1.23/\sqrt{35}) \simeq N(15.42, 0.2079)$.

Se debe calcular la probabilidad de que $\bar{X}_{35}$ sea menor que 15. Es decir, $P(\bar{X}_{35} < 15)$. Para ello, se utiliza en la consola la función o comando **pnorm**:

```
> pnorm(15, 15.42, 0.2079)
[1] 0.02168122
```

Por lo tanto, la probabilidad de que el rendimiento promedio sea inferior a 15 km/l es del 2.17 %.

Para evitar perder precisión por redondeos, es conveniente, siempre que se pueda, utilizar las expresiones algebraicas de los parámetros en lugar de sus resultados ya redondeados. Por ejemplo, en el cálculo anterior se obtendría un resultado más preciso de la siguiente manera, utilizando la función **sqrt** (raíz cuadrada):

```
> pnorm(15, 15.42, 1.23/sqrt(35))
[1] 0.02168522
```

Ejemplo 6.4

Una empresa fabrica focos luminosos cuya duración se distribuye aproximadamente en forma normal, con media de 900 horas y desviación estándar de 40 horas. Calcula la probabilidad de que una muestra aleatoria de 16 focos tenga una duración promedio superior a 910 horas.

Solución. Se define la variable aleatoria $X =$ "Duración de un foco (horas)". $X \sim N(900, 40)$.

Se toma una muestra de $n = 16$ focos y se obtiene la media. Como X es Normal , $\bar{X}_{16} \sim N(900, 40/\sqrt{16}) \equiv N(900, 10)$.

Se debe calcular la probabilidad de que $\bar{X}_{16}$ sea mayor que 910 horas. Es decir, $P(\bar{X}_{16} > 910)$. Para ello, se utiliza en la consola la función o comando `pnorm`:

```
> pnorm(910, 900, 10, F)
[1] 0.1586553
```

Por lo tanto, la probabilidad de que tengan una duración promedio superior a 910 horas es del 15.87 %.

Ejemplo 6.5

La autenticación en dos fases es una medida de seguridad que consiste en que el usuario de un servicio debe probar su identidad a través de dos medios diferentes para que se le conceda acceso. Un banco *on-line*, para prevenir estafas de *phishing*, solicita a los usuarios web que introduzcan su contraseña y, a continuación, un código numérico que les envía por SMS. Cuando un usuario solicita acceso a la web tarda, en promedio, 5 segundos en recibir el código por SMS y 12 en introducir el código y obtener acceso. El banco toma una muestra aleatoria simple de 40 clientes que han accedido a la web y mide el tiempo total que les ha costado acceder, como la suma de los tiempos de ambos procesos. ¿Cuál es la probabilidad de que al menos 15 de esos 40 clientes hayan requerido más de 17 segundos para autentificarse? Se puede suponer que los dos tiempos siguen una distribución normal.

Solución. Se definen las variables aleatorias:

$X_1 =$ "Tiempo que se tarda en recibir el código por SMS (segundos)". $X_1 \sim N(5, \sigma_1)$.

$X_2 =$ "Tiempo que se tarda en introducir el código y obtener acceso (segundos)". $X_2 \sim N(12, \sigma_2)$.

$X =$ "Tiempo total que un usuario necesita para acceder a la web (segundos)". $X = X_1 + X_2 \sim N(17, \sigma)$, con σ desconocida.

La probabilidad de que un cliente tarde al menos 17 segundos en acceder es 0.5, porque el tiempo sigue una distribución normal de media 17 segundos.

Si se toma una muestra aleatoria simple de 40 accesos, el número de accesos que han necesitado 17 segundos o más será $S_{40} \sim Bi(40, 0.5)$.

Se debe calcular la probabilidad de que S_{40} sea mayor o igual que 15. Es decir, $P(S_{40} \geq 15) = P(S_{40} > 14)$. Para ello, se utiliza en la consola la función o comando `pbinom`:

```
> pbinom(14, 40, 0.5, F)
[1] 0.9596548
```

Por lo tanto, $P(S_{40} \geq 15) = 0.9597$. La probabilidad de que hayan requerido más de 17 segundos para autentificarse es del 95.97 %

Ejemplo 6.6

Se cree que el 0.37 % de las transferencias registradas *on–line* en una entidad bancaria son rechazadas por errores en el código de cuenta bancaria de destino.

a) Se toma una muestra aleatoria simple de 10 000 transferencias *on–line* registradas en dicha entidad. Si lo afirmado arriba fuera cierto, ¿cuál sería la probabilidad de que menos de 25 de ellas hayan sido rechazadas por ese motivo?

b) Considerando *raro* un suceso con una probabilidad de ocurrir inferior al 5 %, ¿aporta la muestra evidencia de que dicha afirmación es falsa? ¿Por qué?

c) De ser cierta la afirmación, ¿cuántas transferencias de la muestra esperaríamos que hubieran sido rechazadas?

Solución.

a) Se define la variable aleatoria $X =$ "Una transferencia on–line es rechazada por error en el código de cuenta bancaria de destino ($1 =$ Sí/$0 =$ No)". $X \sim Be(p)$ con p desconocida.

Se toma una muestra de 10 000 transferencias. El número de ellas que son rechazadas por ese motivo es $S_{10000} \sim Bi(10000, 0.0037)$.

Se debe calcular la probabilidad de que S_{10000} sea menor que 25. Es decir, $P(S_{10000} < 25) = P(S_{10000} \leq 24)$. Para ello, se utiliza en la consola la función o comando `pbinom`:

```
> pbinom(24, 10000, 0.0037)
[1] 0.01518462
```

Por lo que la probabilidad de que menos de 25 de ellas hayan sido rechazadas es del 1.52 %.

b) Sí, porque la probabilidad de que en una muestra aleatoria simple de 10 000 transferencias haya menos de 25 rechazadas es inferior al 5 % y por lo tanto puede considerarse un suceso raro de acuerdo con la hipótesis.

c) Se debe calcular la esperanza de S_{10000}. Es decir, $E[S_{10000}] = 10000 \times 0.0037 = 37$. Se esperaría que hubiera 37 transferencias rechazadas por ese motivo.

Ejemplo 6.7

Un médico dedica en promedio 5 minutos a atender a cada uno de sus pacientes, con una desviación típica de 3 minutos. Cada día tiene citados a 32 pacientes. Si los atiende ininterrumpidamente uno a continuación de otro,

a) ¿cuánto tiempo debería dedicar a la consulta si quiere que la probabilidad de tener tiempo para atender a todos sus pacientes sea del 95 %?

b) ¿cuántos días al año, en promedio, se quedaría sin poder atender a todos sus pacientes por falta de tiempo, si la consulta durase el tiempo obtenido en el apartado anterior?

Solución. Se define la variable aleatoria $X = $ "Tiempo, en minutos, que dedica a atender a un paciente". X sigue una distribución desconocida con $\mu = 5$ y $\sigma = 3$.

Si atiende a 32 pacientes uno tras otro, según el Teorema Central del Límite, el tiempo total necesario será $S_{32} \approx N(5\times32, 3\sqrt{32}) \simeq N(160, 16.9706)$.

Si se considera que tiene que atender al 95 % de sus pacientes, este tiempo es el cuantil $q_{0.95}$ de la distribución de S_{32}. Por lo tanto, se debe calcular $P(S_{32} \leq t) = 0.95$ y calcular el cuantil t de la cola izquierda de la distribución de S_{32}. Para ello, se utiliza en la consola la función o comando `qnorm`:

```
> qnorm(0.95, 160, 3*sqrt(32))
[1] 187.9141
```

Por lo tanto, el tiempo que debe dedicar a la consulta es de 187.91 minutos.

b) Se define la variable aleatoria $Y =$ "Número de días al año que no tiene tiempo para atender a todos sus pacientes". $Y \sim Bi(365, 0.05)$.

Se debe calcular la esperanza de Y. Es decir, $E[Y] = np = 365 \times 0.05 = 18.25$ días. Se esperaría que hubiera 18.25 días en el año en los que no atendería a todos sus pacientes por falta de tiempo.

Ejemplo 6.8

Un asesor fiscal revisa las declaraciones de impuestos de sus clientes, dedicando a cada una de ellas 6 minutos por término medio, con una desviación típica de 3 minutos. Una mañana revisa 40 declaraciones ininterrumpidamente. ¿Cuál es la probabilidad de que las revise en menos de 4 horas y 15 minutos?

Solución. Se define la variable aleatoria $X =$ "Tiempo, en minutos, necesario para revisar una declaración". La variable X sigue una distribución desconocida con parámetros $\mu = 6$ y $\sigma = 3$.

El tiempo necesario para revisar 40 declaraciones, una tras otra, es S_{40}. Su distribución se puede obtener aplicando el TCL porque $n > 30$. Como resultado, $S_{40} \approx N(40 \times 6, \sqrt{40} \times 3) \simeq N(240, 18.9737)$.

Se debe calcular la probabilidad de que S_{40} sea menor que 255 minutos (4 horas y 15 minutos). Es decir, $P(S_{40} < 255)$:

```
> pnorm(255, 240, 3*sqrt(40))
[1] 0.7854023
```

Por lo tanto, la probabilidad de que revise las 40 declaraciones en menos de 4 horas y 15 minutos es del 78.54 %.

Ejemplo 6.9

Una empresa tiene un contrato para realizar mantenimiento preventivo en un gran número de equipos de aire acondicionado en una ciudad. Según los registros de servicio de años anteriores, el tiempo medio que un técnico dedica al mantenimiento de un equipo es de una hora, con una desviación típica de una hora. Para la próxima semana, un técnico tiene planificado el mantenimiento de 70 equipos de la ciudad. La empresa tiene presupuestadas 1.1 horas por equipo revisado. ¿Cuál es la probabilidad de que el técnico pueda hacer el mantenimiento de los 70 equipos en el tiempo previsto por la empresa?

Solución. Se define la variable aleatoria X = "Tiempo, en horas, necesario para el mantenimiento de un equipo de aire acondicionado". X sigue una distribución desconocida con $\mu = 1$ y $\sigma = 1$.

Si el técnico va a revisar 70 equipos, el tiempo total necesario lo determinará el estadístico S_{70}, que sigue una distribución aproximada $S_{70} \approx N(70, \sqrt{70}) \simeq N(70, 8.3666)$. Si el técnico revisa los 70 equipos, tiene presupuesto para 77 horas, de manera que la probabilidad pedida es $P(S_{70} \leq 77) = 0.7985$. Esta probabilidad puede calcularse en R mediante el comando `pnorm`:

```
> pnorm(77, 70, sqrt(70))
[1] 0.798602
```

También se puede resolver el ejercicio con el estadístico $\bar{X}_{70}$: si el técnico va a revisar 70 equipos, el tiempo medio necesario lo determinará el estadístico $\bar{X}_{70}$, que sigue una distribución aproximada $\bar{X}_{70} \approx N\left(1, \frac{1}{\sqrt{70}}\right) \simeq N(1, 0.1195)$ de acuerdo con el Teorema Central del Límite, ya que la muestra es suficientemente grande ($n = 70$).

Se debe calcular la probabilidad de que $\bar{X}_{70}$ sea menor o igual a 1.1. Es decir, $P(\bar{X}_{70} \leq 1.1) = 0.7977$. Para ello, al igual que antes, se utiliza en la consola la función o comando `pnorm`:

```
> pnorm(1.1, 1, 1/sqrt(70))
[1] 0.798602
```

Por lo tanto, $P(\bar{X}_{70} \leq 1.1) = 0.7986$

La probabilidad de que el técnico pueda hacer el mantenimiento de los equipos en el tiempo previsto por la empresa es del 79.86 %.

Ejemplo 6.10

Un fabricante de pilas ha diseñado una nueva pila AAA más duradera que su producto anterior. El fabricante afirma que estas pilas tienen una vida útil promedio de 17 horas con una desviación típica de 0.8 horas. Para poner a prueba esta afirmación se seleccionan al azar 32 pilas y se observa que la vida media de la muestra es de 16.7 horas. Si lo que afirma el fabricante es cierto, ¿cuál es la probabilidad de obtener una muestra aleatoria de 32 pilas cuya vida útil promedio sea menor de 16.7 horas?

Solución. Se define la variable aleatoria $X =$ "Duración, en horas, de una pila". Aceptando la afirmación del fabricante, la variable X sigue una distribución desconocida de parámetros $\mu = 17$ y $\sigma = 0.8$.

Se toma una muestra aleatoria de tamaño $n = 32$. Como la muestra es grande ($n > 30$), según el Teorema Central del Límite la distribución del estadístico media muestral será $\bar{X}_{32} \approx N\left(17, \frac{0.8}{\sqrt{32}}\right) \simeq N(17, 0.1414)$.

Se debe calcular la probabilidad de que $\bar{X}_{32}$ sea menor que 16.7 horas. Es decir, $P(\bar{X}_{32} < 16.7)$. Para ello, se utiliza en la consola la función o comando `pnorm`:

```
> pnorm(16.7, 17, 0.8/sqrt(32))
[1] 0.01694743
```

Por lo tanto, $P(\bar{X}_{32} < 16.7) = 0.01695$. La probabilidad de que la vida útil promedio sea menos de 16.7 horas es del 1.70 %.

6.3. Ejercicios propuestos

Ejercicio 6.1. Un empleado del Departamento de RR HH de una gran empresa hace mensualmente un seguimiento de la productividad de 40 de sus administrativos elegidos al azar. El procedimiento tiene una duración aleatoria que sigue una ley exponencial y es en promedio de media hora para cada administrativo. ¿Cuál es la probabilidad de que en un mes cualquiera el empleado necesite más de 23 horas para hacer el seguimiento de los 40 administrativos seleccionados?

Ejercicio 6.2. Por un estudio reciente se sabe que la mayoría de los estudiantes usa el transporte público para ir a la Universidad y que la distancia que cada estudiante tiene que recorrer sigue una distribución normal de media 2 km y desviación típica 900 metros. El Ayuntamiento quiere promocionar el transporte público entre los estudiantes y para ello ofrece una serie de bonos de transporte a precio muy reducido para el 10 % de los estudiantes que viven más lejos de la Universidad.

a) ¿Cuál es la mínima distancia a la que debe vivir un estudiante para poder acogerse a la oferta de bonos de transporte a precio reducido?

b) Si se toma una muestra aleatoria simple de 20 estudiantes, ¿cuál es la probabilidad de que la distancia promedio a la que estos 20 alumnos viven de la Universidad sea menor de 2 250 metros?

Ejercicio 6.3. El ingreso mensual promedio de los empleados de una empresa sigue una distribución normal con una media de $2\,800\,€$ y desviación típica $390\,€$. Se seleccionan 100 empleados al azar para estudiar su ingreso mensual. ¿Cuál es la probabilidad de que el ingreso medio de estos empleados sea superior a $2\,875\,€$?

Ejercicio 6.4. Una empresa de tecnología lanza una campaña publicitaria y estima que la probabilidad de que un cliente descargue una aplicación es de 0.2. Si se contactan 25 posibles usuarios, ¿cuál es la probabilidad de que exactamente 6 usuarios descarguen la aplicación?

Ejercicio 6.5. La producción diaria de una fábrica de zapatos está entre 200 y 250 unidades y se puede considerar que sigue una distribución uniforme. Después de 50 días de producción, ¿cuál es la probabilidad de que el promedio de producción diaria sea mayor a 230 zapatos? Se puede suponer que la cantidad producida es independiente de un día a otro.

Ejercicio 6.6. El gasto mensual de los clientes de una tienda *on–line* sigue una distribución normal con una media de $100\,€$ y una desviación típica de $25\,€$. Se seleccionan 35 clientes al azar para estudiar su gasto mensual. ¿Cuál es la probabilidad de que el gasto total de estos clientes en la tienda sea superior a $3\,450\,€$?

Ejercicio 6.7. En una cadena de restaurantes, el $15\,\%$ de las compras realizadas son de productos adicionales (como postres o bebidas extra). Si se selecciona una muestra aleatoria de 55 compras, ¿cuál es la probabilidad de que el número total de compras de productos adicionales sea superior a 10?

Ejercicio 6.8. En una empresa de telefonía móvil, el $40\,\%$ de los nuevos clientes elige un plan de contrato de datos ilimitados. Si se toman 120 contratos firmados en un mes, ¿cuál es la probabilidad de que menos de 50 clientes elijan el plan de datos ilimitados?

Ejercicio 6.9. El tiempo que tarda una máquina en fabricar una unidad de producto sigue una distribución exponencial con una media de 2 minutos. Se revisan 100 unidades producidas. ¿Cuál es la probabilidad de que el tiempo total de fabricación para las 100 unidades sea inferior a 180 minutos?

Ejercicio 6.10. El tiempo de transporte de un paquete entre dos almacenes sigue una distribución exponencial con una media de 6 minutos. Si en un día de trabajo el conductor transporta habitualmente 80 paquetes, ¿cuál es la probabilidad de que, en su jornada de 8 horas, pueda dedicar entre 15 minutos y una hora a tareas adicionales, además de transportar los paquetes?

Ejercicio 6.11. El precio medio de las entradas para un concierto de una banda popular es de 45 €, con una desviación típica de 8 €. Si se seleccionan aleatoriamente 300 entradas de su último concierto, ¿cuál es la probabilidad de que el total recaudado por la venta de esas 300 entradas sea superior a 13 800 €?

Ejercicio 6.12. Un gerente de una tienda utiliza el tiempo de espera de los clientes en la fila como medida de eficiencia en el servicio. Según sus datos, el tiempo medio de espera es de 5 minutos, con una desviación típica de 2 minutos. Si se toma una muestra aleatoria de 50 clientes, ¿cuál es la probabilidad de que el tiempo medio de espera de los clientes esté entre 4.5 y 5.5 minutos?

Ejercicio 6.13. En una tienda, el número de clientes que llegan diariamente sigue una distribución de Poisson con una media de 25 clientes por día. Determinar la probabilidad de que, en un período de 200 días, el número total de clientes que lleguen supere los 5 100, suponiendo que el número de clientes que llega a la tienda es independiente de un día a otro.

Ejercicio 6.14. Una empresa de software lanza una campaña de marketing digital y estima que la probabilidad de que un cliente compre una suscripción es de 0.15. Si se contactan 20 posibles clientes, ¿cuál es la probabilidad de que al menos 5 clientes realicen la compra?

Ejercicio 6.15. El tiempo que tarda una empresa en procesar una solicitud de préstamo sigue una distribución exponencial con una media de 30 días. Se revisan 50 solicitudes de préstamo. ¿Cuál es la probabilidad de que el tiempo medio de procesamiento de las solicitudes sea superior a 32 días?

6.4. Preguntas teórico–prácticas

Pregunta 6.1. Se extrae una muestra aleatoria simple $(X_1, \ldots, X_n)$ de tamaño $n = 7$ de una variable aleatoria $X \sim Be(p)$. Indica cuál de las siguientes se puede tomar como la distribución de probabilidad del estadístico S_n:

a) $N\left(np, \sqrt{np(1-p)}\right)$ c) $Bi(n, p)$

b) $N\left(p, \sqrt{\frac{p(1-p)}{n}}\right)$ d) $Be(np)$

La distribución que has elegido, ¿es exacta o aproximada?

Pregunta 6.2. Se extrae una muestra aleatoria simple $(X_1, \ldots, X_n)$ de tamaño $n = 3$ de una variable aleatoria $X \sim N(\mu, \sigma)$. Indica cuál de las siguientes se puede tomar como la distribución de probabilidad del estadístico $\bar{X}_n$:

a) $N(n\mu, \sqrt{n}\sigma)$ c) $N(\mu, \frac{\sigma}{\sqrt{n}})$

b) $N(n\mu, n\sigma)$ d) $N(\mu, \sigma)$

La distribución que has elegido, ¿es exacta o aproximada?

Pregunta 6.3. Se extrae una muestra aleatoria simple $(X_1, \ldots, X_n)$ de tamaño $n = 350$ de una variable aleatoria $X \sim Be(p)$. Indica cuál de las siguientes se puede tomar como la distribución de probabilidad del estadístico $\hat{p}_n$:

a) $N\left(p, \sqrt{\frac{p(1-p)}{n}}\right)$ c) $N\left(np, \sqrt{np(1-p)}\right)$

b) $Exp(p)$ d) $Bi(n, p)$

La distribución que has elegido, ¿es exacta o aproximada?

Pregunta 6.4. En cada uno de los siguientes casos, di si el colectivo al que se refiere es la población (P) o una muestra (M):

a) Se hace una votación para elegir al delegado de clase.

b) Un fabricante de arandelas metálicas somete a pruebas a una de cada cien arandelas que salen de la máquina para efectuar un control de calidad.

c) En una tienda, para conocer el grado de satisfacción de los clientes respecto al trato recibido, preguntamos a todos los clientes que salen de ella.

d) Para conocer la intención de voto de los españoles en las próximas elecciones, hacemos una encuesta telefónica a 2 000 de ellos.

Pregunta 6.5. Los depósitos mensuales, en euros, de una entidad bancaria siguen una distribución normal de media $450 \, €$ y desviación típica $8 \, €$. Si se toma una muestra aleatoria simple de 16 de estos depósitos, ¿qué distribución de probabilidad sigue, exacta o aproximadamente, el estadístico media muestral?

Pregunta 6.6. La resistencia a la ruptura de un determinado material sigue una distribución exponencial de parámetro $\lambda = 0.1$. Si se toma una muestra aleatoria simple de 100 piezas de ese material, ¿cuál es la distribución de probabilidad, exacta o aproximada, del estadístico media muestral?

Pregunta 6.7. El número de clientes que compran calzado en la zapatería de un centro comercial en un día sigue una distribución de Poisson de parámetro 144. Si se toma una muestra aleatoria simple de tamaño 36, ¿cuál es la distribución de probabilidad, exacta o aproximada, del estadístico media muestral?

Pregunta 6.8. Se quiere averiguar el porcentaje de zaragozanos que han quedado satisfechos con las recientes fiestas del Pilar mediante una encuesta. Se selecciona por muestreo aleatorio simple a 25 zaragozanos. Suponiendo que este porcentaje sea realmente el $50 \, \%$, ¿cuál será la distribución de probabilidad, exacta o aproximada, del estadístico suma muestral?

Pregunta 6.9. Queremos hacer inferencias acerca de la media μ de una población a partir de una muestra aleatoria simple.

  a) Obtendremos la media muestral $\bar{X}_n$ y dividiremos su valor por la varianza s_n^2.

  b) Obtendremos la media muestral $\bar{X}_n$ y dividiremos su valor por la cuasivarianza $s_{1,n}^2$.

  c) Obtendremos la media muestral $\bar{X}_n$ porque su valor esperado es μ.

  d) Obtendremos la media muestral $\bar{X}_n$ porque su valor real es μ.

Pregunta 6.10. ¿Por qué razón consideramos el estadístico *cuasivarianza muestral* $s_{1,n}^2$ en lugar del estadístico *varianza muestral* s_n^2?

  a) Porque el valor esperado de la cuasivarianza muestral es más parecido a la varianza σ^2 de la población.

b) Porque la varianza muestral sólo se puede calcular cuando estamos haciendo Estadística Descriptiva.

c) Porque para calcularlo no necesitamos los n elementos de la muestra, sólo necesitamos $n - 1$.

d) Porque es más rápido de calcular.

Pregunta 6.11. En el muestreo aleatorio simple:

a) Todos los individuos de la población tienen la misma probabilidad de ser elegidos.

b) Los individuos seleccionados no se ven influidos por las preferencias de quien hace la selección.

c) La elección de un individuo de la población es independiente de los demás.

d) Todas las respuestas anteriores son ciertas.

Pregunta 6.12. Si X es una variable aleatoria de distribución desconocida con media μ y desviación típica σ, y se toma una muestra aleatoria simple de tamaño 36, ¿cuál de la siguientes tomaríamos como distribución en el muestreo de la media muestral?

a) Exponencial de parámetro $1/\mu$.

b) Normal de media μ y desviación típica σ.

c) Normal de media μ y desviación típica $\sigma/6$.

d) No se puede saber la distribución en el muestreo de la media muestral porque no se conoce la distribución de la variable.

Pregunta 6.13. Si X es una variable aleatoria de Bernoulli con parámetro p y se toma una muestra aleatoria simple de tamaño 9, ¿cuál de las siguientes tomaríamos como distribución en el muestreo de la suma muestral?

a) Binomial de parámetros 9 y p.

b) Normal de media $9p$ y varianza $9p(1-p)$.

c) Normal de media p y varianza $p(1-p)$.

d) No se puede saber porque la muestra es demasiado pequeña para aplicar el Teorema Central del Límite.

Pregunta 6.14. Sea $X_1, \ldots, X_n$ una muestra aleatoria de una variable $X \sim \text{Exp}(\lambda)$, con λ desconocida. ¿Cuál de los siguientes no puede ser en ningún caso un estadístico muestral?

a) $T_n = X_1 + \cdots + X_n$.

b) $T_n = X_1 + \cdots + X_n - 3\pi$.

c) $T_n = X_1 + \cdots + X_n + n\lambda$.

d) $T_n = \frac{(X_1 + \cdots + X_n)^2}{e^n}$.

Pregunta 6.15. Queremos estimar la media μ de una población a través de la media $\bar{X}_n$ de una muestra. Cuanto mayor sea el tamaño de la muestra: (indicar cuál de las siguientes afirmaciones es cierta)

a) mayor es la varianza y por tanto la estimación es más precisa.

b) mayor es la varianza y, por tanto, la estimación es menos precisa.

c) mayor es la varianza del estimador y por tanto la estimación es más precisa.

d) menor es la varianza del estimador y por tanto la estimación es más precisa.

Pregunta 6.16. Indica si cada una de las siguientes afirmaciones es verdadera (V) o falsa (F):

a) En una muestra aleatoria sin reposición todos los individuos tienen la misma probabilidad de ser elegidos.

b) Un estadístico es una variable aleatoria.

c) Una población infinita no puede estar representada por una muestra finita.

d) Una muestra debe ser representativa de la población de origen.

Pregunta 6.17. Indica si cada una de las siguientes afirmaciones es verdadera (V) o falsa (F):

a) Para inferir propiedades de una población usamos estadísticos porque su valor no depende de cuál sea la muestra.

b) Un estadístico tiene la misma distribución de probabilidades que la variable aleatoria de la que procede.

c) Un estadístico es una variable aleatoria.

d) Un estadístico sirve para inferir el valor de un parámetro desconocido de la población.

Pregunta 6.18. ¿Por cuál de las siguientes razones recurrimos al muestreo? Indica si son verdaderas (V) o falsas (F):

a) Porque no necesitamos estudiar toda la población.

b) Porque no tenemos presupuesto para estudiar toda la población.

c) Porque la población es muy pequeña y seguramente todos los individuos tendrán comportamiento parecido.

d) Porque queremos elegir nosotros mismos a los individuos que más nos interesa estudiar.

Pregunta 6.19. ¿Por cuál de las siguientes razones recurrimos al muestreo? Indica si son verdaderas (V) o falsas (F):

a) Porque la población es muy heterogénea y queremos simplificar el estudio.

b) Porque queremos tener representada la población completa con la mayor fidelidad posible.

c) Porque ya conocemos la población completa y no necesitamos estudiarla toda.

d) Porque estamos estudiando sólo unos pocos aspectos de la población.

Pregunta 6.20. Indica si los siguientes casos se corresponden con un muestreo probabilístico para conocer la intención de voto de los españoles:

a) Una encuesta a 100 españoles elegidos aleatoriamente de las listas del censo electoral.

b) Una encuesta publicada en la web de un periódico nacional a la que responden 2 000 personas.

c) Una muestra de 1 000 personas entrevistadas en las calles de un barrio de Madrid.

d) Una encuesta lanzada por Whatsapp o correo electrónico que recoge 1 000 respuestas.

6.5. Soluciones

6.5.1. Soluciones a los ejercicios propuestos

Ejercicio 6.1. Sea la variable aleatoria X = "Tiempo dedicado al seguimiento de un administrativo (horas)". $X \sim \text{Exp}(2)$.

Si se toma una muestra de tamaño $n = 40$, el tiempo total dedicado al seguimiento de los 40 administrativos vendrá representado por el estadístico S_{40}.

- Si se realiza por el método exacto:

  Al ser muestra aleatoria, se puede suponer que los tiempos son independientes de un administrativo a otro y por lo tanto $S_{40} \sim \text{Gamma}(40, 2)$.

  $P(S_{40} > 23) = 0.1693$.

- Si se realiza aplicando el Teorema Central del Límite:

  Al ser muestra aleatoria de tamaño $n > 30$ se puede aplicar el TCL y por lo tanto $S_{40} \approx N\left(\frac{40}{2}, \frac{\sqrt{40}}{2}\right) \simeq N(20, 3.1623)$.

  $P(S_{40} > 23) = 0.1740$.

Ejercicio 6.2.

a) Sea la variable aleatoria X = "Distancia a la que vive un estudiante de la Universidad (metros)". Se sabe que $X \sim N(2000, 900)$. Se quiere calcular el cuantil que determina el 10 % superior de la distribución, $q_{0.90}$. Dicho cuantil es $q_{0.90} = 3153.40$, por lo que podrán acogerse a la oferta de bonos de transporte a precio reducido los estudiantes que viven a más de 3153.4 metros de su Facultad.

b) La distancia promedio es el estadístico media muestral $\bar{X}_{20}$. Como X es normal, la distribución en el muestreo de la media muestral es $\bar{X}_{20} \sim N\left(2000, \frac{900}{\sqrt{20}}\right) \simeq N(2000, 201.2461)$. Por lo tanto, $P(\bar{X}_{20} < 2250) = 0.8929$.

Ejercicio 6.3. Sea la variable aleatoria X = "Ingreso mensual (euros)". $X \sim N(2800, 390)$.

Si se toma una muestra de tamaño $n = 100$, el ingreso medio de los 100 empleados vendrá representado por el estadístico $\bar{X}_{100}$.

Como X es Normal, $\bar{X}_{100} \sim N(2800, 390/\sqrt{100}) \equiv N(2800, 39)$.

$P(\bar{X}_{100} > 2875) = 0.02724$.

Ejercicio 6.4. Sea la variable aleatoria $X =$ "Un cliente descarga la aplicación $(1 = \text{Sí}/0 = \text{No})$". $X \sim Be(0.2)$.

Se contacta 25 posibles usuarios. Suponiendo que son usuarios aleatorios y que su comportamiento es independiente de unos a otros, el número de ellos que descargan la aplicación $S_{25} \sim Bi(25, 0.2)$. De modo que $P(S_{25} = 6) = 0.1633$.

Ejercicio 6.5. Sea la variable aleatoria $X =$ "Producción diaria de la fábrica de zapatos". $X \sim U[200, 250]$.

Como se puede suponer que la producción diaria es independiente y la muestra es grande $(n > 30)$, aplicando el Teorema Central del Límite se tiene que el estadístico $\bar{X}_{50}$ sigue una distribución normal de media $\mu = \frac{200+250}{2} = 225$ y desviación típica $\frac{\sigma}{\sqrt{n}} = \sqrt{\frac{(250-200)^2}{12 \times 50}} = 2.0412$, esto es, $\bar{X}_{50} \sim N(225, 2.0412)$, de manera que $P(\bar{X}_{50} > 230) = 0.007153$.

Ejercicio 6.6. Sea la variable aleatoria $X =$ "Gasto mensual de los clientes (euros)". $X \sim N(100, 25)$.

Si se toma una muestra de tamaño $n = 35$, el gasto total de los 35 clientes vendrá representado por el estadístico S_{35}.

Como X es normal, $S_{35} \sim N(100 \times 35, 25 \times \sqrt{35}) \simeq N(3500, 147.902)$ y $P(S_{35} > 3450) = 0.6323$.

Ejercicio 6.7. Sea la variable aleatoria $X =$ "Una compra es de producto adicional $(1 = \text{Sí}/0 = \text{No})$". $X \sim Be(0.15)$.

Si se toma una muestra de tamaño $n = 55$, el total de las compras adicionales de las 55 compras vendrá representado por el estadístico S_{55}.

Al ser una muestra aleatoria, se puede suponer que las compras son independientes, y por lo tanto $S_{55} \sim Bi(55, 0.15)$ y $P(S_{55} > 10) = 0.1940$.

Ejercicio 6.8. Sea la variable aleatoria $X =$ "Un cliente elige el plan de contrato de datos limitados $(1 = \text{Sí}/0 = \text{No})$". $X \sim Be(0.40)$.

Si se toma una muestra aleatoria simple de tamaño $n = 120$ contratos, el número de ellos que eligen el plan de datos ilimitados vendrá representado por el estadístico S_{120}.

Al ser muestra aleatoria, se puede suponer que las compras son independientes, por lo tanto $S_{120} \sim Bi(120, 0.4)$.

$P(S_{120} < 50) = P(S_{120} \leq 49) = 0.6122$.

Ejercicio 6.9. Sea la variable aleatoria $X = $ "Tiempo para fabricar una unidad de producto (horas)". X sigue una distribución exponencial de media $E[X] = 2$ horas y con parámetro $\lambda = \frac{1}{2} = 0.5$. Por lo tanto, $X \sim \text{Exp}(0.5)$.

- Si se realiza por el método exacto: se toman 100 unidades, que supuestamente se han elegido al azar por lo que se puede considerar que se trata de una muestra aleatoria simple, y por lo tanto $S_{100} \sim \text{Gamma}(100, 0.5)$ y $P(S_{100} < 180) = 0.1582$.

- Si se realiza aplicando el Teorema Centra del Límite: al ser muestra aleatoria de tamaño $n > 30$, $S_{100} \approx N(\frac{100}{0.5}, \frac{\sqrt{100}}{0.5}) \equiv N(200, 20)$ y $P(S_{100} < 180) = 0.1587$.

Ejercicio 6.10. Sea la variable aleatoria $X = $ "Tiempo de transporte de un paquete entre dos almacenes (minutos)". Sabemos que sigue una distribución exponencial con media $E[X] = 6$ minutos. Como en las variables exponenciales $E[X] = \frac{1}{\lambda}$, se tiene que $\lambda = \frac{1}{6}$ y por lo tanto, $X \sim \text{Exp}(1/6)$.

El tiempo total que dedica al transporte vendrá representado por el estadístico S_{80}. En 8 horas, trabaja $8 \times 60 = 480$ minutos. Dado que quiere dedicar entre 15 y 60 minutos a otras tareas adicionales, debemos calcular la probabilidad $P(480 - 60 < S_{80} < 480 - 15) = P(420 < S_{80} < 465)$.

Al ser una muestra aleatoria, se puede suponer que los transportes son independientes, por lo tanto $S_{80} \sim \text{Gamma}(80, 1/6)$.

$P(420 < S_{80} < 465) = 0.4032 - 0.1291 = 0.2741$.

Ejercicio 6.11. Sea la variable aleatoria $X = $ "Precio de una entrada para el concierto (€)". X sigue una distribución desconocida con $\mu = 45$ y $\sigma = 8$.

Si se toma una muestra aleatoria de tamaño $n = 300$, entradas, el total recaudado por la venta de las entradas vendrá representado por el estadístico S_{300}.

Al ser muestra aleatoria de tamaño $n > 30$, se puede aplicar el Teorema Central del Límite y, por lo tanto, $S_{300} \approx N(45 \times 300, 8 \times \sqrt{300}) \simeq N(13500, 138.5641)$ y $P(S_{300} > 13800) = 0.01519$.

Ejercicio 6.12. Sea la variable aleatoria $X = $ "Tiempo de espera de un cliente en la fila (minutos)". X sigue una distribución desconocida con $\mu = 5$ y $\sigma = 2$.

Si se toma una muestra de tamaño $n = 50$ clientes, el tiempo medio de espera vendrá representado por el estadístico $\bar{X}_{50}$.

Al ser una muestra aleatoria de tamaño $n > 30$ se puede aplicar el Teorema Central de Límite y, por lo tanto, $\bar{X}_{50} \approx N(5, 2/\sqrt{50}) \simeq N(5, 0.2828)$.
$P(4.5 < \bar{X}_{50} < 5.5) = 0.9615 - 0.0385 = 0.9230$.

Ejercicio 6.13. Sea la variable aleatoria $X = $ "Número de clientes que llegan diariamente a la tienda". $X \sim \wp(25)$.

Si se toma una muestra de tamaño $n = 200$ días, el número total de clientes vendrá representado por el estadístico S_{200}.

Como el número de clientes que llega a la tienda se puede considerar independiente de un día a otro y la muestra tiene tamaño $n > 30$, $S_{200} \sim \wp(25 \times 200) = \wp(5000)$ y $P(S_{200} > 5100) = 0.07796$.

Ejercicio 6.14. Sea la variable aleatoria $X = $ "Un cliente realiza la compra $(1 = $ Sí$/0 = $ No$)$". $X \sim Be(0.15)$.

Se contactan 20 posibles clientes. El número de ellos que realiza la compra viene representado por el estadístico S_{20} y, como puede considerarse que su comportamiento es independiente de unos a otros, $S_{20} \sim Bi(20, 0.15)$ y $P(S_{20} \geq 5) = P(S_{20} > 4) = 0.1702$.

Ejercicio 6.15. Sea la variable aleatoria $X = $ "Tiempo que se tarda en procesar una solicitud de préstamo (días)". Sabemos que sigue una distribución exponencial con media $E[X] = 30$ días. Como en las variables exponenciales $E[X] = \frac{1}{\lambda}$, se tiene que $\lambda = \frac{1}{30}$ y por lo tanto, $X \sim \text{Exp}(1/30)$.

Se toman 50 solicitudes de préstamo, que supuestamente se han elegido al azar, por lo que se puede considerar que se trata de una muestra aleatoria simple. El tiempo medio de procesamiento vendrá representado por el estadístico $\bar{X}_{50}$ y, al ser una muestra aleatoria de tamaño $n > 30$, se puede aplicar el Teorema Central del Límite, por lo que $\bar{X}_{50} \approx N(30, 30/\sqrt{50}) \simeq N(30, 4.2426)$ y $P(\bar{X}_{50} > 32) = 0.3187$.

6.5.2. Soluciones a las preguntas teórico–prácticas

Pregunta 6.1. c) (exacta)

Pregunta 6.2. c) (exacta)

Pregunta 6.3. a) (aproximada)

Pregunta 6.4. a) Población b) Muestra c) Población d) Muestra

Pregunta 6.5. $\bar{X}_{16} \sim N(450, 2)$

Pregunta 6.6. $\bar{X}_{100} \approx N(10, 1)$

Pregunta 6.7. $\bar{X}_{36} \approx N(144, 2)$

Pregunta 6.8. $S_{25} \sim Bi(25, 0.5)$

Pregunta 6.9. c)

Pregunta 6.10. a)

Pregunta 6.11. d)

Pregunta 6.12. c)

Pregunta 6.13. a)

Pregunta 6.14. c)

Pregunta 6.15. d)

Pregunta 6.16. a) V b) V c) F d) V

Pregunta 6.17. a) F b) F c) V d) V

Pregunta 6.18. a) F b) V c) F d) F

Pregunta 6.19.   a) F b) V c) F d) F

Pregunta 6.20.   a) V b) F c) F d) F

Capítulo 7

Estimación puntual y por Intervalos de Confianza

7.1. Conceptos básicos

La Teoría de la Estimación es la parte de la Inferencia Estadística que aborda la estimación de parámetros poblacionales a partir de la información proporcionada por una muestra aleatoria de la población. Hay dos enfoques complementarios para abordar la estimación: el enfoque puntual y el enfoque por intervalos.

7.1.1. Estimación puntual

Se basa en buscar valor concreto del parámetro desconocido, consiguiendo una gran precisión, pero poca fiabilidad. Esto se consigue con el cálculo de un estimador a partir de una muestra aleatoria de la población.

7.1.1.1. Métodos de construcción de estimadores

Entre los procedimientos empleados para el cálculo de dichas estimaciones puntuales destacan el método de los momentos y el de máxima verosimilitud.

Método de los momentos. El método de los momentos es un procedimiento sencillo e intuitivo propuesto por Karl Pearson en 1895. Su fundamento radica en la supcsición de que las propiedades poblacionales y muestrales deben ser similares. es decir, las características poblacionales y muestrales tenderán a tomar valores parecidos si la muestra es representativa y tiene un tamaño adecuado (es suficientemente grande).

El método consiste en formular un conjunto de ecuaciones, cuyo número depende de la cantidad de parámetros que se quieran estimar, igualando los momentos muestrales con los correspondientes momentos poblacionales.

Método de la máxima verosimilitud. Se basa en que la muestra es representativa de la población y, por lo tanto, es más creíble el valor del parámetro desconocido que maximiza la probabilidad de la muestra obtenida.

7.1.1.2. Propiedades de los estimadores

Debido a que el estimador es una función de la muestra y esta es aleatoria, los estimadores son variables aleatorias. Su distribución de probabilidad es conocida como **distribución en el muestreo**.

Dado que queremos estimar un parámetro desconocido de una población, la elección de un estimador debe hacerse con el objetivo de que el error de estimación (la diferencia entre el valor estimado y el verdadero valor del parámetro) sea lo menor posible. Como el valor estimado es aleatorio (dependerá de la muestra) y el valor verdadero es desconocido, exigiremos al estimador que cumpla algunas propiedades que garanticen con una probabilidad elevada un error de estimación lo más pequeño posible. Las principales propiedades que le exigiremos a un estimador son:

- **Insesgadez:** un estimador es insesgado si su valor esperado es igual al verdadero valor del parámetro que se está estimando. Es decir, si $\hat{\theta}_n$ es un estimador del parámetro θ, se dice que $\hat{\theta}_n$ es insesgado si:

$$E\left[\hat{\theta}_n\right] = \theta$$

- **Consistencia:** un estimador es consistente si, a medida que el tamaño de la muestra aumenta, la estimación se aproxima al valor verdadero del parámetro. Un estimador $\hat{\theta}_n$ se dice consistente cuando el error de estimación está acotado superiormente con una probabilidad que tiende a 1 cuando el tamaño muestral crece a infinito. Se puede expresar de la siguiente forma:

$$lim_{n \to \infty} P\left(\left|\hat{\theta}_n - \theta\right| < \epsilon\right) = 1 \ \forall \epsilon > 0$$

- **Eficiencia:** un estimador es eficiente si, entre todos los estimadores insesgados, tiene la menor varianza. Un estimador insesgado $\hat{\theta}_n$ se dice que es relativamente más eficiente que otro $\hat{\theta}'_n$ cuando $V_\theta\left[\hat{\theta}_n\right] < V_\theta\left[\hat{\theta}'_n\right]$.

7.1.2. Estimación por intervalos

Se basa en construir un rango o intervalo de valores (extremo inferior y superior), en el que esté incluido el parámetro desconocido con una probabilidad prefijada de antemano, denominada nivel de confianza $1 - \alpha$. De esta forma, el proceso tendrá mayor fiabilidad, aunque sea menos preciso.

A diferencia del estimador puntual, un intervalo de confianza proporciona una medida (en probabilidad) del error de estimación, lo que permite valorar la conveniencia o no de extraer conclusiones en base a la estimación obtenida.

7.1.3. Distribuciones relacionadas con los intervalos de confianza

En este apartado, introducimos dos distribuciones que emplearemos para construir algunos de los intervalos de confianza más ampliamente utilizados.

7.1.3.1. Distribución chi–cuadrado de Pearson

La distribución chi–cuadrado de Pearson es la distribución de probabilidad de la suma de los cuadrados de variables aleatorias independientes que siguen una distribución normal estándar (media cero y desviación típica uno). Es decir, si $X_1, \ldots, X_n$ son variables aleatorias independientes con distribución $N(0,1)$, la variable aleatoria $U_n = X_1^2 + \cdots + X_n^2$ es una variable cuya distribución se denomina **chi–cuadrado con n grados de libertad**, lo que denotaremos como $U_n \sim \chi_n^2$. La Figura 7.1 muestra la forma de esta distribución para algunos valores de n.

7.1.3.2. Distribución t de Student

Sean $X \sim N(0,1)$ e $Y \sim \chi_n^2$ independientes y sea $T = \frac{X}{\sqrt{Y/n}}$. T es una variable aleatoria continua cuya distribución recibe el nombre de t **de Student con n grados de libertad**, lo que denotaremos como $T \sim t_n$. La Figura 7.2 muestra la forma de esta distribución para algunos valores de n. La línea punteada de la figura representa la distribución normal estándar; puede apreciarse que la distribución t de Student es asintóticamente normal,

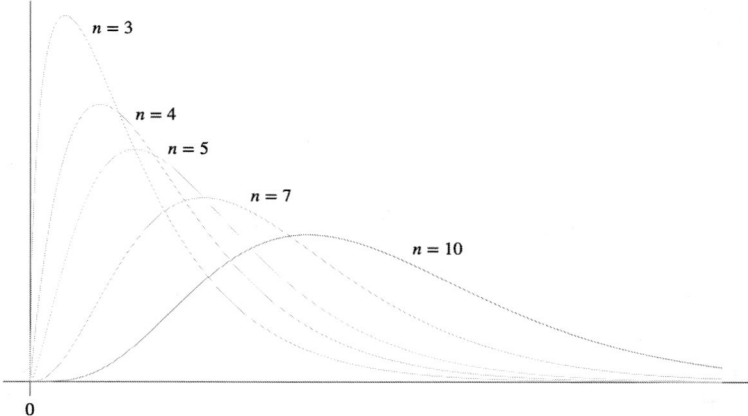

Figura 7.1: Distribución chi−cuadrado.

es decir, para valores grandes de n, su distribución de probabilidad es muy similar a la de la normal estándar.

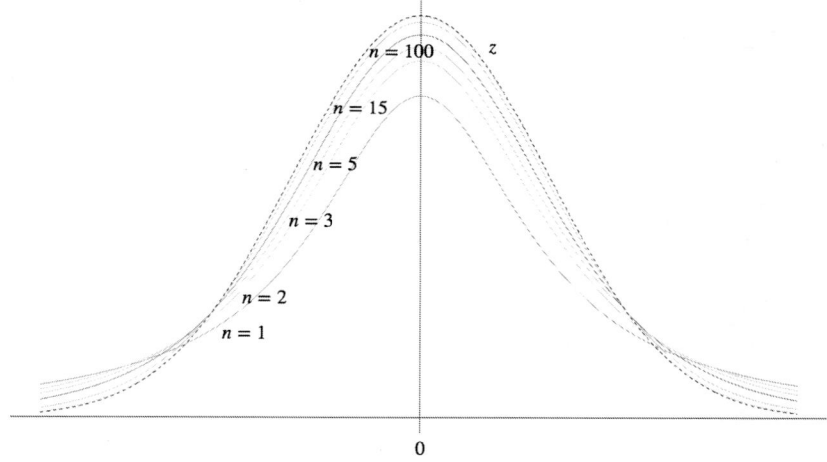

Figura 7.2: Distribución t de Student.

Importante

En lo que sigue emplearemos la notación z_α, $t_{n,\alpha}$ y $\chi^2_{n,\alpha}$ para denotar los cuantiles de orden α **por la derecha** correspondientes a una normal estándar, a una t de Student y a una chi−cuadrado, respectivamente.

Es decir, si $Z \sim N(0,1)$, $T \sim t_n$ y $X \sim \chi_n^2$:

$$p(Z > z_\alpha) = \alpha \qquad p(T > t_{n,\alpha}) = \alpha \qquad p(X > \chi_{n,\alpha}^2) = \alpha$$

7.1.4. Intervalos de confianza notables para una muestra

A continuación, presentaremos los casos más importantes y utilizados en el análisis de datos en ciencias sociales.

7.1.4.1. Intervalo de confianza para la media de una normal con varianza conocida

Sea $(X_1, \ldots, X_n)$ una m.a.s. extraída de una variable normal con media desconocida μ y desviación típica conocida σ. El estimador de la media poblacional es la media muestral $\bar{X}_n = \frac{1}{n} \sum_{i=1}^{n} X_i$, y el intervalo de confianza para la media a un nivel de confianza $1 - \alpha$ viene dado por:

$$IC_{1-\alpha}(\mu) = \left(\bar{X}_n - z_{\alpha/2} \frac{\sigma}{\sqrt{n}}, \bar{X}_n + z_{\alpha/2} \frac{\sigma}{\sqrt{n}} \right)$$

Este resultado es válido igualmente si la distribución de la variable aleatoria poblacional no tiene distribución normal, siempre que el tamaño muestral sea elevado ($n > 30$ para poder aplicar el Teorema Central del Límite) y la varianza de la población sea conocida.

7.1.4.2. Intervalo de confianza para la media de una normal con varianza desconocida

Sea $(X_1, \ldots, X_n)$ una m.a.s. extraída de una variable normal con media μ y desviación típica σ desconocidas. El estimador de la media poblacional es la media muestral $\bar{X}_n$, y el intervalo de confianza para la media a un nivel de confianza $1 - \alpha$ viene dado por:

$$IC_{1-\alpha}(\mu) = \left(\bar{X}_n - t_{n-1,\alpha/2} \frac{s_{1,n}}{\sqrt{n}}, \bar{X}_n + t_{n-1,\alpha/2} \frac{s_{1,n}}{\sqrt{n}} \right)$$

Este resultado es válido, aunque la distribución de la variable aleatoria poblacional no tenga distribución normal, siempre que el tamaño muestral sea elevado ($n > 30$ para poder aplicar el Teorema Central del Límite).

7.1.4.3. Intervalo de confianza para la proporción p de una distribución Bernoulli con tamaño muestral elevado

Sea $(X_1, \ldots, X_n)$ una m.a.s. extraída de una variable Bernoulli con proporción p desconocida. El estimador de la media poblacional es la media muestral, en este caso, proporción muestral $\hat{p}_n = \bar{X}_n = \frac{1}{n}\sum_{i=1}^{n} X_i$, y el intervalo de confianza para la proporción de una distribución Bernoulli a un nivel de confianza $1 - \alpha$ viene dado por:

$$IC_{1-\alpha}(p) = \left(\hat{p}_n - z_{\alpha/2}\sqrt{\frac{\hat{p}_n(1 - \hat{p}_n)}{n}}, \hat{p}_n + z_{\alpha/2}\sqrt{\frac{\hat{p}_n(1 - \hat{p}_n)}{n}} \right)$$

Este resultado es válido siempre que el tamaño muestral sea elevado ($n > 30$ para poder aplicar el Teorema Central del Límite).

7.1.4.4. Intervalo de confianza para la varianza de una distribución normal

Sea $(X_1, \ldots, X_n)$ una m.a.s. de una variable normal con desviación típica desconocida σ. El estimador de la varianza poblacional es la cuasivarianza muestral $s_{1,n}^2 = \frac{1}{n-1}\sum_{i=1}^{n}(X_i - \bar{X}_n)^2$, y el intervalo de confianza para la varianza de una distribución normal a un nivel de confianza $1 - \alpha$ viene dado por:

$$IC_{1-\alpha}(\sigma^2) = \left(\frac{(n-1)s_{1,n}^2}{\chi_{n-1,\alpha/2}^2}, \frac{(n-1)s_{1,n}^2}{\chi_{n-1,1-\alpha/2}^2} \right)$$

7.1.5. Determinación del tamaño muestral

Una cuestión relevante que no se abordó en el Capítulo 6 es el de determinar el tamaño de la muestra, es decir, cuántos valores necesitamos observar para tener la confianza deseada en los resultados que obtenemos, que hemos fijado en un valor $1 - \alpha$. En primer lugar, recordemos que un estadístico es una variable aleatoria, por lo que sus resultados deben evaluarse desde una perspectiva probabilística.

Como se puede apreciar en los intervalos de confianza anteriores, la amplitud del intervalo de confianza depende del tamaño de la muestra (el término n en los límites del intervalo).

A continuación, presentaremos los casos más importantes para calcular el tamaño muestral necesario en la estimación de la media poblacional.

7.1.5.1. Estimación de la media de una distribución normal

Suponemos que $X \sim N(\mu, \sigma)$ (si X no es normal, el resultado también es válido siempre que se pueda aplicar el Teorema Central del Límite). Entonces $\bar{X}_n \sim N(\mu, \sigma/\sqrt{n})$, por lo que podemos afirmar que

$$P\left(|\bar{X}_n - \mu| < z_{\alpha/2}\frac{\sigma}{\sqrt{n}}\right) = 1 - \alpha$$

Fijado el nivel de confianza $1 - \alpha$ podremos calcular el valor del percentil $z_{\alpha/2}$ de la distribución normal estándar, y fijado el error máximo permitido e el tamaño muestral necesario viene determinado por la expresión

$$n = \frac{z_{\alpha/2}^2 \sigma^2}{e^2}$$

Este valor es el umbral mínimo que garantiza el error máximo establecido con el nivel de confianza deseado, pero dado que el número de observaciones debe ser entero, si este valor no lo es, lo correcto es redondearlo al alza.

7.1.5.2. Estimación del parámetro p de una distribución Bernoulli con tamaño muestral elevado

Suponemos que $X \sim Be(p)$. Si el tamaño muestral es suficientemente elevado como para poder aplicar el Teorema Central del Límite, $\hat{p}_n \approx N\left(p, \sqrt{p(1-p)/n}\right)$, por lo que el tamaño mínimo de la muestra deberá ser

$$n = \frac{z_{\alpha/2}^2 p(1-p)}{e^2}$$

Si no se dispone de una estimación de p, lo habitual es ponerse en el peor de los casos y sustituir el parámetro por $1/2$ (el máximo desconocimiento posible en una variable dicotómica es asignar el 50 % de probabilidad a cada una de las dos categorías posibles).

7.1.5.3. Corrección por población finita

En el caso de muestreo aleatorio sin reemplazamiento, aplicado principalmente en el caso de poblaciones finitas, a los tamaños muestrales anteriores (n_∞) hay que aplicarle la **corrección para poblaciones finitas:**

$$n = \frac{n_\infty}{1 + \frac{n_\infty}{N}}$$

De esta manera podemos obtener una estimación con el error máximo y el nivel de confianza deseados, pero necesitando un número de observaciones menor.

Si la fracción de muestreo ($f = n/N$) es pequeña, $f < 0.05$, la corrección por población finita puede ignorarse, ya que prácticamente no tiene ningún efecto en el tamaño de la muestra.

Importante

R base dispone de las funciones `t.test` y `prop.test` para calcular los intervalos de confianza para la media y la proporción. De la misma forma, desde R `Commander` podemos acceder gráficamente a las opciones correspondientes a dichas funciones. Sin embargo, la función `prop.test` devuelve un intervalo de confianza diferente del explicado en los conceptos básicos de este capítulo[a].

Además, ni R base ni R `Commander` ofrecen la posibilidad de calcular el intervalo de confianza para la varianza de una población.

Por ello, en lo que sigue vamos a emplear dos funciones proporcionadas por el paquete `TeachStat`: `Cprop.test` (Classical proportion test) y `VUM.test` (chi–squared test for Variance with Unknown population Mean). Estas funciones nos van a permitir calcular los intervalos de confianza para la proporción y la varianza, tal y como se han explicado en este capítulo.

Además, como veremos en el siguiente capítulo, con estas funciones también podemos realizar los correspondientes contrastes de hipótesis.

---

[a]R emplea, por defecto, el método de Wilson. Véase Wilson EB (1927): "Probable Inference, the Law of Succession, and Statistical Inference". *Journal of the American Statistical Association*, 22, 209-212.

7.2. Ejemplos resueltos

Ejemplo 7.1

Dada una serie de experimentos de Bernoulli con probabilidad de éxito p, la variable aleatoria X = "Número de fracasos que se obtienen antes de conseguir 5 éxitos" sigue una distribución de probabilidad cuya esperanza matemática es

$$E[X] = \frac{5(1-p)}{p}$$

Utilizando el método de los momentos, obtener una estimación de p si al realizar el experimento cinco veces se han obtenido los siguientes valores de X: 8, 4, 5, 3, 5.

Solución. Se ha tomado una m.a.s. de tamaño $n = 5$. A partir de la muestra, se calcula la media muestral ($\bar{X}_5$). Para ello, se utiliza en la consola la función `mean`:

```
> mean(c(8, 4, 5, 3, 5))
[1] 5
```

Por lo que $\bar{X}_5 = \frac{8+4+5+3+5}{5} = 5$.

Por el método de los momentos, igualamos las características de la población a las de la muestra ($\bar{X}_5 = E[X]$), y obtenemos: $5 = \frac{5(1-p)}{p}$.

Por lo tanto, $5(1-p) = 5p \Rightarrow 1 - p = p \Rightarrow \hat{p} = 0.5$.

Ejemplo 7.2

Un grupo de investigación en hábitos de consumo quiere estimar, con una confianza del 97 %, el importe promedio en euros que los ciudadanos de una determinada comunidad autónoma gastan semanalmente en ocio, por medio de una muestra aleatoria simple de residentes de esa comunidad. Se asume que la desviación típica del gasto semanal en ocio en dicha comunidad es $\sigma = 42.07$€ y se quiere cometer un error máximo en la estimación de 5€. Determinar cuál debería ser el tamaño mínimo de la muestra y justificar si es o no necesaria la corrección por población finita.

Solución. Se define la variable aleatoria $X =$ "Importe del gasto semanal en ocio (€)". X sigue una distribución desconocida de media μ y desviación típica $\sigma = 42.07$.

Se quiere estimar el parámetro μ con un nivel de confianza $1 - \alpha = 0.97$, un error máximo de 5€ y desviación típica de $\sigma = 42.07$€ . El estadístico a emplear es la media muestral $\bar{X}_n$, por lo que el tamaño mínimo de la muestra deberá ser:

$$n = \frac{z_{\alpha/2}^2 \sigma^2}{e^2}$$

Como el nivel de confianza es $1 - \alpha = 0.97$, entonces $\alpha = 1 - 0.97 = 0.03 \Rightarrow \alpha/2 = 0.015 \Rightarrow z_{\alpha/2} = z_{0.015}$. $z_{0.015}$ es el cuantil 0.015 (cola derecha) de una distribución $N(0, 1)$, y empleando la función `qnorm`:

```
> qnorm(0.015, mean=0, sd=1, lower.tail=FALSE)
[1] 2.17009
```

Por lo que $z_{0.015} = 2.17$, $e = 5$ y se estima que $\sigma = 42.07$. Por lo tanto, redondeando al alza:

$$n = \frac{z_{\alpha/2}^2 \sigma^2}{e^2} = \frac{2.17^2 \times 42.07^2}{5^2} = 333.37 \approx 334$$

No sabemos si la variable es normal pero la expresión se basa en el Teorema Central del Límite y es aceptable por ser $n > 30$.

Aunque no se sabe el tamaño total de la población, se puede suponer que es un número elevado al tratarse de los ciudadanos de una Comunidad Autónoma y, por lo tanto, no sería necesaria la corrección por población finita.

Ejemplo 7.3

Se ha recogido una muestra de datos de las ventas de diferentes productos realizadas *on–line* en la web de una cadena mundial de grandes almacenes. Los datos de la muestra se encuentran en el fichero `online.xlsx`. Se desea estimar la proporción de pedidos que corresponden a productos cuyo precio es superior a 300 € (variable `Precio`). Calcula un intervalo de confianza de nivel 98 % para la proporción de productos de precio superior a 300 € vendidos en la web.

Solución. Se define la variable aleatoria $X = $ "Un producto tiene un importe superior a 300 € $(1 = $ Sí$/0 = $ No$)$". $X \sim Be(p)$ con p el parámetro que se quiere estimar.

Comenzaremos por cargar el dataset `online.xlsx` en R por alguno de los procedimientos que vimos en la Sección 2.1. Como tenemos el precio unitario de cada producto, hay que recodificar la variable `Precio` creando una nueva variable `Precio_300` cuyo valor sea, por ejemplo, A si el producto tiene un importe superior a 300€ y B en caso contrario. Para ello, se utiliza en la consola la función `recode`:

```
> Online$Precio_300 <- Recode(Online$Precio, 'lo:300="B";
    else="A"', as.factor=TRUE)
```

Si se utiliza la opción de recodificar de R Commander o de TeachStat, se puede apreciar en la Figura 7.3 el diálogo para realizar la recodificación de la variable Precio.

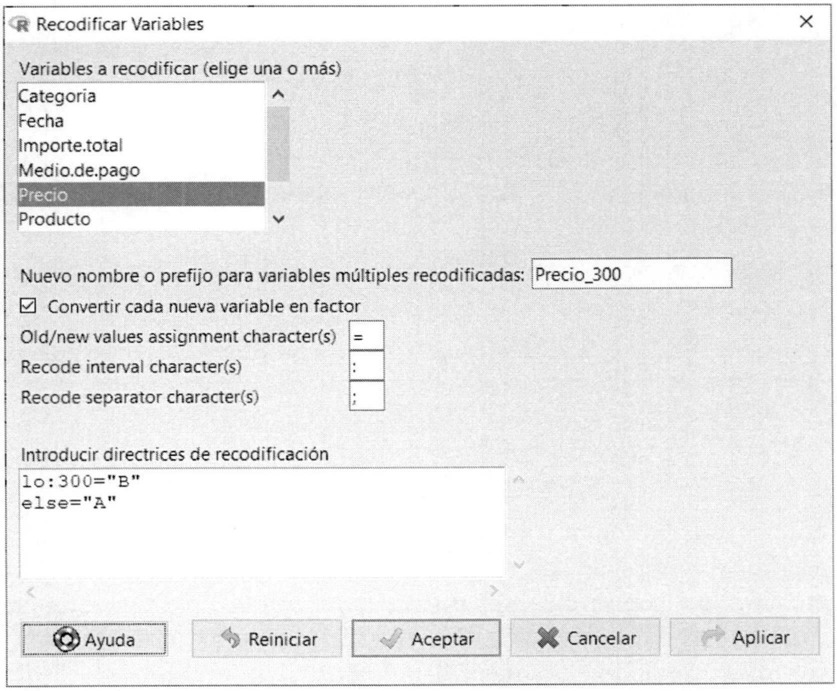

Figura 7.3: Diálogo para recodificar la variable Precio.

Como se trata del intervalo de confianza para una proporción, tenemos que asegurarnos de que la muestra es suficientemente grande ($n > 30$), por lo que obtenemos su tamaño utilizando el comando `table` o el comando `summary` (ya explicados en el Capítulo 3):

```
> table(Online$Precio_300)
  A   B
 49 191
> summary(Online$Precio_300)
```

```
  A    B
 49  191
```

Vemos que el tamaño de la muestra de las ventas *on–line* es $n = 49 + 191 = 240 > 30$, y se puede calcular el intervalo de confianza para la proporción.

Como se ha comentado previamente, R base no dispone una función que calcule el intervalo de confianza clásico para una proporción. En este ejercicio vamos a ver, en primer lugar, cómo calcularlo según su expresión analítica:

$$IC_{1-\alpha}(p) = \left(\hat{p}_n - z_{\alpha/2}\sqrt{\frac{\hat{p}_n(1 - \hat{p}_n)}{n}}, \hat{p}_n + z_{\alpha/2}\sqrt{\frac{\hat{p}_n(1 - \hat{p}_n)}{n}} \right)$$

Conociendo los valores de n, de la proporción muestral, $\hat{p}_n$, y calculando el cuantil correspondiente, $z_{\alpha/2} = z_{0.01}$, es inmediato obtener el intervalo de confianza:

```
> n = 240
> p = 49/240
> z = qnorm(0.01, 0, 1, FALSE)
> p - z * sqrt(p * (1 - p) / n)
[1] 0.1436364
> p + z * sqrt(p * (1 - p) / n)
[1] 0.2646969
```

Y el intervalo de confianza buscado es $IC_{0.98}(p) = (0.1436, 0.2647)$. Con un nivel de confianza del $98\,\%$ afirmamos que la proporción de ventas de productos *on–line* con un precio superior a $300 \,€$ está comprendida entre el $14.36\,\%$ y el $26.47\,\%$.

Si tenemos instalado el paquete TeachStat, podremos utilizar la función Cprop.test proporcionada por dicho paquete y que permite calcular directamente el intervalo anterior. Para ello basta con ejecutar el siguiente comando (con una sintaxis que es muy simple) del que se incluye la correspondiente salida:

```
> Cprop.test(49, 240, conf.level = 0.98)

    Classical One Sample Proportion test

data:
z = -9.1661, nx = 240.0, null probability = 0.5, p-value < 2.2e-16
alternative hypothesis: true proportion is not equal to 0.5
```

```
98 percent confidence interval:
 0.1436364 0.2646969
sample estimates:
proportion
 0.2041667
```

Por lo que, nuevamente, el intervalo es $IC_{0.98}(p) = (0.1436, 0.2647)$.

Si queremos calcular el intervalo con la interfaz gráfica de `TeachStat`, debemos emplear la opción **Intervalo de confianza para una proporción**, apareciendo el diálogo mostrado en la Figura 7.4, donde se observan los valores de los diferentes parámetros.

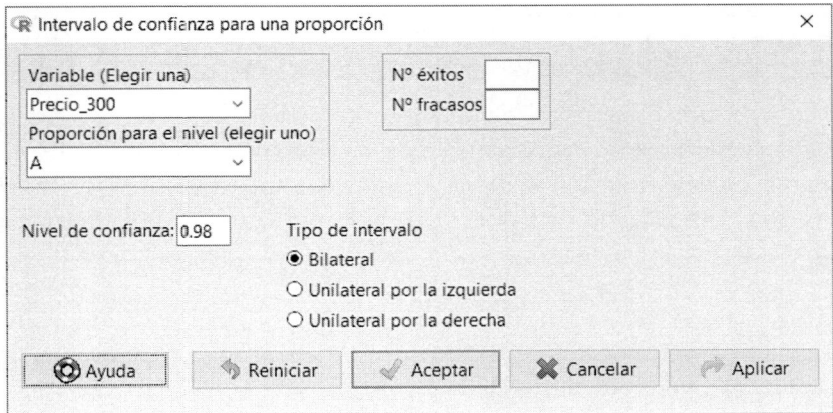

Figura 7.4: Diálogo para el cálculo de un intervalo de confianza para una proporción.

Aunque la salida que proporciona es diferente, evidentemente, el intervalo de confianza obtenido es el mismo: $IC_{0.98}(p) = (0.1436, 0.2647)$:

```
> Intervalo de Confianza para una proporción
- - - - - - - - - - - - - - - - - - - - - - - - -
Tipo de intervalo: Bilateral
Nivel de confianza: 98%
Variable: Precio_300 [A vs.  B ] --> Nº éxitos =  49  -- Nº
    intentos = 240
Estimador muestral: proportion 0.2041667
Intervalo: ( 0.1436364 , 0.2646969 )
```

Importante

Para determinar el tamaño de la muestra no sirve con emplear la función `nrow()` sobre el conjunto de datos activo, en este caso `nrow(online)`, puesto que esta función nos indica el número de observaciones existentes, pero la variable en estudio (en este caso `online$Precio`), puede tener valores ausentes y, por lo tanto, el tamaño real de la muestra puede ser inferior al número de observaciones.

Otra opción es calcular directamente cuántos valores no ausentes hay en la variable, mediante el predicado `is.na()` y la función `sum()`, como veremos en ejercicios posteriores.

Ejemplo 7.4

La hoja de cálculo `empleados.xlsx` contiene los datos correspondientes a una muestra aleatoria simple de los empleados de una empresa. A partir de esta muestra se desea estimar con un nivel de confianza de nivel 95 % la varianza de las alturas de los empleados de la empresa.

Solución. Se define la variable aleatoria $X =$ "Altura de un empleado (cm)". Se quiere estimar el parámetro σ^2. Comenzaremos cargando el fichero `empleados.xlsx` con los datos de la muestra.

El intervalo de confianza para la varianza requiere que la variable sea normal. Para comprobarlo, realizamos un test de normalidad[1] a la variable. Para saber cuál es el adecuado, calculamos el tamaño muestral. Además, almacenamos dicho valor en la variable `n` ya que lo usaremos más adelante:

```
> n = sum(!is.na(Empleados$Altura))
> n
[1] 94
```

Como $n = 94 > 50$, aplicamos el test de Lilliefors:

```
> normalityTest(~Altura, test="lillie.test", data=Empleados)

        Lilliefors (Kolmogorov-Smirnov) normality test
data:  Altura
D = 0.088143, p-value = 0.06865
```

---

[1]En el Capítulo 10 se analizan los contrastes de normalidad.

Como se obtiene un $p-$valor $= 0.06865 > \alpha = 0.05$, se puede admitir que la variable es normal y podemos construir el intervalo de confianza[2]. En este caso, utilizaremos su expresión analítica, ya que en las librerías básicas de R no existe ninguna función que lo calcule directamente. El intervalo de confianza para la varianza de una distribución normal viene dado por:

$$IC_{1-\alpha}(\sigma^2) = \left(\frac{(n-1)s_{1,n}^2}{\chi^2_{n-1,\alpha/2}}, \frac{(n-1)s_{1,n}^2}{\chi^2_{n-1,1-\alpha/2}} \right)$$

Calculamos la cuasivarianza muestral, $s_{1,n}^2$:

```
> s2= var(Empleados$Altura, na.rm=TRUE)
> s2
[1] 68.18268
```

Como $\alpha = 0.05$, los denominadores corresponden con los cuantiles $\chi^2_{93,0.025}$ y $\chi^2_{93,0.975}$, que se calculan con la función qchisq. Con todo ello, los extremos del intervalo se calculan de la siguiente forma:

```
> (n-1)*s2/qchisq(0.025, 93, lower.tail=FALSE)
[1] 52.15853
> (n-1)*s2/qchisq(0.975, 93, lower.tail=FALSE)
[1] 92.96108
```

Por lo tanto, el intervalo de confianza es $IC_{0.95}(\sigma^2) = (52.15, 92.96)$. Con un nivel de confianza del 95 % afirmamos que la varianza de la altura de los empleados de la empresa está comprendida entre 52.15 y 92.96 cm^2.

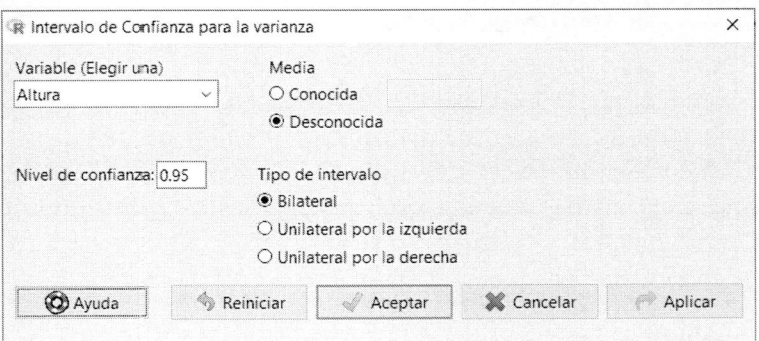

Figura 7.5: Diálogo para el cálculo de un intervalo de confianza para una varianza.

---

[2]Para el test de normalidad consideraremos como nivel de significación el mismo α usado para el cálculo del intervalo de confianza.

Si se utiliza la opción **Intervalo de confianza para la varianza** de `TeachStat` (ver Figura 7.5), la salida obtenida es:

```
Intervalo de Confianza para la varianza con media desconocida
- - - - - - - - - - - - - - - - - - - - - - - - - - - - - - - -
Tipo de intervalo: Bilateral
Nivel de confianza: 95%
Variable: Altura
Estimador muestral: var of empleados$Altura 68.18268
Intervalo: ( 52.15853 , 92.96108 )
```

Si disponemos de `TeachStat`, otra opción es emplear desde la consola la función `VUM.test`. La salida es diferente pero con los mismos resultados:

```
> VUM.test(Empleados$Altura, conf.level=0.95)

     One sample Chi-squared test for variance with unknown
   population mean

data:  empleados$Altura
X-squared = 6341, df = 93, p-value < 2.2e-16
alternative hypothesis: true variance is not equal to 1
95 percent confidence interval:
 52.15853 92.96108
sample estimates:
var of empleados$Altura
           68.18268
```

Ejemplo 7.5

Se desea estimar la proporción de trabajadores de un municipio que hacen uso de servicio gratuito de guardería en su empresa. Para ello se obtendrá un intervalo de confianza de nivel 95 % para la proporción de empleados del municipio que sí lo usan, a partir de una encuesta a una muestra de trabajadores seleccionados aleatoriamente entre todos los que disponen de servicio gratuito de guardería en su empresa.

a) Si se quiere obtener dicho intervalo de confianza con un error máximo de estimación del 5 %, ¿a cuántos trabajadores se debería entrevistar? Justificar si es o no necesaria la corrección por población finita.

b) Finalmente se hace una encuesta amplia entre los trabajadores del municipio, obteniéndose los datos contenidos en la hoja de cálculo `guarderia.xlsx`. El servicio de guardería en algunas empresas es de pago, por lo que en la encuesta se les ha preguntado si usan el servicio o no y si es gratuito o de pago (variable `tipo`). Si el servicio es de pago el trabajador debe ser excluido del estudio. Obtener un intervalo de confianza de nivel 95 % para el porcentaje de trabajadores que hacen uso de él (variable `usa`).

Solución.

a) Se define la variable aleatoria $X =$ "Un trabajador hace uso del servicio de guardería de su empresa $(1 = \text{Sí}/0 = \text{No})$". $X \sim Be(p)$ con p desconocida. El estadístico a emplear es la proporción muestral $\hat{p}$, por lo que el tamaño mínimo de la muestra se obtendrá con la expresión:

$$n = \frac{z_{\alpha/2}^2 p(1-p)}{e^2}$$

Se quiere estimar el parámetro p con un nivel de confianza $1 - \alpha = 0.95$ y un error máximo $e = 0.05$. Como $1 - \alpha = 0.95$, $\alpha = 0.05$, $\alpha/2 = 0.025$ y $z_{\alpha/2} = z_{0.025}$. Para calcular este cuantil, utilizamos la función `qnorm`:

```
> qnorm(0.025, mean=0, sd=1, lower.tail=FALSE)
[1] 1.959964
```

Tomamos $z_{0.025} = 1.96$ y, al no tener una estimación de la varianza, consideraremos su valor máximo, $\sigma^2 = 0.25$ $(p = 0.5)$. Redondeando al alza:

$$n = \frac{z_{\alpha/2}^2 p(1-p)}{e^2} = \frac{1.96^2 \times 0.25}{0.05^2} = 384.16 \approx 385$$

La expresión se basa en el Teorema Central del Límite y es aceptable por ser $n > 30$.

Aunque no se conoce el número total de trabajadores en la población, se puede suponer que es un número elevado al tratarse de todos los trabajadores de un municipio y, por lo tanto, no sería necesaria la corrección por población finita.

b) Sea la variable $X =$ "Un trabajador que dispone de servicio gratuito de guardería en su empresa hace uso de él $(1 = \text{Sí}/0 = \text{No})$". $X \sim Be(p)$, con p el parámetro que se quiere estimar.

Comenzaremos cargando el dataset `guarderia.xlsx` en R y, a continuación, filtraremos los datos para extraer un nuevo conjunto de datos que denominaremos `Gratuito` que contenga únicamente los trabajadores para los que el servicio de guardería es gratuito (variable `tipo`). Para ello, se utiliza en la consola la función `subset`:

```
> Gratuito <- subset(dataset, subset=tipo=="Gratuito")
```

Y obtenemos el tamaño de la muestra utilizando el comando `summary`:

```
> summary(Gratuito$usa)
 No  Si
331  88
```

De esta manera, se obtiene que la muestra de trabajadores que disponen de servicio de guardería gratuito tiene tamaño $n = 419$.

Podemos calcular el intervalo de confianza para una proporción ya que la muestra es suficientemente grande ($n > 30$). Para ello, empleamos el siguiente comando (hay que tener `TeachStat` instalado):

```
> Cprop.test(88, 419, conf.level = 0.95)

        Classical One Sample Proportion test
data:
z = -11.871, nx = 419.0, null probability = 0.5, p-value <
    2.2e-16
alternative hypothesis: true proportion is not equal to 0.5
95 percent confidence interval:
 0.1710223 0.2490255
sample estimates:
proportion
 0.2100239
```

Por lo que el $IC_{0.95}(p) = (0.1710, 0.2490)$. Con un nivel de confianza del 95 % afirmamos que la proporción de trabajadores que usan el servicio gratuito de guardería está comprendida entre el 17.10 % y el 24.90 %.

Si se utiliza la interfaz gráfica de `TeachStat`, se puede apreciar en la Figura 7.6 el diálogo con los valores de los diferentes parámetros.

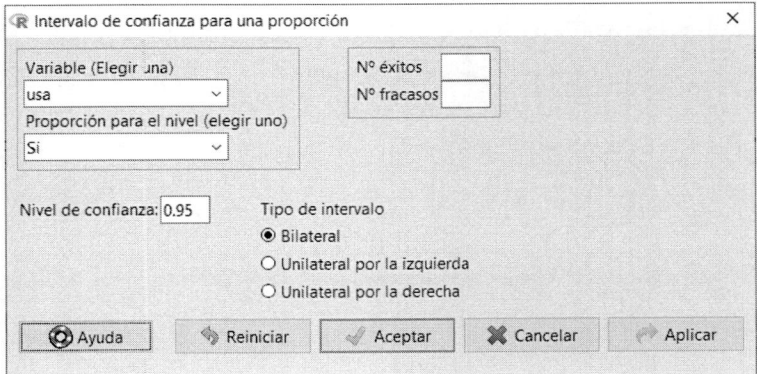

Figura 7.6: Diálogo para el cálculo de un intervalo de confianza para una proporción.

Ejemplo 7.6

Se quiere estimar el importe de los contratos con depuradoras gestionados por el Gobierno de Aragón entre 2004 y 2017, mediante un intervalo de confianza de nivel 95 %. En la hoja de cálculo `depuradoras.xlsx` se encuentra una relación completa de todas las depuradoras objeto del estudio.

a) Se toma una muestra aleatoria y se registra el importe de los contratos en la variable `TOTAL` (las depuradoras que no formaron parte de la muestra se reconocen porque tienen valor cero en este campo). A partir de la muestra, calcular el intervalo de confianza pedido para el importe medio de los contratos.

b) ¿Cuál es la estimación puntual del valor medio del importe de los contratos que se obtiene de dicha muestra?

c) Deducir razonadamente cuántas depuradoras deberán haberse seleccionado por muestreo aleatorio simple para el estudio si se deseaba que el error de estimación no superase los 250 000 €. Se calcula que la desviación típica de dicho importe no supera los 1 500 000 €. Justificar si es o no necesaria la corrección por población finita.

Solución.

a) Se define la variable aleatoria X = "Importe de un contrato (€)".

Comenzaremos por cargar el dataset `depuradoras.xlsx` en R y, a continuación, filtraremos los datos para extraer un nuevo conjunto de datos (`Depuradoras`) que contenga únicamente las depuradoras del estudio (variable `TOTAL> 0`). Para ello, se utiliza en la consola la función `subset`:

```
> Depuradoras <- subset(Dataset, subset=TOTAL>0)
```

Tras el filtrado obtenemos el tamaño de la muestra utilizando la función `sum`:

```
> sum(!is.na(Depuradoras$TOTAL))
[1] 200
```

De esta manera, vemos que la muestra tiene tamaño $n = 200$. Como el tamaño es suficientemente grande ($n > 30$), el intervalo de confianza para la media visto en la sección **Conceptos básicos** es válido por el TCL, no siendo necesario verificar la normalidad de la variable `TOTAL`. Para calcular dicho intervalo, ejecutamos en la consola la función `t.test`:

```
> t.test(Depuradoras$TOTAL, conf.level = 0.95)

    One Sample t-test

data:  Depuradoras$TOTAL
t = 10.94, df = 199, p-value < 2.2e-16
alternative hypothesis: true mean is not equal to 0
95 percent confidence interval:
 638224.7 918886.0
sample estimates:
mean of x
 778555.3
```

Por lo que el $IC_{0.95}(\mu) = (638224.7, 918886.0)$. Con un nivel de confianza del 95 % afirmamos que el importe medio de los contratos se encuentra entre los 638 224.70 € y los 918 886.00 €.

Podemos acceder a la función anterior, `t.test`, desde la opción **Estadísticos → Medias → Test t para una muestra** de R Commander[3].

---

[3]Como se ha comentado anteriormente, la opción similar de R Commander para el cálculo de intervalos de confianza para una proporción emplea un método diferente al presentado

Esto nos conduce al diálogo mostrado en la Figura 7.7.

En dicho diálogo, una vez elegida la variable, en este caso `TOTAL`, dentro del grupo **Hipótesis alternativa** hay que seleccionar la opción `Media poblacional!=mu0`[4].

Finalmente, se indica el nivel de confianza deseado para el cálculo del intervalo de confianza, en este caso 0.95. El valor introducido en `mu` (Hipótesis nula) es indiferente para el objetivo actual, viendo su uso en el próximo capítulo.

Con ello, `R Commander` proporcionará exactamente la misma salida que si empleamos directamente la función `t.test` desde la consola.

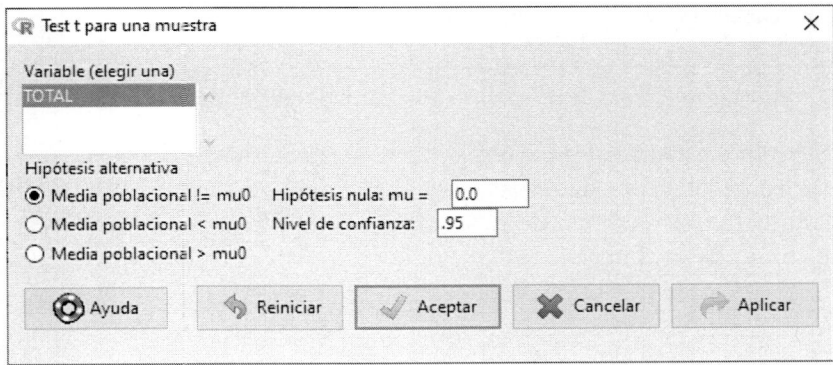

Figura 7.7: Diálogo para el cálculo de un intervalo de confianza para la media con `R Commander`.

Si se utiliza la opción **Intervalo de confianza para una media** de `TeachStat`, se puede apreciar en la Figura 7.8 el diálogo con los valores de los diferentes parámetros. En este caso, la salida obtenida es:

```
Intervalo de Confianza para la media con varianza desconocida
- - - - - - - - - - - - - - - - - - - - - - - - - - - - - - - - -
Tipo de intervalo: Bilateral
Nivel de confianza: 95%
Variable: TOTAL
Estimador muestral: mean of x 778555.3
Intervalo: ( 638224.7 , 918886 )
```

en los conceptos teóricos.

[4]Esto permite obtener intervalos de confianza bilaterales, como los comentados en los conceptos básicos de este capítulo.

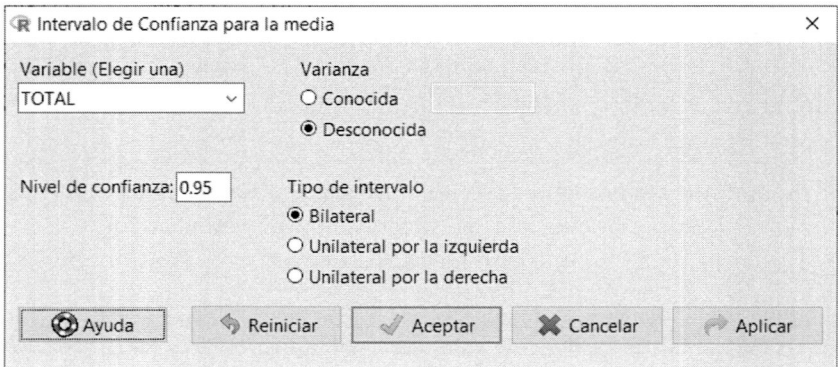

Figura 7.8: Diálogo para el cálculo de un intervalo de confianza para la media con `TeachStat`.

b) El valor medio del importe de los contratos es $\bar{X}_{200} = 778\,555.30\,€$.

c) Se quiere estimar el parámetro μ con un nivel de confianza $1-\alpha = 0.95$, un error máximo de $250\,000\,€$ y desviación típica de $1\,500\,000\,€$. El estadístico a emplear es la media muestral $\bar{X}_n$, por lo que el tamaño mínimo de la muestra deberá ser:

$$n = \frac{z_{\alpha/2}^2 \sigma^2}{e^2}$$

Como el nivel de confianza es $1 - \alpha = 0.95$, $\alpha = 0.05$, $\alpha/2 = 0.025$ y tenemos que calcular el cuantil $z_{0.025}$ (cuantil 0.025 por la cola derecha de una distribución normal estándar). Para ello, se utiliza en la consola la función `qnorm`:

```
> qnorm(0.025, 0, 1, FALSE)
[1] 1.959964
```

Por lo que $z_{0.025} = 1.96$, $e = 250\,000$ y se estima que $\sigma \leq 1\,500\,000$. Y por lo tanto, redondeando al alza:

$$n = \frac{z_{\alpha/2}^2 \sigma^2}{e^2} = \frac{1.96^2 \times 1500000^2}{250000^2} = 138.3 \approx 139$$

La expresión se basa en el Teorema Central del Límite y es aceptable por ser $n > 30$.

Para decidir si es o no necesaria la corrección por población finita debemos conocer el tamaño de la población, que es el conjunto de depuradoras contenido en el dataset original. Para ello utilizaremos la función **nrow** sobre dicho conjunto de datos:

```
> nrow(Dataset)
[1] 539
```

Una vez sabemos que el tamaño total de la población es $N = 539$, comprobamos que $f = \frac{139}{539} = 0.26 > 0.05$, por lo que la corrección por población finita puede mejorar el tamaño de la muestra. El tamaño de la muestra deberá ser: $n = \frac{139}{1+\frac{139}{539}} = 110.5 \approx 111$.

Ejemplo 7.7

Un estudio sobre hábitos de uso de redes sociales en los alumnos de un instituto zaragozano pretende relacionar el estado de ánimo de los usuarios con el número de likes que reciben sus publicaciones. Se ha realizado una campaña de concienciación sobre el buen uso de las redes, y al finalizar se ha realizado una encuesta entre los alumnos del instituto para comprobar la efectividad de la campaña. Se dispone, por lo tanto, de una muestra aleatoria simple de usuarios de distintas redes sociales, junto con algunos datos personales y sus principales indicadores de éxito. Los datos de la encuesta se han recogido en la hoja de cálculo **rrss.xlsx**. A partir de estos datos se quiere estimar la edad promedio de los estudiantes del instituto que usan la red Snapchat (variable **Plataforma**).

a) Calcular un intervalo de confianza de nivel 95 % para la edad promedio de los alumnos usuarios de Snapchat.

b) ¿Cuál es el error máximo de estimación?

Solución.

a) Se define la variable aleatoria $X = $ "Edad de un estudiante que usa Snapchat (años)".

Comenzaremos por cargar el dataset **rrss.xlsx** en R y, a continuación, filtraremos los datos para extraer un nuevo conjunto de datos (**Snapchat**) que contenga únicamente los alumnos que usan la red Snapchat (variable **Plataforma**). Para ello, se utiliza en la consola la función **subset**:

```
> Snapchat <- subset(Dataset, subset=Plataforma=="Snapchat")
```

Y obtenemos el tamaño de la muestra:

```
> sum(!is.na(Snapchat$Edad))
[1] 13
```

De esta manera, se obtiene que la muestra de estudiantes que usan Snapchat tiene tamaño $n = 13$. Como la muestra es pequeña, necesitamos comprobar que la variable Edad es aproximadamente normal antes de poder calcular el intervalo de confianza para la media. Para ello ejecutamos el test de normalidad de Shapiro–Wilk utilizando la función normalityTest(), para lo que necesitaremos tener instalada la librería RcmdrMisc (se habrá instalado si previamente hemos instalado R Commander)[5]:

```
> normalityTest(~Edad, test="shapiro.test", data=Snapchat)

        Shapiro-Wilk normality test
data:  Edad
W = 0.89397, p-value = 0.1106
```

El p–valor obtenido es $0.1106 > \alpha = 0.05$, por lo que podemos asumir normalidad en la variable y proceder al cálculo del intervalo de confianza. Para ello ejecutamos desde la consola la función t.test:

```
> t.test(Snapchat$Edad, conf.level = 0.95)

    One Sample t-test
data:  Snapchat$Edad
t = 55.488, df = 12, p-value = 7.738e-16
alternative hypothesis: true mean is not equal to 0
95 percent confidence interval:
 12.85905 13.91018
sample estimates:
mean of x
 13.38462
```

Por lo que el $IC_{0.95}(\mu) = (12.86, 13.91)$. Con un nivel de confianza del 95% afirmamos que la edad media de los estudiantes que usan

---

[5]También lo podemos ejecutar desde **R Commander** usando la opción **Estadísticos→Resúmenes→Test de normalidad** y seleccionando la variable que se desea analizar y el test de normalidad que se va a emplear.

Snapchat esta comprendida entre los 12.86 y los 13.91 años.

Si se utiliza la opción **Intervalo de confianza para una media** de `TeachStat`, se puede apreciar en la Figura 7.9 el diálogo con los valores de los diferentes parámetros[6].

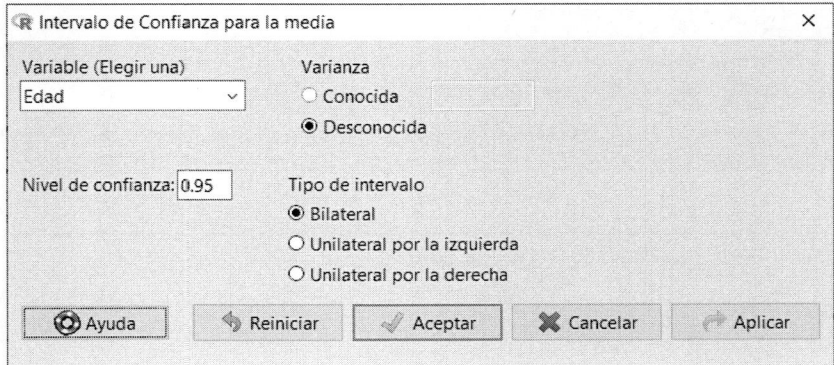

Figura 7.9: Diálogo para el cálculo de un intervalo de confianza para la media.

b) El error máximo de estimación es la semiamplitud del intervalo $13.91 - 13.38 = 0.53$.

Ejemplo 7.8

Se ha recogido una muestra de datos sobre el número de trabajadores en distintas empresas dentro de la industria agroalimentaria. Los datos de la muestra se encuentran en el fichero `personal.xlsx`. Se desea estimar la proporción de empresas que cuentan con más de 250 trabajadores (variable `Trabajadores`). Calcular un intervalo de confianza del 96 % para la proporción de empresas con al menos 250 trabajadores.

Solución. Se define la variable aleatoria $X =$ "Una empresa tiene al menos 250 trabajadores $(1 = \text{Sí}/0 = \text{No})$". $X \sim Be(p)$, con p el parámetro que se quiere estimar.

Comenzaremos por cargar el dataset `personal.xlsx` en R. Como tenemos una variable que indica el tipo de empresa, vamos a recodificar la variable

---

[6]En R `Commander` también existe una opción similar para el cálculo del intervalo de confianza para una media.

Trabajadores creando una nueva variable **Trabajadores_250** cuyo valor sea A si la empresa tiene al menos 250 trabajadores (≥ 250) y B en caso contrario. Para ello, se utiliza en la consola la función o comando **recode**:

```
> Personal$Trabajadores_250 <- Recode(Personal$Trabajadores,
    '250:hi="A"; else="B"', as.factor=TRUE)
```

Para calcular el intervalo de confianza pedido, necesitamos que el tamaño de la muestra sea grande. Lo obtenemos mediante la función **summary**:

```
> summary(Personal$Trabajadores_250)
A    B
102 398
```

La muestra de empresas tiene tamaño suficientemente grande ($n = 500 > 30$), y se puede calcular el intervalo de confianza para la proporción. Para ello, ejecutamos el comando siguiente:

```
> Cprop.test(102, 500, conf.level = 0.96)

    Classical One Sample Proportion test

data:
z = -13.238, nx = 500.0, null probability = 0.5, p-value < 2.2e-16
alternative hypothesis: true proportion is not equal to 0.5
96 percent confidence interval:
 0.1669887 0.2410113
sample estimates:
proportion
     0.204
```

Por lo que $IC_{0.96}(p) = (0.1669887, 0.2410113)$. Con un nivel de confianza del 96 % afirmamos que la proporción de empresas dentro de la industria agroalimentaria que cuenta al menos con 250 trabajadores está comprendida entre el 16.70 % y el 24.10 %.

Si se utiliza **TeachStat**, se puede apreciar en la Figura 7.10 el diálogo con los valores de los diferentes parámetros.

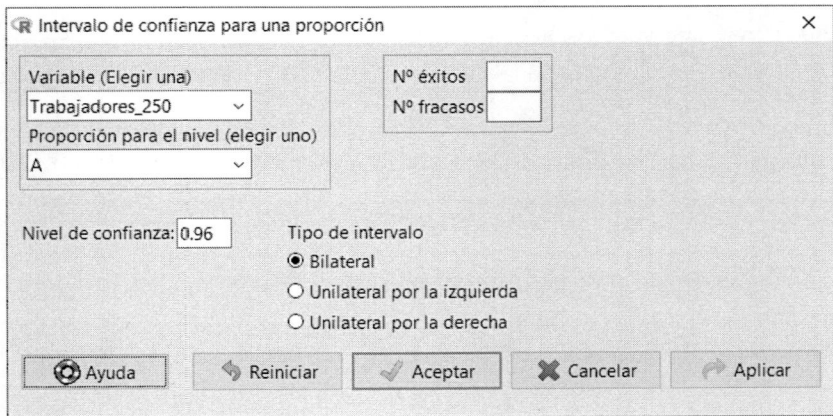

Figura 7.10: Diálogo para el cálculo de un intervalo de confianza para una proporción.

Ejemplo 7.9

Para responder a este ejercicio necesitarás la hoja de cálculo `pacientes.xlsx`, que contiene los datos correspondientes a una muestra aleatoria simple de los pacientes de un centro de Atención Primaria. A partir de esta muestra se desea estimar con un nivel de confianza de nivel 97 % la varianza de los índices de Masa Corporal (IMC) de las mujeres.

Solución. Se define la variable aleatoria $X =$ "Índice de Masa Corporal de una paciente (kg/m^2)". Se quiere estimar el parámetro σ^2.

Comenzaremos por cargar el dataset `pacientes.xlsx` en R y, a continuación, filtraremos los datos para extraer un nuevo conjunto de datos (`Mujeres`) que contenga únicamente las pacientes mujeres (variable `Sexo`). Para ello, se utiliza en la consola la función `subset`:

```
> Mujeres <- subset(Dataset, subset=Sexo=="M")
```

Para calcular un intervalo de confianza para la varianza se requiere que la variable sea normal. El test de normalidad adecuado depende del tamaño de la muestra, de modo que procedemos a calcularlo utilizando la función `sum`:

```
> sum(!is.na(Mujeres$IMC))
[1] 76
```

Como el tamaño de la muestra seleccionada tiene tamaño grande, $n = 76$, comprobamos la normalidad de la variable IMC mediante el test de Lilliefors:

```
> normalityTest(~IMC, test="lillie.test", data=Mujeres)

        Lilliefors (Kolmogorov-Smirnov) normality test
data:  IMC
D = 0.082193, p-value = 0.2316
```

Dado que se obtiene un $p-\text{valor} = 0.2316 > \alpha = 0.03$, se puede admitir un comportamiento normal de la variable IMC y, por lo tanto, procederemos a construir el intervalo de confianza.

Al no disponer R base ni R Commander de la opción para obtener estos intervalos de confianza, podemos calcularlo a partir de su expresión teórica (véase Ejemplo 7.2), o podemos utilizar TeachStat. Si seguimos esta última opción (véase Figura 7.11) el resultado es el siguiente:

```
Intervalo de Confianza para la varianza con media desconocida
- - - - - - - - - - - - - - - - - - - - - - - - - - - - - - - -
Tipo de intervalo: Bilateral
Nivel de confianza: 97%
Variable: IMC
Estimador muestral: var of pacM$IMC 10.7379
Intervalo: ( 7.743621 , 15.81153 )
```

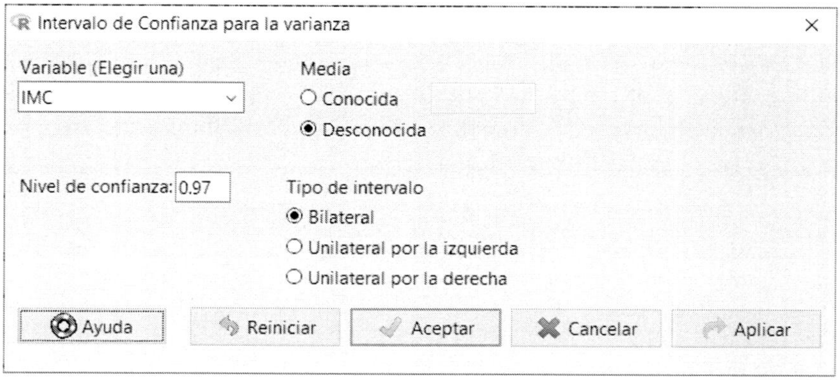

Figura 7.11: Diálogo para el cálculo de un intervalo de confianza para una varianza.

Ejemplo 7.10

Se ha realizado una campaña de concienciación sobre el buen uso de las redes sociales por parte de los jóvenes, y al finalizar se ha realizado una encuesta para comprobar su efectividad. Se dispone, por lo tanto, de una muestra aleatoria simple de usuarios de distintas redes sociales, junto con sus principales indicadores de éxito, entre ellos el tiempo que cada usuario pasa diariamente en las diversas redes. Los datos de la encuesta se han recogido en la hoja de cálculo `rrss.xlsx`. Se desea estimar el número de posts que los usuarios de la red X (antes Twitter) publican diariamente en la red (variable `posts_diarios`).

a) Calcular un intervalo de confianza de nivel 96 % para el número medio de posts que publican diariamente en la red los usuarios de X.

b) ¿Cuál es el error máximo de estimación?

Solución.

a) Se define la variable aleatoria $X =$ "Número de posts que publica al día un usuario de X".

Comenzaremos por cargar el dataset `rrss.xlsx` en R y, a continuación, filtraremos los datos para extraer un nuevo conjunto de datos (`RedX`) que contenga únicamente los jóvenes que usan la red X (variable `Plataforma`). Para ello, se utiliza en la consola la función `subset`:

```
> RedX <- subset(Dataset, subset=Plataforma=="X")
```

Tras el filtrado obtenemos el tamaño de la muestra:

```
> sum(!is.na(RedX$posts_diarios))
[1] 19
```

Por lo tanto, la muestra de usuarios de la red social X tiene un tamaño $n = 19$. Dado que la muestra es pequeña, necesitamos comprobar que la variable `posts_diarios` es aproximadamente normal antes de poder calcular el intervalo de confianza para la media. Para ello ejecutamos el test de normalidad de Shapiro–Wilk utilizando la función `normalityTest` (o desde la correspondiente opción de R Commander):

```
> normalityTest(~posts_diarios, test="shapiro.test",
    data=RedX)

        Shapiro-Wilk normality test

data:  posts_diarios
W = 0.90474, p-value = 0.05931
```

El $p-$valor obtenido es $0.05931 > \alpha = 0.04$, por lo que podemos asumir el comportamiento normal de la variable `posts_diarios` y, por tanto, es posible obtener el intervalo de confianza para la media de dicha variable. Para su cálculo ejecutamos el siguiente comando:

```
> t.test(RedX$posts_diarios, conf.level = 0.96)

        One Sample t-test

data:  RedX$posts_diarios
t = 8.945, df = 18, p-value = 0.00000004825
alternative hypothesis: true mean is not equal to 0
96 percent confidence interval:
 2.138739 3.545471
sample estimates:
mean of x
 2.842105
```

Por lo que $IC_{0.96}(\mu) = (2.14, 3.55)$. Con un nivel de confianza del 96 % afirmamos que el número medio de posts que publican diariamente los usuarios de la red social X está comprendido entre los 2.14 y los 3.55 posts.

Si se utiliza `TeachStat`, la opción **Intervalo de confianza para la media** nos abre un diálogo (véase Figura 7.12) en el que podemos indicar los valores de los diferentes parámetros para obtener el mismo intervalo de confianza.

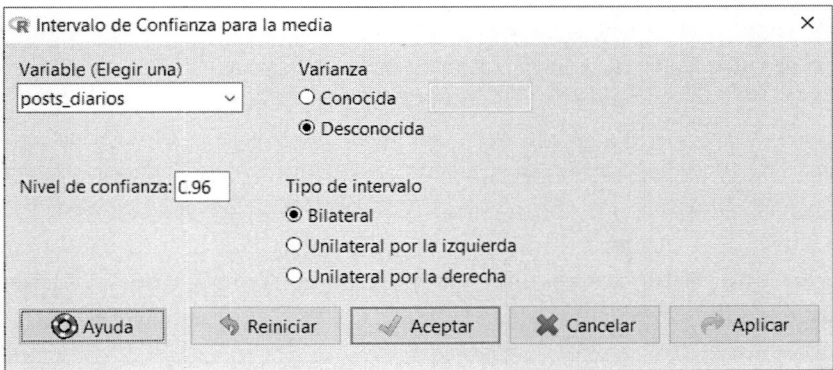

Figura 7.12: Diálogo para el cálculo de un intervalo de confianza para la media.

b) El error máximo de estimación es la semiamplitud del intervalo:

$$e = \frac{3.545471 - 2.138739}{2} = 0.703366$$

Como el punto medio del intervalo de confianza viene dado por el valor de la media muestral ($\bar{X}_n = 2.842105$), también se puede calcular como

$$e = 3.545471 - 2.842105 = 0.703366$$

7.3. Ejercicios propuestos

Ejercicio 7.1. El número de mensajes de spam que el director de una compañía recibe en su cuenta de correo electrónico en un día sigue una distribución de Poisson $\wp(\lambda)$, asumiendo que los mensajes llegan de manera aleatoria y con una tasa constante. Observando los últimos correos de spam recibidos, anota los tiempos transcurridos entre la llegada de cada uno de ellos y el siguiente, que han sido 10, 13, 9, 15 y 13 minutos. A partir de estos tiempos obtener una estimación del parámetro λ utilizando el método de los momentos.

Ejercicio 7.2. Sea $(X_1, \dots, X_n)$ una muestra aleatoria simple de una variable $X \sim Bi(10, p)$.

a) Obtener un estimador del parámetro p utilizando el método de los momentos.

b) Se toma una muestra aleatoria simple $(5, 8, 3, 4, 0)$ de la variable. ¿Cuál es el valor estimado de p a partir de la muestra?

Ejercicio 7.3. Un consorcio de compañías de seguros de ámbito nacional está interesado en saber qué proporción de conductores utilizan neumáticos *all seasons* y está diseñando un estudio orientado a determinar esta proporción. ¿Cuál es el número mínimo de conductores que necesitaría encuestar para tener una estimación de dicha proporción con un 95 % de confianza y un error muestral no mayor del 3 %? Justificar si es o no necesaria la corrección por población finita.

Ejercicio 7.4. La tasa de ahorro personal representa la proporción de la renta disponible que los hogares destinan al ahorro en lugar de al consumo. Se sabe que en 2023 la tasa de ahorro de los hogares españoles ascendía al 11.7 % de la renta disponible a finales de año[7] y para estimar su comportamiento durante 2024 se va a calcular un intervalo de confianza de nivel 95 % mediante una muestra suficientemente grande como para que el error de estimación no sea superior al 3 %. ¿Cuál es el número mínimo de familias que habrá que encuestar para tener una estimación de la tasa promedio de ahorro personal con las características mencionadas? Por el comportamiento reciente de la tasa se puede suponer que la varianza será como máximo del 23 %. Justificar si es o no necesaria la corrección por población finita.

Ejercicio 7.5. La hoja `Datos` del fichero `redditIF.xlsx` contiene datos de una encuesta sobre independencia financiera realizada a una muestra aleatoria de ciudadanos de Estados Unidos. Utilizando estos datos se quiere estimar la proporción de ciudadanos de Estados Unidos que espera jubilarse con una pensión anual inferior a los USD 75 000. La variable numérica `retire_exp` contiene las respuestas a la pregunta *¿A cuánto espera usted que ascienda su pensión anual cuando se jubile?* y el valor viene dado en USD (dólares USA). A partir de estos datos, obtener un intervalo de confianza de nivel 95 % para la proporción de ciudadanos que espera jubilarse con una pensión inferior a los USD 75 000.

Ejercicio 7.6. Se desea estimar el consumo en ciudad de los vehículos de tracción delantera de los que dispone una compañía de alquiler de coches. Para ello se obtendrá un intervalo de confianza de nivel 98 % para el consumo

---

[7]https://www.caixabankresearch.com/es/economia-y-mercados/actividad-y-crecimiento/factores-han-impulsado-ahorro-hogares-espanoles

medio a partir de una muestra formada por los vehículos en ese momento disponibles en una de las oficinas de la compañía, que a efectos de dicha investigación puede considerarse aleatoria simple. La hoja `datos` del fichero `coches93.xlsx` contiene los datos de dicha muestra. La variable `traccion` tiene tres niveles: `delantera`, `trasera` y `4r` (cuatro ruedas), mientras que la variable `consumo` es numérica e indica el consumo del vehículo en ciudad en km por litro. Obtener un intervalo de confianza de nivel 98 % para el consumo medio en ciudad de los vehículos de tracción delantera de la compañía.

Ejercicio 7.7. El fichero `consumidores.xlsx` contiene información de una encuesta realizada a una muestra aleatoria de consumidores sobre el presupuesto que destinan mensualmente a productos de una marca específica. Utilizando estos datos, se quiere analizar la variabilidad en el gasto mensual (€) de los consumidores en dicha marca (variable `Gasto`). Obtener un intervalo de confianza del 99 % para la varianza del gasto mensual de los consumidores en la marca.

Ejercicio 7.8. Se quiere estimar el porcentaje de ciudadanos de Estados Unidos que vive en un hogar en el que una sola persona aporta ingresos, calculando para ello un intervalo de confianza de nivel 95 %. Para obtener los datos se pretende realizar una encuesta a una muestra aleatoria simple de ciudadanos.

- a) ¿Cuál es el mínimo número de ciudadanos que se debería encuestar para obtener un error muestral o de estimación no superior al 4 %?

- b) Justificar si para obtener esa cifra es o no necesaria la corrección por población finita.

- c) Finalmente se decide extraer los datos de la encuesta anual realizada por la red social Reddit[8]. La hoja `Datos` del fichero `redditIF.xlsx` contiene los datos de dicha encuesta. La variable `single_inc` se ha codificado como `S`(sí) / `N`(no) según si el encuestado vive o no en un hogar donde sólo una persona aporta ingresos. Obtener a partir de estos datos un intervalo de confianza de nivel 95 % para la proporción de ciudadanos de Estados Unidos en cuyo hogar hay una única persona que aporta ingresos.

---

[8]Encuesta FI 2020 de Reddit: https://www.reddit.com/r/financialindependence/

Ejercicio 7.9. El fichero `estudio.xlsx` contiene los datos de una encuesta realizada a una muestra aleatoria de estudiantes de una Facultad Universitaria sobre el tiempo semanal que dedican al estudio. Cada registro incluye la edad del estudiante (variable `Edad`) y el tiempo de estudio semanal en horas (variable `Tiempo`). Se desea estimar, mediante un intervalo de confianza de nivel 97 %, la variabilidad en el tiempo de estudio semanal de los estudiantes mayores de 25 años.

Ejercicio 7.10. La tabla `API` de la hoja de cálculo `API.xlsx` contiene datos de una muestra aleatoria simple de viviendas de varias ciudades europeas. A partir de esta muestra se desea estimar con un nivel de confianza del 97 % la proporción de viviendas de Barcelona que son de segunda mano.

a) ¿Cuál es el intervalo de confianza pedido?

b) ¿Se puede afirmar, a partir de la evidencia de la muestra, que en Barcelona hay más viviendas nuevas que de segunda mano? ¿Por qué?

Ejercicio 7.11. La hoja de cálculo `Laptop.xlsx` contiene los datos correspondientes a una muestra aleatoria simple de ordenadores portátiles extraída de diferentes catálogos comerciales, e incluyen la marca, modelo, precio y principales características de cada uno. A partir de esta muestra se desea estimar con un nivel de confianza de nivel 95 % el precio medio (variable `Price`, en euros) de los ordenadores portátiles que no tienen instalado el sistema operativo (variable `OpSys = 'No'`).

a) ¿Cuál es el intervalo de confianza pedido?

b) ¿Cuál es el precio estimado de los ordenadores portátiles que no tienen instalado el sistema operativo?

Ejercicio 7.12. Se quiere determinar la proporción de familias españolas que en el año 2022 percibieron una renta anual superior a 50 000 €, a partir de una encuesta realizada a una muestra aleatoria simple de ciudadanos. Los datos de la encuesta se encuentran recogidos en el documento `renta2022.xlsx`

Deducir un intervalo de confianza de nivel 92 % para la proporción de familias españolas que en 2022 percibieron una renta superior a 50 000 €. Explicar, en el contexto del problema, el significado del intervalo de confianza obtenido.

Ejercicio 7.13. Una popular tienda de una gran superficie de Zaragoza va a hacer una encuesta por e-mail a sus clientes fidelizados (un fichero con 100 000 clientes de los que conoce su dirección de correo electrónico) para conocer algunos de sus datos personales y su preferencia en cuestión de marcas de ordenador. Entre otras cosas, la tienda quiere estimar la proporción de clientes fidelizados que prefieren los ordenadores de marca T a los de marca S, para lo cual va a construir un intervalo de confianza con un nivel del 95 % y con un error de muestreo no superior a 0.01, a partir de los datos de dicha encuesta. Si esta proporción es superior al 50 %, la tienda creará una nueva sección dedicada exclusivamente a la marca T, pero en caso contrario seguirá manteniendo ambas marcas en la misma sección, como hasta ahora.

a) Deducir razonadamente cuántas observaciones muestrales serán necesarias. Justificar si es necesaria o no la corrección por población finita.

b) Finalmente se decide enviar la encuesta a 10 000 clientes, de los que la mayoría responden. La hoja `Datos` del fichero `ordenadores.xlsx` contiene sus respuestas; la preferencia de los encuestados entre las marcas T y S está codificada en la variable `marca`. Calcular el intervalo de confianza pedido a partir de los resultados de la encuesta.

c) ¿Qué decisión tomará la tienda con respecto a la nueva sección?

Ejercicio 7.14. El fichero `autobuses.xlsx` contiene un censo de todas las paradas de los autobuses que efectúan el transporte regular de viajeros en Aragón[9]. Algunas paradas tienen marquesina (variable `marquesina=Si`), y esta puede ser de distintos tipos, que vienen indicados por la variable `cod_tipo` con los valores 1 a 5. Supongamos que desconocemos de qué tipo es cada marquesina y queremos estimar, a partir de una muestra, la proporción de marquesinas que son de tipo `Rural` (`cod_tipo=5`) de entre todas las paradas con marquesina de Aragón.

a) Si vamos a estimar la proporción de marquesinas que son de tipo `Rural` con un intervalo de confianza de nivel 90 % y no queremos un error mayor del 10 %, ¿cuál es el número mínimo de paradas con marquesina que debemos considerar en la muestra? Justificar si ha sido necesario o no aplicar la corrección por población finita en el cálculo anterior.

b) Calcular el intervalo de confianza pedido.

c) ¿Cuánto vale el error de estimación e del intervalo anterior?

[9]https://opendata.aragon.es/GA__OD__Core/download?resource_id=136&formato=xlsx

Ejercicio 7.15. El fichero `habitos.xlsx` recoge información de una encuesta aplicada a una muestra aleatoria de adultos en una ciudad. Cada registro contiene la ocupación principal (variable `Ocupacion`) y las horas de sueño nocturno promedio (variable `Sueño`). Estimar, con un nivel de confianza del 98 %, la variabilidad en las horas de sueño de los adultos de esta ciudad.

7.4. Preguntas teórico–prácticas

Pregunta 7.1. El *método de los momentos* sirve para:

a) Hallar el valor exacto de uno o más parámetros de una muestra.

b) Determinar el tamaño de una muestra.

c) Hallar el valor estimado de uno o más parámetros de una población.

d) Hallar el valor estimado de uno o más parámetros de una muestra.

Pregunta 7.2. A partir de una muestra de tamaño $n = 50$ de una variable X se calcula con `R Commander` un intervalo de confianza de nivel 98 % para la media μ de X. El intervalo obtenido es $(15, 35)$. ¿Cuál de las siguientes afirmaciones es cierta?

a) El intervalo $(12.27, 37.73)$ tiene un nivel de confianza mayor que 98 %, porque es más amplio.

b) Hay un 98 % de probabilidades de que la media muestral $\bar{X}_{50}$ esté entre 15 y 35.

c) Para poder calcular el intervalo de confianza la variable X tiene que ser normal.

d) Hay un 98 % de probabilidades de que la media poblacional μ esté entre 15 y 35.

Pregunta 7.3. El intervalo de confianza de nivel 95 % para la media de una variable, calculado con `R Commander`, es $IC_{0.95}(\mu) = (15, 35)$. ¿Cómo cambiaría este intervalo si se calculara con una muestra de mayor tamaño, al mismo nivel de confianza?

Pregunta 7.4. Uno de estos factores no afecta la amplitud de un intervalo de confianza para la media. ¿Cuál es?

a) El tamaño de la población.

b) La varianza de la población.

c) El nivel de confianza del intervalo.

d) El tamaño de la muestra.

Pregunta 7.5. A partir de una muestra aleatoria simple de una variable aleatoria X de media μ y desviación típica σ se obtiene el siguiente intervalo de confianza:

$$IC_{1-\alpha}(\mu) = \left(\bar{X}_{10} - t_{9,0.04} \frac{s_{1,10}}{\sqrt{10}}, \bar{X}_{10} + t_{9,0.04} \frac{s_{1,10}}{\sqrt{10}} \right)$$

Indica cuál de las siguientes afirmaciones es falsa y por qué.

a) Es un intervalo de confianza para μ.

b) $1 - \alpha = 0.96$.

c) X sigue una distribución normal.

d) El estadístico $T = \frac{\bar{X}_n - \mu}{s_{1,10}/\sqrt{10}}$ sigue una distribución t_9.

Pregunta 7.6. Sea X una variable aleatoria con μ desconocida. ¿Por qué razón calculamos un intervalo de confianza de nivel 95 % para estimar μ? Indica la respuesta correcta.

a) Porque el intervalo de confianza nos da información sobre el error de estimación.

b) Porque no tenemos presupuesto para un intervalo de confianza del 100 %.

c) Porque no tenemos datos suficientes para calcular un estimador puntual.

d) Porque la variable no es normal.

Pregunta 7.7. Indica si son verdaderas (V) o falsas (F) las siguientes afirmaciones sobre intervalos de confianza:

a) La distribución t de Student deriva de la distribución Gamma.

b) Un intervalo de confianza es más preciso cuanto mayor es el nivel de confianza.

c) Un intervalo de confianza se calcula para estimar un parámetro de una población.

d) Un intervalo de confianza se puede obtener por el método de los momentos.

Pregunta 7.8. De una muestra de 20 magdalenas caseras se obtiene que el intervalo de confianza de nivel 95% para el número medio de calorías es $(150, 350)$. ¿Cuál de las siguientes es la interpretación correcta de este intervalo?

a) Tenemos un 95% de seguridad de que para estimar el verdadero valor calórico medio necesitaremos una muestra de entre 150 y 350 magdalenas caseras.

b) Tenemos un 95% de seguridad de que examinando una muestra de 20 magdalenas caseras encontraremos un promedio de 250 kcal por magdalena.

c) Si tomamos una muestra grande de magdalenas caseras, el 95% de ellas tendrán entre 150 y 350 calorías.

d) Tenemos un 95% de confianza en que el verdadero valor calórico medio de las magdalenas caseras está entre 150 y 350.

Pregunta 7.9. La línea continua de la figura representa:

a) Un intervalo de confianza de nivel 95% para la media poblacional.

b) Un intervalo de confianza de nivel 95% para la media muestral.

c) Un intervalo de confianza de nivel 90% para la media poblacional.

d) Un intervalo de confianza de nivel 90% para la media muestral.

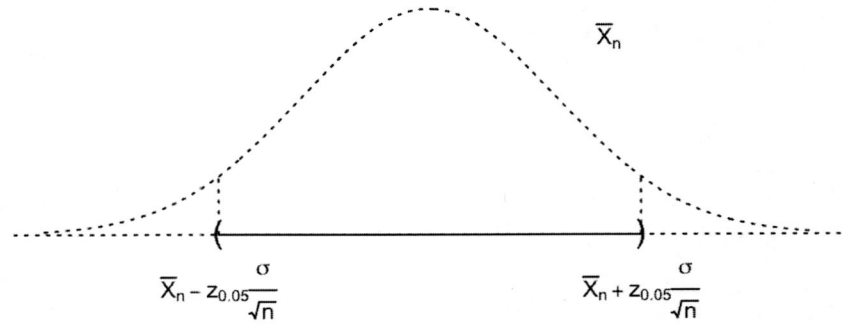

Pregunta 7.10. La línea continua de la figura representa:

a) Un intervalo de confianza de nivel 95 % para la proporción poblacional.

b) Un intervalo de confianza de nivel 95 % para la proporción muestral.

c) Un intervalo de confianza de nivel 90 % para la proporción poblacional.

d) Un intervalo de confianza de nivel 90 % para la proporción muestral.

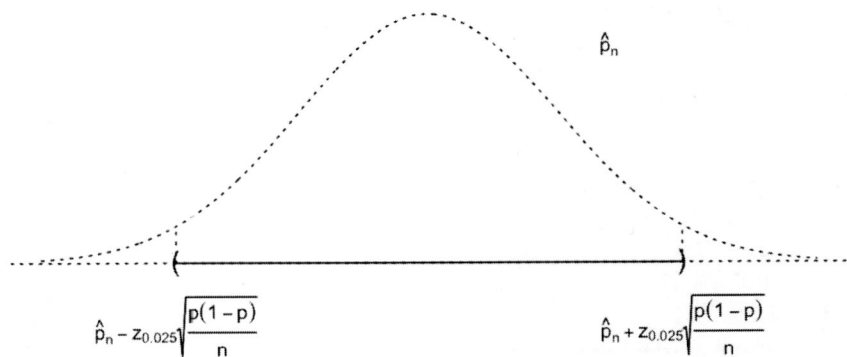

Pregunta 7.11. La línea continua de la figura representa:

a) Un intervalo de confianza de nivel 95 % para la varianza poblacional.

b) Un intervalo de confianza de nivel 95 % para la media poblacional.

c) Un intervalo de confianza de nivel 90 % para la varianza poblacional.

d) Un intervalo de confianza de nivel 90 % para la media poblacional.

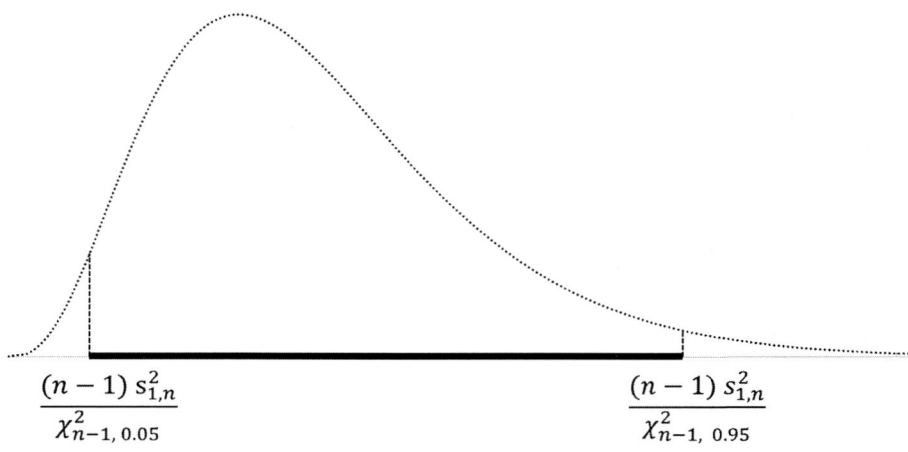

$$\dfrac{(n-1)\, s_{1,n}^2}{\chi_{n-1,\,0.05}^2} \qquad\qquad \dfrac{(n-1)\, s_{1,n}^2}{\chi_{n-1,\,0.95}^2}$$

Pregunta 7.12. La línea continua de la figura representa:

a) Un intervalo de confianza de nivel 95 % para la media poblacional.
b) Un intervalo de confianza de nivel 95 % para la varianza poblacional.
c) Un intervalo de confianza de nivel 90 % para la media poblacional.
d) Un intervalo de confianza de nivel 90 % para la varianza poblacional.

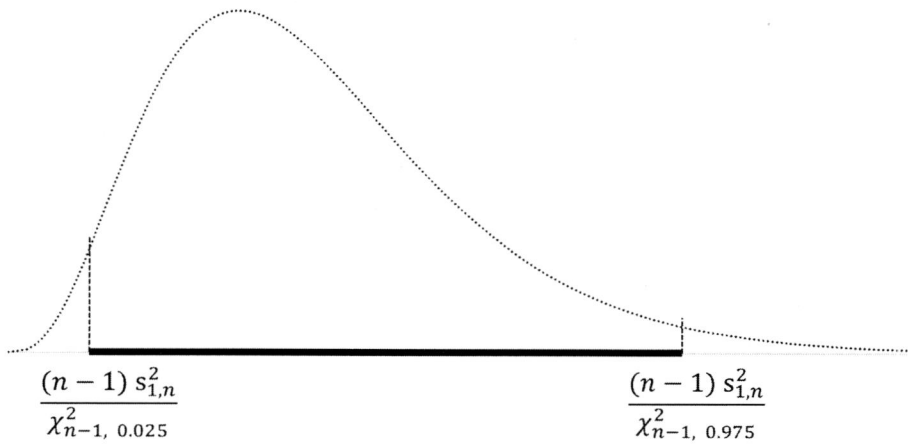

$$\dfrac{(n-1)\, s_{1,n}^2}{\chi_{n-1,\,0.025}^2} \qquad\qquad \dfrac{(n-1)\, s_{1,n}^2}{\chi_{n-1,\,0.975}^2}$$

Pregunta 7.13. La línea continua de la figura representa:

a) Un intervalo de confianza de nivel 95 % para la media poblacional cuando la varianza es conocida.

b) Un intervalo de confianza de nivel 95 % para la media poblacional cuando la varianza es desconocida.

c) Un intervalo de confianza de nivel 90 % para la media poblacional cuando la varianza es conocida.

d) Un intervalo de confianza de nivel 90 % para la media poblacional cuando la varianza es desconocida.

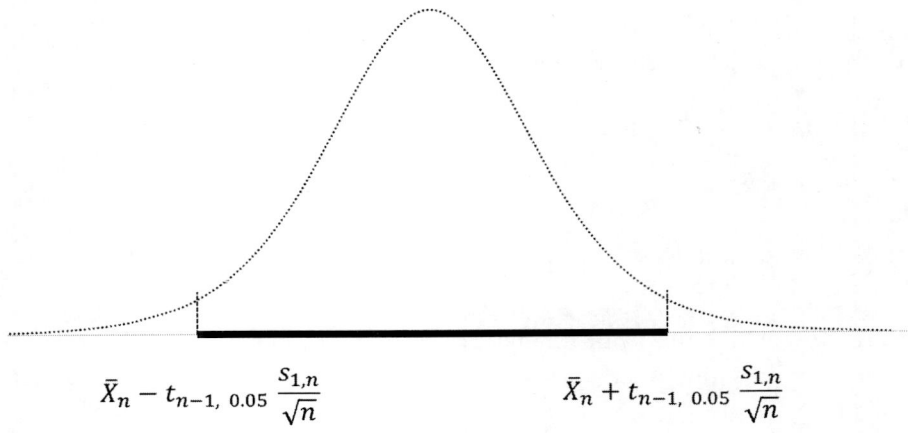

$$\bar{X}_n - t_{n-1,\ 0.05}\ \frac{s_{1,n}}{\sqrt{n}} \qquad\qquad \bar{X}_n + t_{n-1,\ 0.05}\ \frac{s_{1,n}}{\sqrt{n}}$$

Pregunta 7.14. Se desea estudiar la salud dental de los escolares aragoneses. Sea la variable $X =$ "Un escolar presenta caries en sus dientes definitivos $(1 = \text{Sí}/0 = \text{No})$". Se toma una muestra aleatoria de estos escolares y se ha calculado con TeachStat el intervalo de confianza para la proporción, obteniéndose la siguiente salida:

```
Intervalo de Confianza para una proporción
- - - - - - - - - - - - - - - - - - - - - - - - - - -
Tipo de intervalo: Bilateral
Nivel de confianza: 95%
Variable: CARIES[SI vs. NO ]-> Nº éxitos = 62 - Nº intentos = 215
Estimador muestral: proportion 0.2883721
Intervalo: (0.2278196 , 0.3489246)
```

Indica para cada una de las siguientes afirmaciones si es verdadera (V) o falsa (F):

a) $X \sim Be(0.2883721)$.

b) La muestra es de tamaño 215.

c) $P(0.22781965 < p < 0.3489246) = 0.05$.

d) La estimación puntual es $\hat{p}_n = 0.2883721$.

Pregunta 7.15. Sean $\hat{\theta}_1$ y $\hat{\theta}_2$ dos estimadores de θ. Podemos decir que θ_2 es más eficiente que θ_1 cuando:

a) $\hat{\theta}_2$ tiene menos sesgo que $\hat{\theta}_1$.

b) $\text{ECM}_\theta(\hat{\theta}_2) < \text{ECM}_\theta(\hat{\theta}_1)$.

c) $\text{E}[\hat{\theta}_2] < \text{E}[\hat{\theta}_1]$.

d) Ambos estimadores son insesgados y $\text{Var}(\hat{\theta}_2) < \text{Var}(\hat{\theta}_1)$.

Pregunta 7.16. Sea $\hat{\theta}$ un estimador de un parámetro θ del que sabemos que $\text{E}_\theta(\hat{\theta}) = 3\theta$ y que $\text{Var}_\theta(\hat{\theta}) = \frac{\theta^2}{3n}$. ¿Cuál de estas afirmaciones es cierta?

a) $\hat{\theta}$ es insesgado.

b) $\hat{\theta}$ es eficiente.

c) $\hat{\theta}$ es consistente.

d) $\hat{\theta}$ es sesgado.

Pregunta 7.17. Sea $(X_1, \ldots, X_n)$ una muestra aleatoria simple de una variable aleatoria $X \sim \wp(\lambda)$. Cuando decimos que $\bar{X}_n$ es un estimador insesgado de λ queremos decir que:

a) $E[\bar{X}_n] = \lambda$.

b) $E[\bar{X}_n] = 1/\lambda$.

c) $\lim\limits_{n \to +\infty} E[\bar{X}_n] = 0$.

d) $Var[\bar{X}_n] = \lambda$.

Pregunta 7.18. Una empresa fabricante de cacao encarga una encuesta para conocer las características de sus consumidores. Sea la variable $X =$ "Edad en años de los consumidores de cacao *El Paladar*". Se toma una muestra aleatoria de estos consumidores y se calcula con R el intervalo de confianza para la media, obteniendo el resultado siguiente:

```
One Sample t-test
data:  Edad
t = 121.52, df = 1539, p-value < 2.2e-16
alternative hypothesis: true mean is not equal to 0
95 percent confidence interval:
41.09590 42.44436
sample estimates:
mean of x
41.77013
```

Indica para cada una de las siguientes afirmaciones si es verdadera (V) o falsa (F):

a) $P(41.09590 < \mu < 42.44436) = 0.05$.

b) $P(41.09590 < X < 42.44436) = 0.05$.

c) El estadístico S_n sigue aproximadamente una distribución normal.

d) La muestra es de tamaño 1539.

Pregunta 7.19. A partir de una muestra aleatoria simple de tamaño 55 de una variable aleatoria X de media μ y desviación típica σ conocida se obtiene el siguiente intervalo de confianza:

$$IC_{1-\alpha}(\mu) = \left(\bar{X}_{55} - z_{0.01} \frac{\sigma}{\sqrt{55}}, \bar{X}_{55} + z_{0.01} \frac{\sigma}{\sqrt{55}} \right)$$

Indica cuál de las siguientes afirmaciones es falsa y por qué:

a) Es un intervalo de confianza para μ.

b) $1 - \alpha = 0.98$.

c) El intervalo de confianza se puede aproximar por

$$IC_{1-\alpha}(\mu) = \left(\bar{X}_{55} - t_{54,0.01} \frac{\sigma}{\sqrt{55}}, \bar{X}_{55} + t_{54,0.01} \frac{\sigma}{\sqrt{55}} \right)$$

d) El margen de error es $e = z_{0.98} \frac{\sigma}{\sqrt{55}}$.

Pregunta 7.20. Se construye un intervalo de confianza del 95 % para la media de horas trabajadas por semana de todos los empleados de una empresa tecnológica, utilizando los resultados de una encuesta realizada a 50 empleados elegidos aleatoriamente. El intervalo obtenido es $(38, 42)$ horas. ¿Qué significa este resultado?

a) El 95 % de los empleados de la muestra trabajan entre 38 y 42 horas por semana.

b) El 95 % de todos los empleados de la empresa tecnológica trabajan entre 38 y 42 horas por semana.

c) La probabilidad de que la media de horas trabajadas por semana de todos los empleados de la empresa tecnológica se encuentre en el intervalo de 38 a 42 horas es del 95 %.

d) Tenemos un 95 % de confianza en que la media de horas trabajadas por semana de los todos los empleados de la empresa tecnológica se encuentra en el intervalo de 38 a 42 horas.

7.5. Soluciones

7.5.1. Soluciones a los ejercicios propuestos

Ejercicio 7.1. Sea $X =$ "Tiempo transcurrido entre la llegada de dos correos de spam consecutivos (días)". Como la frecuencia de llegada de los correos sigue una distribución de Poisson $\wp(\lambda)$, la distribución de probabilidad de X será $X \sim \text{Exp}(\lambda)$. A partir de la muestra se calcula el tiempo promedio que transcurre entre la llegada de dos correos spam consecutivos, que en minutos es $\frac{10+13+9+15+13}{5} = 12$ minutos o, lo que es lo mismo, $\frac{12}{24 \times 60} = \frac{1}{120}$ días. Por el método de los momentos, será $\frac{1}{120} = \frac{1}{\lambda}$, luego $\hat{\lambda} = 120$.

Ejercicio 7.2.

a) El método de los momentos establece que $\bar{X}_n = \mu$. Como $X \sim Bi(10, p)$, $\mu = 10p$ y entonces $\bar{X}_n = 10p$, de donde $\hat{p}_n = \frac{\bar{X}_n}{10}$.

b) $\bar{X}_5 = 4$, por lo que $\hat{p}_5 = \frac{4}{10} = 0.4$.

Ejercicio 7.3. Sea la variable $X =$ "Un conductor utiliza neumáticos *all seasons* (1=Sí / 0=No)". $X \sim Be(p)$ con p desconocida.

$1 - \alpha = 0.95 \Rightarrow \alpha = 0.05 \Rightarrow \alpha/2 = 0.025 \Rightarrow z_{\alpha/2} = 1.96$. $e = 0.03$. Al no tener una estimación mejor, nos ponemos en el peor caso y tomamos $p = 0.5$ ($\sigma^2 = 0.25$), por lo que

$$n = \frac{z_{\alpha/2}^2 p(1-p)}{e^2} = \frac{1.96^2 \times 0.25}{0.03^2} = 1067.11 \approx 1068$$

La expresión se basa en el Teorema Central del Límite y es aceptable por ser $n > 30$. Aunque no se sabe el número total de conductores en el ámbito del estudio, se puede suponer que es un número elevado al tratarse de un estudio a nivel nacional y por lo tanto no sería necesaria la corrección por población finita.

Ejercicio 7.4. Sea la variable $X =$ "Tasa de ahorro personal de una familia (%)".

$1 - \alpha = 0.95 \Rightarrow \alpha = 0.05 \Rightarrow \alpha/2 = 0.025 \Rightarrow z_{\alpha/2} = 1.96$. $e = 0.03$. $\sigma^2 \leq 0.23$.

$$n = \frac{z_{\alpha/2}^2 \sigma^2}{e^2} = \frac{1.96^2 \times 0.23}{0.03^2} = 981.74 \approx 982$$

La expresión se basa en el Teorema Central del Límite y es aceptable por ser $n > 30$. Aunque no se sabe el número total de familias que componen la población objeto de estudio, se puede suponer que es un número elevado al tratarse de un estudio a nivel nacional y por lo tanto no sería necesaria la corrección por población finita.

Ejercicio 7.5. Consideremos la variable $X =$ "Un ciudadano espera jubilarse con una pensión inferior a los USD 75 000 (1 = Sí/0 = No)". $X \sim Be(p)$, siendo p el parámetro que se desea estimar.

Se va a calcular un intervalo de confianza para la proporción, para lo que se necesita una muestra grande. Obtenemos el tamaño muestral: $n = 1998$, suficiente para calcular el intervalo de confianza para la proporción.

Como la variable es numérica, es preciso recodificarla para que tenga dos niveles: A (pensión esperada < USD 75 000) y B (pensión esperada ≥ USD 75 000). Por último, se calcula el intervalo buscado, que es $IC_{0.95}(p) = (0.6343, 0.6760)$.

Ejercicio 7.6. Definamos la variable $X =$ "Consumo en ciudad de un vehículo de tracción delantera (km por litro)". Se trata de un intervalo de confianza para la media μ.

En primer lugar, es necesario filtrar el dataset para seleccionar la muestra de vehículos, que son los de tracción delantera. Se obtiene una muestra de tamaño $n = 43$ coches.

Como la muestra es grande no es necesario verificar que la variable es normal. El intervalo de confianza obtenido es $IC_{0.98} = (9.18, 11.31)$ km/l.

Ejercicio 7.7. Se define la variable aleatoria $X =$ "Gasto mensual de un consumidor €". Se quiere estimar el parámetro σ^2. Se va a calcular un intervalo de confianza para la a varianza, por lo que se requiere que la variable sea normal. Comprobamos la normalidad de la variable `Gasto` mediante el test de Lilliefors, ya que el tamaño de la muestra es grande ($n = 299$). Se obtiene un $p-$valor $= 0.9584 > 0.01$, se puede admitir un comportamiento normal de la variable `Gasto` y, por lo tanto, procederemos a construir el intervalo de confianza: $IC_{0.99}(\sigma^2) = (635.78, 970.49)$.

Ejercicio 7.8.

a) Sea la variable $X =$ "Un ciudadano vive en un hogar donde una única persona aporta ingresos (1 = Sí/0 = No)". $X \sim Be(p)$, siendo p el parámetro que se desea estimar.

$1 - \alpha = 0.95 \Rightarrow \alpha = 0.05 \Rightarrow \alpha/2 = 0.025 \Rightarrow z_{\alpha/2} = 1.96.\ e = 0.04.$

Al no tener una estimación mejor, tomaremos $p = 0.5$ $(\sigma^2 = 0.25)$.

$$n = \frac{z_{\alpha/2}^2 p(1-p)}{e^2} = \frac{1.96^2 \times 0.25}{0.04^2} = 600.25 \approx 601$$

La expresión se basa en el Teorema Central del Límite y es aceptable por ser $n > 30$.

b) Como se trata de un estudio a nivel nacional la población es muy elevada y por lo tanto no sería necesaria la corrección por población finita.

c) Se va a calcular un intervalo de confianza para la proporción, para lo que se necesita una muestra grande. Obtenemos el tamaño muestral: $n = 1998$, suficiente para calcular el intervalo de confianza para la proporción. Por último, se calcula el intervalo buscado, que es $IC_{0.95}(p) = (0.5569, 0.6002)$.

Ejercicio 7.9. Se define la variable aleatoria $X =$ "Tiempo de estudio semanal, en horas, de un estudiante mayor de 25 años". Se quiere estimar el parámetro σ^2.

Es necesario filtrar el dataset para seleccionar a los estudiantes mayores de 25 años (25 años cumplidos, es decir, `Edad >= 25`). Se obtiene una muestra de tamaño $n = 309$. Para calcular el intervalo de confianza para la varianza se requiere que la variable sea normal. Comprobamos la normalidad de la variable `Tiempo` mediante el test de Lilliefors, ya que el tamaño de la muestra es grande (> 50). Se obtiene un $p-\text{valor} = 0.5277 > 0.05$, por lo que se puede admitir un comportamiento normal de la variable `Tiempo` y, por lo tanto, procederemos a construir el intervalo de confianza: $IC_{0.97}(\sigma^2) = (61.35, 87.09)$.

Ejercicio 7.10.

a) Definamos la variable $X =$ "Una vivienda de Barcelona es de segunda mano $(1 = Si/0 = No)$". $X \sim Be(p)$, siendo p el parámetro a estimar.

En primer lugar, es necesario filtrar el dataset para seleccionar la muestra de viviendas que son de Barcelona. Se obtiene una muestra de tamaño $n = 3271$ viviendas. Se va a calcular un intervalo de confianza para la proporción, para lo que se necesita una muestra grande. En este caso, la muestra es suficientemente grande por lo que se calcula el intervalo buscado, que es $IC_{0.97}(p) = (0.4827, 0.5207)$.

b) No, para ese nivel de confianza, la proporción real de viviendas de segunda mano podría ser superior al 50 %.

Ejercicio 7.11. Sea $X =$ "Precio de un ordenador portátil que no tiene instalado el sistema operativo ($€$)". Se quiere estimar el parámetro μ.

Previamente hemos de seleccionar solamente los datos que corresponden a ordenadores que se venden sin el sistema operativo instalado, para lo que aplicaremos el filtro `OpSys == 'No'` (obtenemos una muestra de tamaño $n = 66$).

a) $IC_{0.95}(\mu) = (519.84, 656.11)$

b) $587.97 \, €$.

Ejercicio 7.12.

a) $X =$ "Una familia percibió en 2022 una renta superior a $50\,000\,€$. ($1 =$ Sí/$0 =$ No)". $X \sim Be(p)$, siendo p el parámetro cuyo valor se quiere estimar.

Para poder aplicar el resultado conocido del intervalo de confianza para una proporción, el requisito es que $n > 30$. En este caso se cumple, puesto que $n = 197$.

La variable `Renta` contiene el valor de la renta de cada familia (es numérica); es preciso recodificarla para que tenga dos niveles: A (renta $> 50\,000\,€$) y B (renta $\leq 50\,000\,€$).

A continuación se calcula el intervalo buscado, que es $IC_{0.92}(p) = (0.0854, 0.1684)$.

b) Entre el 8.54 % y el 16.84 % de las familias españolas percibieron en 2022 una renta superior a $50\,000\,€$, con un nivel de confianza del 92 %.

Ejercicio 7.13.

a) $X =$ "Un cliente prefiere la marca T a la marca S ($1 =$ Sí/$0 =$ No)". $X \sim Be(p)$, siendo p el parámetro cuyo valor se quiere estimar.

Tamaño muestral necesario para estimar p: $1 - \alpha = 0.95$, $\alpha = 0.05$, $\alpha/2 = 0.025$, $e = 0.01$. A falta de una estimación mejor tomaremos $p = 0.5$:

$$n \geq \frac{z_{\alpha/2}^2 p(1-p)}{e^2} = \frac{1.96^2 \times 0.25}{0.01^2} = 9603.65 \approx 9604$$

Como la población tiene un tamaño aproximado de $N = 100\,000$ habitantes, la muestra es grande en comparación con el tamaño de la población ($9604/100000 = 0.0960 = 9.60\,\% > 5\,\%$), por lo que es necesario hacer la corrección por población finita.

$$n \geq \frac{n_\infty}{1 + \frac{n_\infty}{N}} = \frac{9603.65}{1 + \frac{9603.65}{100000}} = 8762.16 \approx 8763$$

Como el resultado se basa en el Teorema Central del Límite, es válido para una muestra de tamaño $n > 30$, condición que se cumple en este caso.

b) Como la muestra es grande (> 30), se puede calcular $IC_{0.95}(p) = (0.3687, 0.3879)$.

c) Para el nivel de confianza dado, la proporción de clientes que prefieren la marca T es inferior al 50 % (todo el intervalo se encuentra por debajo del 50 %), por lo que la tienda decidirá no crear la nueva sección.

Ejercicio 7.14.

a) $X = $ "En una parada con marquesina, esta es de tipo Rural ($1 = $ Sí/$0 = $ No)". $X \sim Be(p)$, siendo p el parámetro cuyo valor se desea estimar. Determinación del tamaño muestral para estimar p: $1 - \alpha = 0.90, \alpha = 0.10, \alpha/2 = 0.05, e = 0.10$. A falta de una estimación mejor tomaremos $p = 0.5$.

$$n \geq \frac{z_{\alpha/2}^2 p(1-p)}{e^2} = \frac{1.65^2 \times 0.25}{0.10^2} = 67.64 \approx 68$$

b) Filtramos el fichero para extraer únicamente las paradas con marquesina, que son $N = 1438$. Como la muestra es pequeña en proporción a la población ($67.64/1438 \approx 4.70\,\% < 5\,\%$), no es necesaria la corrección por población finita.

c) Recodificamos la variable `cod_tipo` para que sea A si la marquesina es de tipo Rural `cod_tipo=5` y B en caso contrario.

Como la muestra es de tamaño $n > 30$, se puede aplicar el intervalo

$IC_{0.90}(p) = (0.0891, 0.1154)$.

d) $e = 0.1154 - 0.1022 = 0.0032$.

Ejercicio 7.15. Se define la variable aleatoria $X =$ "Tiempo de sueño nocturno, en horas, de un adulto". Se quiere estimar el parámetro σ^2.

Para calcular un intervalo de confianza para la varianza se requiere que la variable sea normal. Comprobamos la normalidad de la variable Sueño mediante el test de Lilliefors, ya que el tamaño de la muestra es grande ($n = 350$). Se obtiene un $p-$valor $= 0.06581 > 0.05$, por lo que se puede admitir un comportamiento normal de la variable Sueño y, por lo tanto, procederemos a construir el intervalo de confianza: $IC_{0.98}(\sigma^2) = (0.7699, 1.0956)$.

7.5.2. Soluciones a las preguntas teórico–prácticas

Pregunta 7.1. c)

Pregunta 7.2. a)

Pregunta 7.3. Disminuiría su amplitud.

Pregunta 7.4. a)

Pregunta 7.5. b)

Pregunta 7.6. a)

Pregunta 7.7. a) F b) F c) V d) F

Pregunta 7.8. d)

Pregunta 7.9. c)

Pregunta 7.10. a)

Pregunta 7.11. c)

Pregunta 7.12. b)

Pregunta 7.13. d)

Pregunta 7.14. a) F b) V c) F d) V

Pregunta 7.15. d)

Pregunta 7.16. d)

Pregunta 7.17. a)

Pregunta 7.18. a) F b) F c) V d) F

Pregunta 7.19. d)

Pregunta 7.20. d)

Capítulo 8

Contrastes de hipótesis paramétricas

8.1. Conceptos básicos

El **contraste de hipótesis** (o **test de hipótesis**) es un procedimiento estadístico que permite tomar decisiones basadas en datos muestrales respecto a una afirmación o hipótesis sobre una población. Este proceso implica comparar una hipótesis nula H_0 con una hipótesis alternativa H_1 y determinar cuál es más consistente con los datos observados.

8.1.1. Contrastes de hipótesis

Los elementos fundamentales de un contraste de hipótesis son:

1. **Hipótesis nula** (H_0): es la afirmación inicial que se somete a prueba. Normalmente representa el estado actual, ausencia de efecto o igualdad.

   Ejemplos: "La media poblacional es igual a 50 $(\mu = 50)$" o "La población sigue una distribución Normal".

2. **Hipótesis alternativa** (H_1): es la afirmación que contradice a H_0. Representa el efecto, diferencia o cambio que queremos detectar.

   Ejemplo: "La media poblacional no es igual a 50 $(\mu \neq 50)$" o "La población no sigue una distribución Normal".

3. **Nivel de significación** (α): es la probabilidad máxima de rechazar H_0 cuando en realidad es verdadera (error tipo I).

4. **Estadístico de prueba, de control o de discrepancia:** es una función de los datos muestrales que se calcula para evaluar la evidencia contra H_0. Al depender de la muestra, es aleatorio.

5. $p-$**valor:** probabilidad de obtener un resultado igual o más extremo que el observado en los datos, asumiendo que la hipótesis nula es cierta. Es una medida de la evidencia en contra de la hipótesis nula.

6. **Regla de decisión:** comparar el valor del estadístico con un umbral crítico (región de rechazo) o, equivalentemente, calcular el $p-$valor y compararlo con α.

El objetivo del contraste es determinar si los datos presentan evidencia suficiente que permita rechazar la hipótesis nula, o si, por el contrario, no es evidente que esta se pueda rechazar.

El investigador debe establecer las hipótesis y decidir el nivel de significación antes de analizar los datos de la muestra.

Dependiendo de si la hipótesis alternativa se plantea con un signo $<$, $>$ o $\neq$ se dice que el contraste es unilateral de la cola izquierda, unilateral de la cola derecha o bilateral, respectivamente.

- Ejemplos de contrastes de la cola izquierda: $H_0 : \mu \geq 5$ frente a $H_1 : \mu < 5$, $H_0 : \mu \geq 17$ frente a $H_1 : \mu < 17$.

- Ejemplos de contrastes de la cola derecha: $H_0 : \mu = 5$ frente a $H_1 : \mu > 5$, $H_0 : \mu \leq 17$ frente a $H_1 : \mu > 17$.

- Ejemplo de contraste bilateral: $H_0 : \mu = 5$ frente a $H_1 : \mu \neq 5$.

La región de las colas conteniendo el nivel de significación fijado se llama **región crítica**, mientras que la complementaria recibe el nombre de **región de aceptación** (Figura. 8.1). Si el valor del estadístico de discrepancia se encuentra en la región crítica se considera que la evidencia en contra de H_0 es suficiente para rechazar esta, mientras que si el valor del estadístico está en la región de aceptación se considera que la evidencia que muestran los datos no es suficiente para rechazarla.

El $p-$valor se calcula mediante la distribución de probabilidad del estadístico de discrepancia. Un $p-$valor muy pequeño indica que la compatibilidad de la hipótesis nula con el valor muestral observado es baja y, por lo tanto, proporciona evidencia para rechazar la hipótesis nula.

La regla de decisión basada en el $p-$valor es:

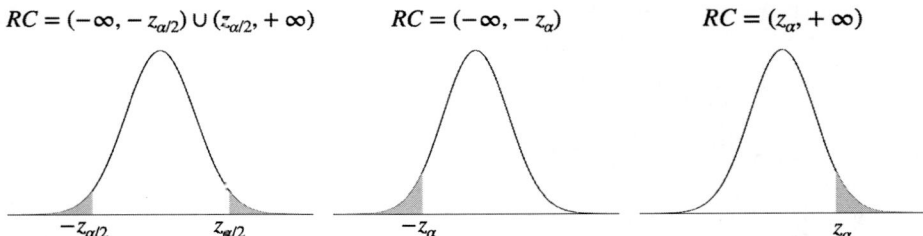

$RC = (-\infty, -z_{\alpha/2}) \cup (z_{\alpha/2}, +\infty)$ $RC = (-\infty, -z_{\alpha})$ $RC = (z_{\alpha}, +\infty)$

Figura 8.1: Regiones críticas de un contraste bilateral, unilateral de la cola izquierda y unilateral de la cola derecha, respectivamente.

- Si $p-$valor $> \alpha \Rightarrow$ no hay evidencia para rechazar H_0.

- Si $p-$valor $< \alpha \Rightarrow$ se acepta H_1.

Importante

El contraste de hipótesis pretende demostrar que los datos presentan evidencia de que H_1 es cierta. Un $p-$valor pequeño indica que hemos encontrado evidencia de que H_1 es cierta, y por eso decimos que **se acepta** H_1, mientras que un $p-$valor elevado indica que los datos no muestran evidencia de que H_1 sea cierta. Pero eso no significa que H_0 lo sea, sino que no hemos podido demostrar que no lo es. En ese caso afirmamos que **no se puede rechazar** H_0, pero no hemos demostrado que H_0 es cierta.

8.1.2. Tipos de errores

Al aplicar la regla de decisión puede cometerse uno de los siguientes errores (Tabla 8.1):

- **Error de tipo I**: si la hipótesis nula es cierta pero la regla de decisión nos lleva a afirmar que es falsa, es decir, si se rechaza H_0 siendo cierta.

- **Error de tipo II**: si la hipótesis nula es falsa pero la regla de decisión nos lleva a afirmar que no se puede rechazar, es decir, si se acepta H_0 siendo falsa.

El nivel de significación α es la probabilidad de cometer el error de tipo I. A la probabilidad de cometer el error de tipo II se la representa por β. La **potencia** del contraste es $pot = 1 - \beta$ y es una medida de la capacidad

243

Tabla 8.1: Diferentes situaciones en un contraste de hipótesis.

	Si H_0 es cierta	Si H_0 es falsa
Rechazar H_0	Error de tipo I	Decisión correcta
No rechazar H_0	Decisión correcta	Error de tipo II

del contraste para descubrir que la hipótesis alternativa es cierta, en caso de que lo sea.

El nivel de significación debe fijarse antes de recoger los datos de la muestra. El valor de α y β ha de elegirse pensando en la gravedad de las consecuencias de cometer alguno de ambos errores. Generalmente, el error de tipo I es el de consecuencias más graves y, por lo tanto, se fijan valores de α pequeños (0.05, 0.01 o 0.005).

8.1.3. Metodología del contraste de hipótesis

Resumiendo lo visto hasta ahora, un contraste de hipótesis debe elaborarse siguiendo seis pasos:

1. Identificar la afirmación cuya veracidad se quiere contrastar y formular las hipótesis nula y alternativa adecuadas.

2. Elegir el nivel de significación α apropiado.

3. Identificar el estadístico de contraste y su distribución en el muestreo.

4. Obtener el $p-$valor.

5. Tomar la decisión de rechazar o no rechazar la hipótesis nula.

6. Interpretar los resultados y extraer conclusiones sobre la veracidad de la hipótesis alternativa.

8.1.4. Contrastes de hipótesis paramétricas

Los contrastes de hipótesis paramétricas asumen que los datos provienen de una población de cuya distribución se desconoce el valor de uno o varios parámetros (μ, σ, p), siendo precisamente sobre este valor sobre el que se establecen las hipótesis a contrastar.

8.1.4.1. Ejemplos de contrastes paramétricos

1. Contraste bilateral para una media:

$$\begin{cases} H_0: & \mu = 40 \\ H_1: & \mu \neq 40 \end{cases}$$

2. Contraste bilateral para dos medias de dos poblaciones:

$$\begin{cases} H_0: & \mu_1 = \mu_2 \\ H_1: & \mu_1 \neq \mu_2 \end{cases}$$

3. Contraste de la cola izquierda para una proporción:

$$\begin{cases} H_0: & p \geq 0.27 \\ H_1: & p < 0.27 \end{cases}$$

4. Contraste de la cola derecha para dos varianzas:

$$\begin{cases} H_0: & \sigma_1^2 \leq \sigma_2^2 \\ H_1: & \sigma_1^2 > \sigma_2^2 \end{cases}$$

8.1.5. Aplicaciones

Ejemplo 1: Contraste para una media. Una empresa afirma que el salario promedio de sus empleados es de $50\,000\,€$ al año. Un auditor toma una muestra aleatoria de 25 empleados, obteniendo un salario promedio de $48\,500\,€$ con una desviación típica muestral de $5\,000\,€$. ¿Es razonable concluir que el salario promedio real es diferente de $50\,000\,€$?

Hipótesis:

$$\begin{cases} H_0: & \mu = 50000 \\ H_1: & \mu \neq 50000 \end{cases}$$

Ejemplo 2: Contraste para una proporción. Un banco afirma que el 70 % de sus clientes están satisfechos con su servicio. Para verificarlo, se encuestan 200 clientes, de los cuales 130 declaran estar satisfechos. ¿Se puede concluir que el nivel de satisfacción es menor al declarado por el banco?

Hipótesis:

$$\begin{cases} H_0: & p \geq 0.7 \\ H_1: & p < 0.7 \end{cases}$$

Ejemplo 3: Contraste para dos medias. Dos cadenas de supermercados compiten por ofrecer precios bajos. Un analista económico toma muestras de precios de 20 productos en cada cadena y obtiene las siguientes estadísticas:

- Cadena A: $\bar{X} = 10.5$, $s_X = 1.2$.

- Cadena B: $\bar{Y} = 11.0$, $s_Y = 1.0$.

¿Hay evidencia de que la Cadena A tenga precios significativamente más bajos que la Cadena B?

Hipótesis:

$$\begin{cases} H_0: & \mu_X \geq \mu_Y \\ H_1: & \mu_X < \mu_Y \end{cases}$$

Ejemplo 4: Contraste para una varianza. Un analista desea comparar la variabilidad de precios entre dos mercados financieros. Se obtienen las siguientes estadísticas:

- Mercado 1: $s_X^2 = 16$ (muestra de tamaño 25).

- Mercado 2: $s_Y^2 = 9$ (muestra de tamaño 30).

¿Se puede concluir que la varianza de precios en el Mercado 1 es significativamente mayor que en el Mercado 2?

Hipótesis:

$$\begin{cases} H_0: & \sigma_X^2 \leq \sigma_Y^2 \\ H_1: & \sigma_X^2 > \sigma_Y^2 \end{cases}$$

8.1.6. Contrastes más comunes para un parámetro de una variable

8.1.6.1. Contraste para la media de una población con varianza desconocida

Si ejecutamos un contraste para la media μ de una población X cuya varianza σ^2 es desconocida, se toma una muestra aleatoria de tamaño n de la población y se calcula su media $\bar{X}_n$. El contraste se hace con la distribución t de Student, asumiendo que la variable X es normal o que la muestra es suficientemente grande $n > 30$, y se usa el estadístico:

$$T = \frac{\bar{X}_n - \mu}{s_{1,n}} \sqrt{n} \sim t_{n-1}$$

La Tabla 8.2 resume el contraste de hipótesis para la media, destacando cómo las regiones críticas determinan el rechazo de la hipótesis nula H_0, dependiendo del tipo de hipótesis alternativa H_1 planteada:

- Contraste de la cola izquierda ($H_1 : \mu < \mu_0$): la región crítica está en la cola izquierda de la distribución t de Student. En este caso, se rechaza H_0 si el valor del estadístico T calculado es menor que el cuantil $-t_{n-1,\alpha}$, donde α es el nivel de significación y $n-1$ son los grados de libertad. La región crítica se define como el intervalo abierto $(-\infty, -t_{n-1,\alpha})$. Es decir, si el estadístico T se encuentra en este intervalo, se rechaza la hipótesis nula H_0.

- Contraste de la cola derecha ($H_1 : \mu > \mu_0$): la región crítica se sitúa en la cola derecha y se expresa como $(t_{n-1,\alpha}, \infty)$. De nuevo, si el valor del estadístico T se encuentra dentro de este intervalo, se considera evidencia estadísticamente significativa contra H_0.

- Contraste bilateral ($H_1 : \mu \neq \mu_0$): la región crítica incluye ambas colas de la distribución. Se expresa como la unión de dos intervalos: $(-\infty, -t_{n-1,\alpha/2}) \cup (t_{n-1,\alpha/2}, \infty)$. En este caso, se rechaza H_0 si el estadístico T se encuentra en cualquiera de los dos intervalos.

8.1.6.2. Contraste para la proporción de una variable Bernoulli

Si ejecutamos un contraste para el parámetro p de una población $X \sim Be(p)$, se toma una muestra aleatoria de tamaño n de la población y se calcula la proporción muestral $\hat{p}_n$. El contraste se hace con la distribución normal estándar, asumiendo que la muestra es suficientemente grande $n > 30$, y se usa el estadístico (véase resumen del contraste en la Tabla 8.3):

$$Z = \frac{\hat{p}_n - p_0}{\sqrt{p_0(1 - p_0)}}\sqrt{n} \sim N(0,1)$$

8.1.6.3. Contraste para la varianza de una variable normal

Si ejecutamos un contraste para la varianza σ^2 de una población $X \sim N(\mu, \sigma)$, se toma una muestra aleatoria de tamaño n de la población y se calcula su cuasivarianza $s_{1,n}^2$. El contraste se hace con la distribución χ−cuadrado, y se usa el estadístico (resumen del contraste en la Tabla 8.4):

$$X^2 = \frac{(n-1)s_{1,n}^2}{\sigma_0^2} \sim \chi_{n-1}^2$$

Tabla 8.2: Contraste de hipótesis para la media

Condiciones	H_0	H_1	Región crítica	Estadístico
σ^2 desconocida $X \sim N(\mu,\sigma)$ o n grande	$\mu = \mu_0$ $\mu \geq \mu_0$	$\mu < \mu_0$	$(-\infty, -t_{n-1,\alpha})$	$T = \dfrac{\bar{X}_n - \mu_0}{S_{1,n}/\sqrt{n}}$
	$\mu = \mu_0$ $\mu \leq \mu_0$	$\mu > \mu_0$	$(t_{n-1,\alpha}, \infty)$	
	$\mu = \mu_0$	$\mu \neq \mu_0$	$(-\infty, -t_{n-1,\alpha/2}) \cup (t_{n-1,\alpha/2}, \infty)$	

Tabla 8.3: Contraste de hipótesis para la proporción

Condiciones	H_0	H_1	Región crítica	Estadístico
$X \sim Be(p)$ n grande	$p = p_0$ $p \geq p_0$	$p < p_0$	$(-\infty, -z_\alpha)$	$Z = \dfrac{\hat{p}_n - p_0}{\sqrt{p_0(1-p_0)/n}}$
	$p = p_0$ $p \leq p_0$	$p > p_0$	(z_α, ∞)	
	$p = p_0$	$p \neq p_0$	$(-\infty, -z_{\alpha/2}) \cup (z_{\alpha/2}, \infty)$	

Tabla 8.4: Contraste de hipótesis para la varianza

Condiciones	H_0	H_1	Región crítica	Estadístico
$X \sim N(\mu,\sigma)$	$\sigma = \sigma_0$ $\sigma \geq \sigma_0$	$\sigma < \sigma_0$	$(0, \chi^2_{n-1,1-\alpha})$	$X^2 = \dfrac{(n-1)S^2_{1,n}}{\sigma_0^2}$
	$\sigma = \sigma_0$ $\sigma \leq \sigma_0$	$\sigma > \sigma_0$	$(\chi^2_{n-1,\alpha}, \infty)$	
	$\sigma = \sigma_0$	$\sigma \neq \sigma_0$	$(0, \chi^2_{n-1,1-\alpha/2}) \cup (\chi^2_{n-1,\alpha/2}, \infty)$	

8.2. Ejemplos resueltos

Ejemplo 8.1

Una línea de producción de galletas funciona bajo control si produce menos de un 5 % de paquetes con peso inferior al especificado. Para verificar si el proceso sigue bajo control, se inspecciona una muestra aleatoria simple de 30 paquetes de galletas; si se encuentran más de tres paquetes con peso inferior al especificado, se considera que el proceso está "fuera de control".

a) Establecer las hipótesis nula y alternativa adecuadas para contrastar si la línea de producción se mantiene bajo control.

b) Calcular el nivel de significación del contraste.

c) Determinar la potencia del contraste si el proceso realmente produce un 10 % de paquetes con peso inferior al especificado.

Solución.

a) Sea la variable aleatoria $X =$ "Un paquete de galletas posee un peso inferior al especificado ($1 = $ Sí / $0 = $ No)". El contraste pedido es:

$$\begin{cases} H_0: & p \leq 0.05 \\ H_1: & p > 0.05 \end{cases}$$

b) Para efectuar el control de calidad se toma una muestra de tamaño $n = 30$ y se cuenta el número de paquetes de la muestra con peso inferior al especificado: el estadístico muestral en este caso es S_{30}. Como la muestra es aleatoria simple, $S_{30} \sim Bi(30, p)$. Tomamos $p = 0.05$ como valor límite en el caso en que el proceso esté bajo control y por lo tanto la hipótesis nula H_0 sea cierta.

La región crítica es $RC = [4, 30]$ ya que según nos indican el contraste se rechazará si aparecen en la muestra entre 4 y 30 paquetes con peso inferior al especificado. Por lo tanto, el nivel de significación es $\alpha = P(S_{30} > 3 | p = 0.05) = 0.06077 \approx 6.08\,\%$.

c) Suponiendo que la hipótesis nula fuera falsa y que realmente la proporción de paquetes que pesan menos de lo especificado fuera del 10 %, la potencia del contraste sería:

$$pot = 1 - \beta = 1 - P(S_{30} \leq 3 | p = 0.1) = 1 - 0.6474 = 0.3526 = 35.26\,\%.$$

Ejemplo 8.2

En una línea de ensamblaje, el tiempo entre dos defectos consecutivos en el proceso sigue una distribución exponencial con una media que, mientras el sistema está bajo control, no debe ser inferior a cinco minutos. Para verificar si el proceso sigue bajo control, se registra el número de defectos en la producción durante un periodo de tres horas. Si se registran 45 o más defectos, el proceso es considerado "fuera de control". Los defectos se producen de forma aleatoria e independientemente unos de otros.

a) Establecer las hipótesis nula y alternativa adecuadas para contrastar si el proceso se mantiene bajo control.

b) Calcular el nivel de significación del contraste.

c) Determinar la potencia del contraste suponiendo que el tiempo medio entre defectos ha disminuido a tres minutos.

d) ¿Qué significa, en este problema, cometer un error de tipo I?

Solución.

a) Si transcurren en promedio cinco minutos como mínimo entre dos defectos consecutivos, el número medio de defectos esperados en una hora es 12. Sea la variable X = "Número de defectos en la producción durante una hora". $X \sim \wp(12)$ y el contraste pedido es:

$$\begin{cases} H_0 : & \mu \leq 12 \\ H_1 : & \mu > 12 \end{cases}$$

b) Para efectuar el control de calidad se cuenta el número de defectos que aparecen en un periodo de tres horas. El estadístico muestral en este caso es S_3. Como los defectos se producen de forma independiente unos de otros se puede considerar que la muestra observada es aleatoria simple y entonces $S_3 \sim \wp(36)$ bajo el supuesto de que el proceso está bajo control (hipótesis nula).

La región crítica es $RC = [45, +\infty)$ y por lo tanto el nivel de significación es $\alpha = P(S_3 \geq 45 | S_3 \sim \wp(36)) = 0.08187 \approx 8.19\,\%$.

c) Suponiendo que la hipótesis nula fuera falsa y que realmente el tiempo medio entre defectos hubiera disminuido a tres minutos, el número medio de defectos por hora sería 20 y la potencia del contraste sería

$$pot = 1 - \beta = 1 - P(S_3 < 45 | S_3 \sim \wp(60) = 1 - 0.01897 =$$
$$= 0.9810 = 98.10\,\%.$$

d) Un error de tipo I se comete cuando la hipótesis nula es cierta pero la regla de decisión nos lleva a rechazarla. En el contexto del problema, el error de tipo I sería afirmar que el proceso está fuera de control cuando realmente no lo estuviera.

Ejemplo 8.3

Un estudio de la Agencia de Protección Ambiental de EE. UU.[a] recogió datos de las emisiones de CO_2 de los vehículos de transporte por carretera durante el año 2008. Cinco años antes, el nivel de emisiones de CO_2 de los vehículos con motor de 2 y 3 cilindros era de 360 gramos por milla, en promedio, pero de acuerdo con las últimas regulaciones medioambientales, esta cantidad debería haber disminuido. Se quiere comprobar este supuesto a partir de los datos de una muestra extraída del estudio mencionado anteriormente, que se encuentran en la hoja `Datos` del fichero `emisiones.xlsx`. Las emisiones de cada vehículo durante 2008 en gramos por milla (gpm) están recogidas en la variable `co2TailpipeGpm`, y el número de cilindros del motor en la variable `cilindros`.

a) Plantear y resolver el contraste adecuado para confirmar con un nivel de significación del 5 % la hipótesis de que el nivel medio de emisiones de CO_2 en 2008 por los vehículos con motor de 2 y 3 cilindros es inferior a 360 gramos por milla.

b) ¿En qué consiste, en este caso concreto, el error de tipo II?

c) Calcular la región crítica del contraste para el nivel de significación dado en a).

---

[a]https://www.epa.gov/greeningepa/national-vehicle-and-fuel-emissions-laboratory-nvfel

Solución.

a) Sea la variable X = "Nivel de emisiones de CO_2 en 2008 de un vehículo con motor de 2 y 3 cilindros (gpm)". Se quiere verificar la hipótesis de que este nivel de emisiones en 2008 había disminuido, en promedio, con respecto al valor de cinco años antes, que era 360 gpm.

Por lo tanto podemos plantear el contraste:

$$\begin{cases} H_0: & \mu \geq 360 \\ H_1: & \mu < 360 \end{cases}$$

A diferencia de los ejercicios anteriores, aquí no se indica cuál es el estadístico de prueba ni cuál es la región crítica, por lo que recurriremos a los contrastes comunes, en los que estos datos están ya estandarizados. En este caso, al tratarse de un contraste sobre la media, recurriremos al test de la t.

Comenzaremos por cargar el dataset en R por alguno de los procedimientos que vimos en la Sección 2.1.

A continuación filtraremos los datos para extraer únicamente los correspondientes a la muestra, que son los vehículos de 2 y 3 cilindros. El comando de R que necesitamos para ello es:

```
> emisiones_23 <- subset(emisiones, subset=cilindros == 2 |
    cilindros == 3)
```

Podemos obtener el tamaño de la muestra mediante el comando:

```
> sum(!is.na(emisiones_23$co2TailpipeGpm))
[1] 9
```

Dado que la muestra es pequeña, necesitamos comprobar que la variable `co2TailpipeGpm` es aproximadamente normal antes de aplicar el test de la t. Para ello ejecutamos el test de normalidad de Shapiro–Wilk utilizando la función `normalityTest()` (disponible si se ha instalado la librería `RcmdrMisc` incluida en R Commander):

```
> normalityTest(~co2TailpipeGpm, test="shapiro.test",
    data=emisiones_23)
        Shapiro-Wilk normality test

data:  co2TailpipeGpm
```

```
W = 0.83532, p-value = 0.05122
```

El p−valor obtenido es $0.05122 > \alpha = 0.05$, por lo que podemos asumir el comportamiento normal de la variable y proceder con el test de la t. Para aplicarlo a la variable `co2TailpipeGpm` ejecutamos el comando[1]:

```
> t.test(emisiones_23$co2TailpipeGpm, alternative = "less",
    mu = 360)

        One Sample t-test

data:  emisiones_23$co2TailpipeGpm
t = -0.2293, df = 8, p-value = 0.4122
alternative hypothesis: true mean is less than 360
95 percent confidence interval:
    -Inf 423.6578
sample estimates:
mean of x
 351.0465
```

obteniendo un p−valor $= 0.4122 > \alpha = 0.05$, por lo que no hay evidencia suficiente para rechazar la hipótesis nula con un nivel de significación del 5 %.

No podemos concluir que el nivel medio de emisiones de CO_2 durante 2008 de los vehículos de 2 y 3 cilindros disminuyó con respecto al valor de 360 gpm medido cinco años antes.

Si utilizamos la opción **Contraste de hipótesis para la media** de `TeachStat`, aparece el correspondiente diálogo (véase Figura 8.2) en el que se introducen los valores de los parámetros referentes al contraste.

Al utilizar `TeachStat` la salida es diferente aunque, evidentemente, obtenemos el mismo resultado para el contraste: p−valor $= 0.4122$:

```
> Contraste de Hipótesis para la media con varianza
    desconocida
- - - - - - - - - - - - - - - - - - - - - - - - - - - - - - -
Variable: co2TailpipeGpm
Distribución: t con 8 grados de libertad
Valor del estadístico de contraste: -0.2292963
p-valor: 0.4122
```

---

[1]La opción **Estadísticos** → **Medias** → **Test t para una muestra** de R Commander abre un diálogo en el que podemos especificar los parámetros de la función `t.test`.

```
Hipótesis alternativa: Media poblacional es menor que 360
Estimador muestral: mean of x 351.0465
```

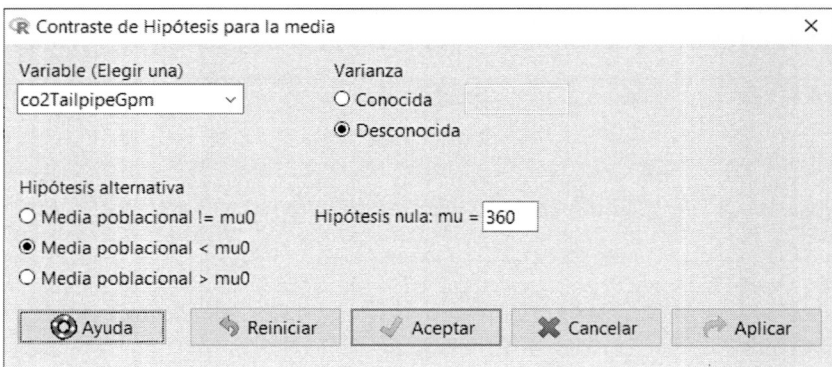

Figura 8.2: Diálogo para aplicar el test de la t para una muestra a la variable co2TailpipeGpm.

b) El error de tipo II consiste, en el contexto de este problema, en concluir que el nivel medio de emisiones en 2008 no fue inferior a 360 gpm si en realidad sí lo hubiera sido.

c) La distribución del estadístico de contraste es t_8, y al ser un test de la cola izquierda la región crítica será RC $= (-\infty, -t_{8,0.05}) = (-\infty, -1.8595)$.

Ejemplo 8.4

Se dispone de una muestra aleatoria simple de automóviles de distintos países europeos. Las principales características técnicas de cada automóvil, así como su precio, nacionalidad y año de fabricación, se han recogido en la tabla Coches de la hoja de cálculo coches.xlsx. El peso medio de estos vehículos se estima en 2 700 kg, aunque se cree que en el año 2009 la tendencia era que los coches fueran bastante más pesados que en la actualidad. Se quiere verificar la hipótesis de que el peso de los vehículos fabricados en 2009 (variable fecha) era mayor de 2 700 kg (variable peso).

a) Plantear y resolver un contraste para verificar esta hipótesis a partir de la muestra, con un nivel de significación del 5 %.

b) Calcular la región crítica del contraste anterior.

Solución.

a) Sea $X =$ "Peso de un vehículo fabricado en 2009 (kg)". Se quiere verificar la hipótesis de que el peso de los coches fabricados en 2009 era, en promedio, mayor de 2 700 kg.

Por lo tanto podemos plantear el contraste:

$$\begin{cases} H_0: & \mu \leq 2700 \\ H_1: & \mu > 2700 \end{cases}$$

En este caso tampoco nos indican con qué estadístico hemos de efectuar el contraste ni con qué valores de dicho estadístico aceptar o rechazar la hipótesis planteada, por lo que recurriremos al test de la t.

Comenzaremos por cargar el dataset en R y a continuación filtraremos los datos para extraer únicamente los correspondientes a la muestra, que son los vehículos fabricados en 2009. El comando de R que necesitamos para ello es:

```
> coches_2009 <- subset(coches, subset=fecha== 2009)
```

Podemos obtener el tamaño de la muestra mediante el comando:

```
> sum(!is.na(coches_2009$peso))
[1] 29
```

Como la muestra es pequeña, $n = 29$, debemos verificar previamente que la variable `peso` es normal para poder aplicar el test de la t. Para ello realizaremos el test de normalidad de Shapiro–Wilk mediante la función `normalityTest`:

```
> normalityTest(~peso, test="shapiro.test", data=coches_2009)

        Shapiro-Wilk normality test

data:  peso
W = 0.93919, p-value = 0.09546
```

Se obtiene un $p-$valor $= 0.09546$. Para un nivel de significación del 5 % se puede considerar que la variable es normal.

Aplicamos pues el test de la t para una muestra a la variable `peso`:

```
> t.test(coches_2009$peso, alternative = "greater", mu = 2700)

        One Sample t-test

data:  peso
t = 2.5587, df = 28, p-value = 0.008101
alternative hypothesis: true mean is greater than 2700
95 percent confidence interval:
 2819.095        Inf
sample estimates:
mean of x
 3055.345
```

Se obtiene un $p-$valor $= 0.0081$, por lo que hay evidencia suficiente para rechazar la hipótesis nula con un nivel de significación del 5 %. Podemos concluir que el peso medio de los vehículos fabricados en 2009 era superior a 2 700 kg.

Si se utiliza la opción **Contraste de hipótesis para la media** de TeachStat, se puede apreciar en la Figura 8.3 el diálogo con los valores de los diferentes parámetros.

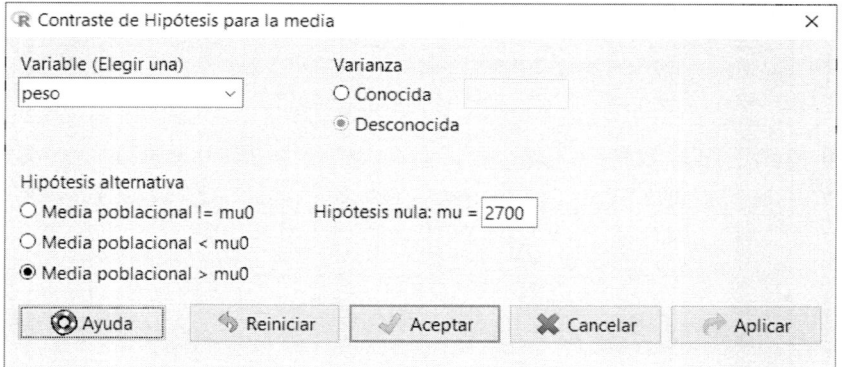

Figura 8.3: Diálogo para aplicar el test de la t para una muestra a la variable peso.

b) El estadístico del contraste sigue una distribución t_{28}. Como es un contraste de la cola derecha y el nivel de significación es 5 %, la región crítica será $RC = (t_{28,0.05}, +\infty) = (1.7011, +\infty)$.

Ejemplo 8.5

La hoja `Datos` del fichero `redditIF.xlsx` contiene datos de una encuesta sobre independencia financiera realizada a una muestra aleatoria de ciudadanos de Estados Unidos. Una de las hipótesis previas que manejan los investigadores es que más de la mitad de los ciudadanos de Estados Unidos espera jubilarse con una pensión anual inferior a los USD 75 000. La variable numérica `retire_exp` contiene las respuestas a la pregunta *¿A cuánto espera usted que ascienda su pensión anual cuando se jubile?* y el valor viene dado en USD (dólares USA).

a) A partir de los datos de la encuesta, plantear y resolver el contraste adecuado para verificar la hipótesis previa anterior. ¿Cuál es la conclusión para un nivel de significación del 5 %?

b) ¿En qué consiste, en este contexto, cometer un error de tipo II?

c) Calcular la región crítica del contraste planteado en a) para un nivel de significación del 1 %.

Solución.

a) Sea la variable $X =$ "Un ciudadano espera jubilarse con una pensión inferior a los USD 75 000 (1 = Sí/0 = No)". La variable sigue una distribución de Bernoulli, $X \sim Be(p)$.

Se desea contrastar la hipótesis de que la proporción p es superior al 50 % y por lo tanto se trata de un contraste de proporciones para una muestra, que podemos plantear de la siguiente manera:

$$\begin{cases} H_0: & p \leq 0.5 \\ H_1: & p > 0.5 \end{cases}$$

Comenzaremos por cargar el fichero con los datos de la muestra. Como la variable `retire_exp` es numérica, es preciso recodificarla para que tenga dos niveles: A (pensión esperada < USD 75 000) y B (pensión esperada ≥ USD 75 000). Lo haremos mediante el siguiente comando:

```
> redditIF$retire_75 <- Recode(redditIF$retire_exp,
    '75000:hi="B"; else = "A"', as.factor=TRUE)
```

donde la nueva variable se ha denotado como `retire_75`.

Se puede emplear la interfaz gráfica de R Commander para recodificar la variable. En tal caso, nos encontramos con el diálogo mostrado en la Figura 8.4.

Para aplicar el contraste de proporciones, se necesita una muestra suficientemente grande. Podemos calcular el tamaño muestral empleando la función summary:

```
> summary(redditIF$retire_75)
   A    B
1309  689
```

La muestra es de tamaño $n = 1998$, suficiente para aplicar el contraste basado en el test de la z.

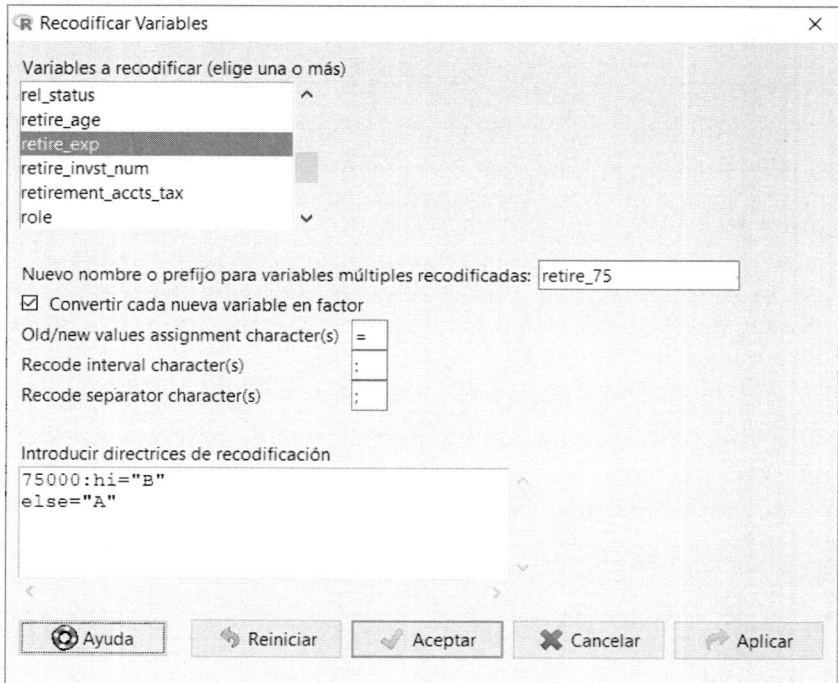

Figura 8.4: Diálogo para recodificar la variable retire_exp.

Ni R base ni R Commander disponen de una opción para realizar dicho contraste. Como se indicó en el capítulo anterior, ofrecen la función prop.test que realiza un contraste para la proporción que emplea un estadístico diferente al visto en este libro.

Para aplicar el contraste de hipótesis clásico para una proporción, podemos aplicar directamente las expresiones analíticas, calculando el valor del estadístico y su $p-$valor correspondiente. El estadístico viene dado por:

$$Z = \frac{\hat{p}_n - p_0}{\sqrt{p_0(1 - p_0)/n}}$$

y podemos calcularlos con las siguientes líneas:

```
> n = 1998
> pn = 1039 / 1998
> p0 = 0.5
> Z = (pn - p0) / sqrt(p0 * (1-p0) / n)
> Z
[1] 13.87056
> p.valor = pnorm(Z, 0, 1, lower.tail = FALSE)
> p.valor
[1] 4.776505e-44
```

Como el estadístico Z sigue una distribución $N(0,1)$ y se trata de un contraste de cola derecha, el $p-$valor viene dado por $P(Z > 1.7897) \approx$ 0, por lo que $p-$valor $< \alpha$ y rechazamos la hipótesis nula. Se puede concluir que hay evidencia suficiente de que más de la mitad de los ciudadanos de Estados Unidos espera jubilarse con una pensión inferior a los USD 75 000.

Si tenemos cargado el paquete TeachStat, podemos emplear la función Cprop.test, que realiza directamente los cálculos del contraste clásico para una proporción:

```
> Cprop.test(1309, 1998, p.null=0.5, alternative="greater")

        Classical One Sample Proportion test

data:
z = 13.871, nx = 1998.0, null probability = 0.5, p-value <
    2.2e-16
alternative hypothesis: true proportion is greater than 0.5
95 percent confidence interval:
 0.6376642 1.0000000
sample estimates:
proportion
 0.6551552
```

Finalmente, podemos emplear la opción **Contraste de hipótesis para una proporción** de `TeachStat`, que nos permite especificar mediante la interfaz gráfica mostrada en la Figura 8.5 los valores necesarios para aplicar el contraste.

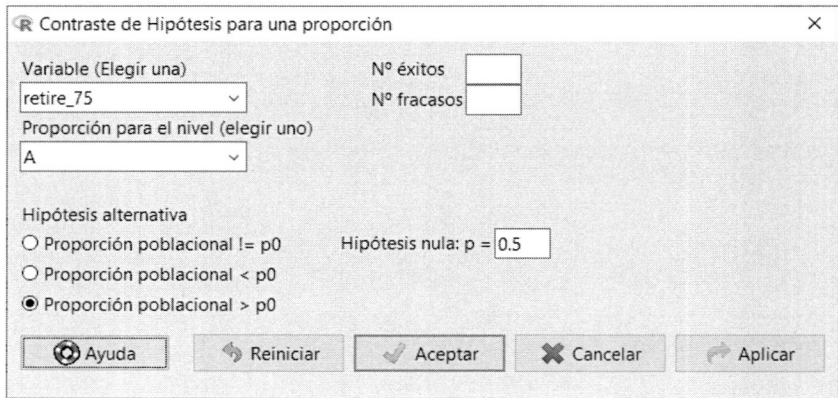

Figura 8.5: Diálogo para aplicar el test de proporciones para una muestra a la variable `retire_75`.

Lo que da lugar a la siguiente salida:

```
Contraste de Hipótesis para una proporción
- - - - - - - - - - - - - - - - - - - - - - -
Nº éxitos: retire_75 [A vs. B ] --> Nº éxitos =   1309  -- Nº
    intentos = 1998
Distribución: Normal(0,1)
Valor del estadístico de contraste: 13.87056
p-valor: < 2.22e-16 ***
Hipótesis alternativa: Proporción poblacional es mayor que 0.5
Estimador muestral: proportion 0.6551552
```

cuyos resultados, evidentemente, coinciden con los obtenidos anteriormente.

b) El error de tipo II consiste en concluir que no más de la mitad de los ciudadanos de los Estados Unidos espera jubilarse con una pensión inferior a los USD 75 000 cuando realmente dicha proporción es superior al 50 %.

c) Como es un contraste de la cola derecha, la región crítica será $RC = (z_{0.01}, +\infty) = (2.3263, +\infty)$.

Ejemplo 8.6

Se quiere comprobar si la desviación típica del salario anual de los empleados de una comarca es inferior a 10 000 €, para lo cual se van a utilizar los datos de una muestra de empleados de dicha comarca a los que se preguntó, entre otras cosas, a cuánto asciende su salario anual. Los datos de la muestra están en la hoja de cálculo `plantilla.xlsx`. Plantea y resuelve el problema mediante un contraste de hipótesis de nivel de significación $\alpha = 5\%$ y responde a las siguientes preguntas:

a) ¿Se puede concluir que la desviación típica del salario anual de los trabajadores es inferior a 10 000 €?

b) ¿Cuál sería la región crítica del contraste anterior para un nivel de significación del 2 %?

c) ¿En qué consiste el error de tipo I en este problema?

Solución.

a) Sea la variable $X =$ "Salario anual de un empleado de la comarca". Se desea contrastar la hipótesis de que la desviación típica de dicho salario es inferior a 10 000 €. Lo podemos plantear de la siguiente manera:

$$\begin{cases} H_0 : & \sigma \geq 10000 \\ H_1 : & \sigma < 10000 \end{cases}$$

Este contraste requiere que la variable sea normal. Para decidir qué test de normalidad aplicamos, tenemos que calcular, una vez cargados los datos, el tamaño de la muestra:

```
> sum(!is.na(Plantilla$Salario.Anual))
[1] 1000
```

Como el tamaño de la muestra es grande, comprobamos la normalidad de la variable mediante el test de Lilliefors:

```
> normalityTest(~Salario.Anual, test="lillie.test",
    data=Plantilla)
        Lilliefors (Kolmogorov-Smirnov) normality test

data:  Salario.Anual
```

```
D = 0.021037, p-value = 0.3502
```

Dado que se obtiene un $p-$valor $= 0.3502 > \alpha = 0.02$, se puede admitir un comportamiento normal de la variable `Salario.Anual` y, por lo tanto, procederemos a ejecutar el test de la varianza. Para ello, utilizaremos la opción **Contraste de hipótesis para la varianza** del paquete `TeachStat`.

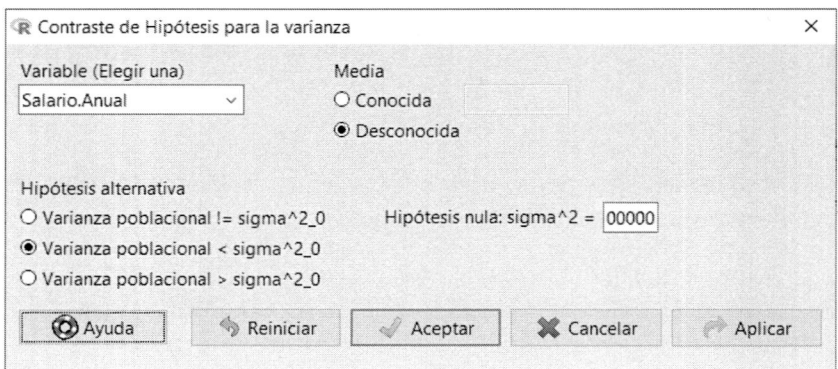

Figura 8.6: Diálogo para aplicar el contraste de la varianza.

La Figura 8.6 muestra el diálogo con los valores necesarios para aplicar el test de la varianza en `TeachStat`. Es importante recordar que este diálogo pide el valor de la varianza, por lo que en la celda correspondiente habremos de escribir el valor de $\sigma_0^2 = 100\,000\,000$. La salida obtenida es la siguiente:

```
Contraste de Hipótesis para la varianza con media desconocida
- - - - - - - - - - - - - - - - - - - - - - - - - - - - - - - - -
Variable: Salario.Anual
Distribución: X-squared con 999 grados de libertad
Valor del estadístico de contraste: 992.382
p-valor: 0.44691
Hipótesis alternativa: Varianza poblacional es menor que
     100000000
Estimador muestral: var of Plantilla$Salario.Anual 99337534
```

Se obtiene un $p-$valor $= 0.4469 > \alpha = 0.02$ por lo que no hay evidencia suficiente para afirmar que la varianza del salario anual de los trabajadores de la comarca es inferior a $10\,000\,\text{€}$.

En lugar de emplear la interfaz gráfica de `TeachStat`, podríamos haber empleado, desde la consola, la función `VUM.test` contenida en dicho paquete:

```
> VUM.test(Plantilla$Salario.Anual, alternative="less",
    sigma=10000)

        One sample Chi-squared test for variance with unknown
    population mean

data:  Dataset$Salario.Anual
X-squared = 992.38, df = 999, p-value = 0.4469
alternative hypothesis: true variance is less than 100000000
95 percent confidence interval:
        0 107095683
sample estimates:
var of Dataset$Salario.Anual
                99337534
```

Se puede apreciar que, con un formato diferente de la salida, proporciona los mismos resultados.

En este ejercicio, al tratarse de un contrastes de hipótesis de la varianza, hemos empleado el paquete `TeachStat` debido a que R base no dispone de ninguna función para trabajar con estos contrastes.

Si queremos trabajar exclusivamente con `R`, utilizaremos la expresión analítica del test: calcularemos el estadístico $X = \frac{(n-1)s_{1,n}^2}{\sigma_0^2}$ y obtendremos el $p-$valor como la probabilidad que deja este valor en la cola de la distribución χ_{n-1}^2, en este caso en la cola izquierda:

```
> n = sum(!is.na(Plantilla$Salario.Anual))   # n = 1000
> s2 = var(Plantilla$ Salario.Anual)          # s2 = 99337534
> sigma0 = 10000
> X = (n - 1) * s2 / sigma0^2
> X
[1] 992.382
> p.valor = pchisq(X, n-1)
> p.valor
[1] 0.4469138
```

b) Al ser un test de la cola izquierda, la región crítica será:

$$RC = [0, \chi_{999,0.98}^2) = [0, 909.36)$$

c) El error de tipo I consistiría en afirmar que la desviación típica del salario anual es inferior a 10 000 euros cuando en realidad no es así.

Ejemplo 8.7

La tabla `Muestra` de la hoja de cálculo `MercadoInmobiliario.xlsx` contiene datos de una muestra aleatoria simple de viviendas a la venta en la ciudad de Teruel. Se quiere comprobar si la muestra presenta evidencias de que la proporción de viviendas a la venta en Teruel que tienen calefacción central es superior al 40 %. Plantea y resuelve el problema mediante un contraste de hipótesis de nivel de significación $\alpha = 5\%$. ¿Se puede concluir que la proporción de viviendas a la venta en Teruel que tienen calefacción central es superior al 40 %? Calcula la región crítica del contraste.

Solución. Sea la variable aleatoria $X =$ "Una vivienda a la venta en Teruel tiene calefacción central (1=Sí/0=No)". $X \sim Be(p)$.

Se trata de comprobar si $p > 0.40$. Planteamos el contraste:

$$\begin{cases} H_0: & p \leq 0.40 \\ H_1: & p > 0.40 \end{cases}$$

Comencemos calculando su tamaño mediante el comando:

```
> summary(MercadoInmobiliario$Calefaccion_central)
 No  Si
638 362
```

La muestra es suficientemente grande ($n = 1000 > 30$) como para poder aplicar el test de proporciones para una muestra. Por lo tanto, podemos proceder al contraste utilizando el comando:

```
> Cprop.test(362, 1000, p.null=0.4, alternative="greater")

        Classical One Sample Proportion test

data:
z = -2.4529, nx = 1000.0, null probability = 0.4, p-value = 0.9929
alternative hypothesis: true proportion is greater than 0.4
95 percent confidence interval:
 0.3370028 1.0000000
sample estimates:
```

```
proportion
    0.362
```

El $p-$valor es muy alto, lo que indica que no hay evidencias para rechazar la hipótesis nula y, en consecuencia, no se puede afirmar que la proporción de viviendas a la venta en Teruel con calefacción central es superior al 40 %.

Si se utiliza `TeachStat`, se puede apreciar en la Figura 8.7 el diálogo necesario para aplicar el test de proporciones a la variable `Calefaccion_central`.

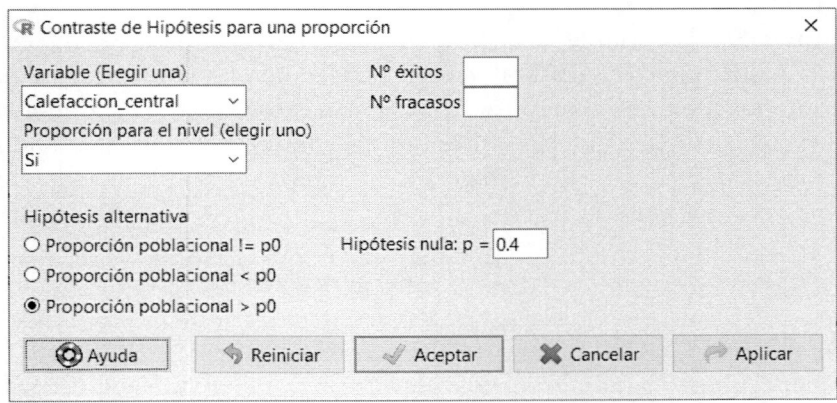

Figura 8.7: Diálogo para aplicar el contraste de proporciones.

El estadístico del contraste es $Z = \frac{\hat{p}_n - p_0}{\sqrt{p_0(1-p_0)}}\sqrt{n} \approx N(0,1)$. Como es un contraste de la cola derecha y el nivel de significación es 5 %, la región crítica será $RC = (z_{0.05}, +\infty) = (1.6449, +\infty)$.

Ejemplo 8.8

Una planta de embolsado de patatas chip usa máquinas para embolsarlas a medida que se mueven a lo largo de una cinta transportadora. Aunque los paquetes están etiquetados como de 50 gramos, la compañía ajusta las cinco máquinas que posee de manera que los paquetes contengan en promedio 58.21 gramos, para que prácticamente ninguno de los paquetes contenga menos de 50 gramos. Periódicamente, con el fin de controlar si el proceso está funcionando correctamente o debe detenerse para realizar algún ajuste, se selecciona una muestra de unos 20 paquetes de cada máquina y se detiene el proceso de embolsado de una máquina si hay evidencia de que la cantidad promedio embolsada por esa máquina es diferente de 58.21 gramos.

En uno de estos procesos de control se han obtenido los datos contenidos en la hoja `chips.xlsx`.
Con un nivel de significación del 5 %, ¿proporciona la muestra evidencia suficiente de que la máquina D no está funcionando correctamente? Responde razonadamente a la pregunta efectuando un contraste de hipótesis y calcula la región crítica del contraste.

Solución. Sea la variable $X = $ "Peso de un paquete de patatas chip embolsado por la máquina D (gr)". Interesa controlar que el peso de los paquetes no sea inferior a 58.21 gr, para que los clientes no se sientan estafados, pero tampoco superior para que la empresa no pierda dinero vendiendo paquetes de un peso superior a lo que valen. Por lo tanto, se trata de plantear un contraste bilateral para la media:

$$\begin{cases} H_0: & \mu = 58.21 \\ H_1: & \mu \neq 58.21 \end{cases}$$

Comenzaremos cargando la hoja de datos y a continuación filtraremos los datos para seleccionar la muestra, que son los paquetes embolsados por la máquina D:

```
> chips_D <- subset(chips, subset=Maquina=="D")
```

A continuación obtenemos el tamaño de la muestra con el comando:

```
> sum(!is.na(chips_D$Peso))
[1] 20
```

Dado que la muestra es pequeña, para ejecutar el test de la t necesitamos comprobar primero que la variable `Peso` sigue un comportamiento razonablemente normal. Para ello ejecutamos el test de normalidad de Shapiro–Wilk:

```
> normalityTest(~Peso, test="shapiro.test", data=chips_D)

        Shapiro-Wilk normality test

data:  Peso
W = 0.90707, p-value = 0.05606
```

Dado que el $p-$valor es superior al 5 % podemos asumir la normalidad de la variable y podemos realizar el contraste de la t para la media[2]:

```
> t.test(chips_D$Peso, alternative = "two.sided", mu = 58.21)

        One Sample t-test

data:  chips_D$Peso
t = 0.1932, df = 19, p-value = 0.8489
alternative hypothesis: true mean is not equal to 58.21
95 percent confidence interval:
 56.41044 60.37556
sample estimates:
mean of x
   58.393
```

Dado que se obtiene un $p-$valor $= 0.8489 > \alpha = 0.05$, concluimos que no se puede rechazar la hipótesis nula y, por lo tanto, no hay evidencias de que el peso de los paquetes embolsados por la máquina D sea diferente al establecido por la compañía.

Si se utiliza la opción **Contraste de hipótesis para la media** de `TeachStat`, se puede apreciar en la Figura 8.8 el diálogo necesario para aplicar el test de la t a la variable `Peso`.

Figura 8.8: Diálogo para aplicar el test de la t a la variable `Peso`.

Al tratarse de un test bilateral, la región crítica estará repartida en las dos colas de la distribución, luego $RC = (-\infty, -t_{19,0.025}) \cup (t_{19,0.025}, +\infty) = (-\infty, -2.093) \cup (2.093, +\infty)$.

---

[2]Recordamos que este contraste también se puede realizar, de forma gráfica, desde la correspondiente opción de `R Commander`.

Ejemplo 8.9

Una planta fabrica bloques de plástico utilizando cuatro máquinas diferentes. Periódicamente, con el fin de controlar si el proceso está funcionando correctamente o debe detenerse para realizar algún ajuste, se selecciona una muestra de unos 50 bloques de cada máquina y se detiene el proceso de fabricación de una máquina si hay evidencia de que la varianza en el grosor de los bloques excede el valor de 81 mm^2.

En uno de estos procesos de control se han obtenido los datos contenidos en la hoja `sheets.xlsx`.

a) Con un nivel de significación del 5 %, ¿proporciona la muestra evidencia suficiente de que la máquina C no está funcionando correctamente? Responde razonadamente a la pregunta efectuando un contraste de hipótesis.

b) ¿Cuál es la región crítica del contraste anterior?

c) ¿En qué consiste el error de tipo II en este problema?

Solución.

a) Consideremos la variable $X =$ "Grosor de un bloque de plástico (mm)". Se quiere efectuar un contraste sobre la varianza σ^2, que podemos plantear de la siguiente manera:

$$\begin{cases} H_0 : & \sigma^2 \leq 81 \\ H_1 : & \sigma^2 > 81 \end{cases}$$

Comenzaremos cargando los datos y a continuación seleccionaremos la muestra filtrando el fichero de datos, para extraer los registros correspondientes a la máquina C:

```
> sheets_C <- subset(sheets, subset=Maquina=="C")
```

Obtenemos el tamaño de la muestra con el comando:

```
> sum(!is.na(sheets_C$Grosor))
[1] 52
```

El test de la varianza requiere que la variable `Grosor` sea normal. Aplicamos el test de Lilliefors:

```
> normalityTest(~Grosor, test="lillie.test", data=sheets_C)

        Lilliefors (Kolmogorov-Smirnov) normality test

data:  Grosor
D = 0.079079, p-value = 0.5757
```

Podemos comprobar que, al ser el $p-$valor $= 0.5757 > 0.05$, el comportamiento de la variable `Grosor` se asemeja suficientemente al de una variable normal. Por lo tanto podemos proceder al test de la varianza.

Si se utiliza la interfaz gráfica de `TeachStat`[3], se puede apreciar en la Figura 8.9 el diálogo con los valores necesarios para aplicar el test de la varianza, obteniendo el resultado:

```
Contraste de Hipótesis para la varianza con media desconocida
- - - - - - - - - - - - - - - - - - - - - - - - - - - - - - - - - - - - - - - -
      -
Variable: Grosor
Distribución: X-squared con 51 grados de libertad
Valor del estadístico de contraste: 56.2849
p-valor: 0.28375
Hipótesis alternativa: Varianza poblacional es mayor que 81
Estimador muestral: var of Dataset$Grosor 89.39367
```

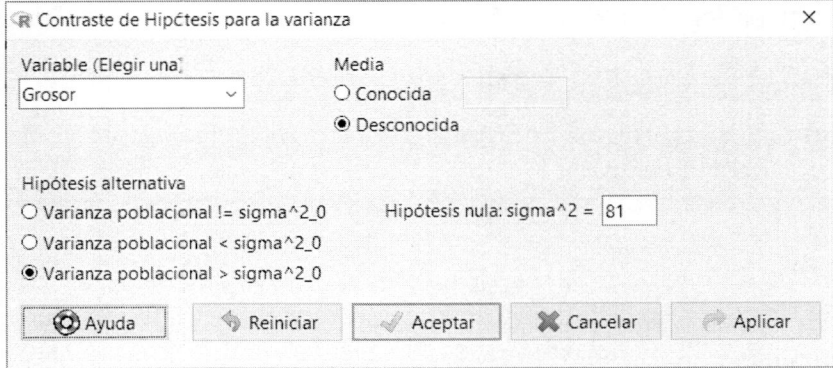

Figura 8.9: Diálogo para aplicar el contraste de la varianza.

---

[3]También se podría emplear directamente, desde consola, la función `VUM.test`.

Se obtiene un $p-\text{valor} = 0.2837 > \alpha = 0.05$, por lo que no se puede rechazar la hipótesis nula, concluyendo que la varianza en el grosor de los bloques fabricados por la máquina C no excede el valor de la tolerancia establecida y, por lo tanto, su funcionamiento es correcto.

b) Al ser un test de la cola derecha, la región crítica será:

$$RC = (\chi^2_{50,0.05}, +\infty) = (67.50, +\infty)$$

c) El error de tipo II consistiría en afirmar que la varianza no supera el máximo permitido de 81 mm^2 en el caso en que realmente sí lo superara.

Ejemplo 8.10

Una empresa de fabricación de componentes electrónicos produce resistencias con un valor nominal de 100 ohmios (Ω). El departamento de control de calidad ha establecido que la desviación típica aceptable en la resistencia debe ser de 6 ohmios para garantizar la calidad del producto. Recientemente, se ha implementado una nueva técnica de producción y se desea evaluar si esta ha afectado a la consistencia de las resistencias producidas. Para ello, se selecciona una muestra aleatoria de resistencias fabricadas con la nueva técnica. Los valores medidos se anotan en la variable rho del fichero resistencias.xlsx.

a) Plantear y resolver el contraste adecuado para comprobar con un nivel de significación del 5 % si la nueva técnica de producción ha alterado la desviación típica de las resistencias producidas.

b) ¿En qué consiste, en este caso concreto, el error de tipo I?

c) Calcular la región crítica del contraste para el nivel de significación dado en a).

Solución.

a) La variable aleatoria se define como $X =$ "Valor de una resistencia (ohmios)".

La hipótesis que se quiere verificar es que la desviación típica de las resistencias fabricadas mediante la nueva técnica difiere de 6 ohmios. Para ello, podemos plantear el siguiente contraste:

$$\begin{cases} H_0: & \sigma = 6 \\ H_1: & \sigma \neq 6 \end{cases}$$

En primer lugar cargaremos los datos. Al tratarse de un contraste para la desviación típica, aplicaremos el test de varianza de una muestra. El tamaño de la muestra nos lo da el comando:

```
> sum(!is.na(Resistencias$rho))
[1] 59
```

Debemos verificar previamente si la variable es normal. Como la muestra es grande, aplicaremos el test de Lilliefors:

```
> normalityTest(~rho, test="lillie.test", data=Resistencias)

        Lilliefors (Kolmogorov-Smirnov) normality test

data:  rho
D = 0.073136, p-value = 0.6026
```

El $p-$valor es claramente superior a 0.05, por lo que podemos asumir un comportamiento normal de la variable.

Por lo tanto, podemos aplicar el test de la varianza a la variable **rho**, para lo que ejecutamos el comando:

```
> VUM.test(Resistencias$rho, alternative="two.sided", sigma=6)

        One sample Chi-squared test for variance with unknown
    population mean

data:  Resistencias$rho

X-squared = 54.633, df = 58, p-value = 0.7975
alternative hypothesis: true variance is not equal to 36
95 percent confidence interval:
 24.30068 50.63369
sample estimates:
var of Resistencias$rho
              33.91018
```

Se obtiene un $p-$valor $= 0.7975 > \alpha = 0.05$, por lo que no hay evidencia suficiente para rechazar la hipótesis nula con un nivel de significación del 5 %.

271

Concluimos que la nueva técnica de producción no ha alterado la desviación típica de las resistencias producidas.

Si se utiliza **TeachStat**, se puede apreciar en la Figura 8.10 el diálogo con los valores necesarios para aplicar el test de la varianza:

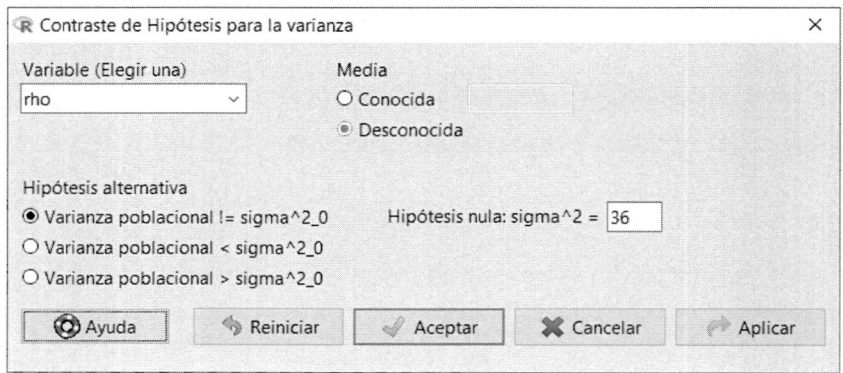

Figura 8.10: Diálogo para aplicar el contraste de la varianza.

b) El error de tipo I consiste en concluir que la nueva técnica de producción ha alterado la desviación típica de las resistencias producidas si en realidad no lo hubiera hecho.

c) La distribución del estadístico de contraste es χ^2_{58}, y al ser un test bilateral la región crítica será $RC = [0, \chi^2_{58,0.975}) \cup (\chi^2_{58,0.025}, +\infty) = [0, 38.84) \cup (80.94, +\infty)$.

8.3. Ejercicios propuestos

Ejercicio 8.1. Una empresa tecnológica afirma que los salarios de sus empleados tienen una media de $50\,000\,€$ anuales y una desviación estándar de $8\,000\,€$. Un sindicato quiere verificar si la media salarial es realmente la declarada. Para ello, toma una muestra aleatoria de 36 empleados y calcula su salario promedio, adoptando como regla de decisión que si la media muestral es inferior a $48\,000\,€$ concluirá que los salarios son más bajos de lo que afirma la empresa.

a) Establecer las hipótesis nula y alternativa adecuadas para comprobar si la media salarial es realmente tan alta como indica la empresa.

b) Calcular el nivel de significación del contraste anterior.

c) Determinar la potencia del contraste en el supuesto de que la media real fuera de 47 000 €.

Ejercicio 8.2. Un banco informa de que el 70 % de las solicitudes de tarjetas de crédito que recibe son aprobadas.

a) Establecer las hipótesis nula y alternativa adecuadas para comprobar si la proporción de solicitudes de tarjetas de crédito aprobadas por el banco es realmente tan alta como este afirma.

b) Un auditor toma una muestra de 50 solicitudes y decide que rechazará la afirmación del banco si encuentra que la proporción muestral aprobada es menor del 60 %. ¿Cuál será en ese caso el nivel de significación del contraste?

c) Determinar la potencia del contraste en el supuesto de que el porcentaje real de aprobaciones hubiera disminuido al 65 %.

d) El auditor encuentra que sólo 27 de las 50 solicitudes fueron aprobadas. ¿Qué decisión tomará?

Ejercicio 8.3. Un restaurante de comida rápida afirma que el tiempo promedio de espera para ser atendido es de tres minutos, con una desviación típica de dos minutos, y sigue una distribución normal. Para comprobarlo, se registra el tiempo de espera de 10 clientes seleccionados aleatoriamente y se adopta como regla de decisión que si el tiempo promedio observado supera los cuatro minutos, se concluirá que el tiempo de espera ha aumentado.

a) Establecer las hipótesis nula y alternativa adecuadas para comprobar si el tiempo de espera no es superior a los tres minutos, como afirma el restaurante.

b) Calcular el nivel de significación del contraste anterior.

c) Determinar la potencia del contraste en el supuesto de que el tiempo medio real de espera hubiera aumentado a 4.5 minutos.

Ejercicio 8.4. Se dispone de una muestra aleatoria simple de distintos recipientes destinados al consumo alimentario, todos ellos de aproximadamente la misma capacidad. Algunos de ellos están fabricados con aluminio y otros con plástico. Se dispone de la hoja de cálculo `recipientes.xlsx` con el peso en gramos (variable `peso`) y el material de cada uno de los recipientes de la muestra (variable `tipo`).

El peso medio de cada uno de estos recipientes está establecido en 100 gramos, pero se sospecha que los recipientes de aluminio son más ligeros. Se quiere comprobar si la muestra presenta evidencias de que el peso de los recipientes de aluminio es inferior a 100 gr.

a) Plantea y resuelve un contraste para verificar esta hipótesis a partir de la muestra, con un nivel de significación del 5 %.

b) Calcula la región crítica del contraste anterior.

c) ¿Qué significa, en este caso, cometer un error de tipo I?

Ejercicio 8.5. La edad promedio de comenzar a consumir alcohol entre estudiantes de secundaria en 2019 era 14 años[4]. Un instituto de Enseñanza Secundaria ha efectuado durante dos años una campaña de concienciación dirigida a los estudiantes más jóvenes, y al terminar la Enseñanza Secundaria ha realizado una encuesta anónima a una muestra aleatoria de los estudiantes que han participado en la campaña, preguntándoles cuál fue la edad a la que comenzaron a consumir alcohol, con el fin de comprobar si la edad media ha aumentado y por lo tanto la campaña ha sido eficaz. Las respuestas de los estudiantes se recogen en la hoja `alcohol.xlsx`.

El valor `Edad = 0` significa que el alumno afirma que no consume alcohol, y por lo tanto no ha de ser considerado en el estudio.

a) Con un nivel de significación del 5 %, ¿proporciona la muestra evidencia suficiente de que la edad en la que los alumnos del instituto comienzan a consumir alcohol ha aumentado con respecto al inicio de la campaña?

b) ¿Cuál es la región crítica del contraste anterior?

c) ¿En qué consiste el error de tipo I en la situación descrita?

Ejercicio 8.6. Se dispone de una muestra aleatoria simple de pilas de 1.5 V de un determinado fabricante. La duración en minutos de cada una de las pilas se ha recogido en la hoja de cálculo `pilas.xlsx`.

Aunque el fabricante afirma que la duración media de sus pilas es de 1 100 minutos, se duda de esta afirmación porque se han recibido quejas de

---

[4]https://www.epdata.es/datos/tratamiento-consumo-drogas-datos-graficos/400

usuarios afirmando que las pilas duran menos tiempo del esperado y se va a comprobar mediante un test de hipótesis si estos usuarios tienen razón.

a) Plantea y resuelve el contraste de hipótesis propuesto con un nivel de significación del 5 %.

b) Calcula la región crítica del contraste anterior.

Ejercicio 8.7. La hoja de cálculo `depuradoras.xlsx` contiene una relación de todas las depuradoras que gestiona el Gobierno de Aragón. El contrato con las depuradoras puede ser por concesión o por explotación, y la variable `TIPO_CONTRATO` recoge el tipo concreto de contrato que mantiene con cada depuradora. Aunque lo deseable sería que los contratos en explotación no superasen el 75 % del total, se cree que el porcentaje real es superior a esa cantidad. Para verificar si esto es así o no se toma una muestra y se lleva a cabo un contraste de hipótesis. Las depuradoras de la muestra son las que tienen un valor mayor que cero en el campo `TOTAL`.

a) Selecciona las depuradoras de la muestra y con ellas plantea y resuelve el contraste de hipótesis propuesto con un nivel de significación del 5 %.

b) Calcular la región crítica del contraste anterior.

c) ¿En qué consistiría, en este caso, el error de tipo II?

Ejercicio 8.8. La renta media de los hogares aragoneses en 2021 era de 32 067 € anuales[5]. Se cree que esta renta anual aumentó durante el año 2022, pero como no hay todavía datos oficiales se han tomado los datos de una encuesta a nivel nacional en el que a los participantes se les preguntaba, entre otras cosas, por su renta anual en 2022. Los datos de la encuesta se encuentran en la hoja `renta2022.xlsx`.

Los ciudadanos aragoneses están identificados por el valor de la variable comunidad = 'ARA'.

a) Plantear y resolver el contraste adecuado para confirmar con un nivel de significación del 5 % la hipótesis de que la renta media de las familias aragonesas fue superior a 32 067 € en 2022.

---

[5]https://www.epdata.es/ingreso-medio-hogar-comunidad/ec1ac246-8d7c-45e7-bc7f-d9294fa32264/aragon/291

b) ¿En qué consiste, en este caso concreto, el error de tipo II?

c) ¿Cuál es la región crítica del contraste anterior?

Ejercicio 8.9. Se dispone de una muestra aleatoria simple de distintos recipientes destinados al consumo alimentario, todos ellos de aproximadamente la misma capacidad. Algunos de ellos están fabricados con aluminio y otros con plástico. Se dispone de una hoja de cálculo con el peso en gramos (variable `peso`) y el material de cada uno de los recipientes de la muestra (variable `tipo`): `recipientes.xlsx`.

El peso medio de cada uno de estos recipientes está establecido en 100 gramos, y se admite una varianza máxima de 5 gramos^2 en el peso, pero se sospecha que los recipientes de plástico tienen una variabilidad en el peso mayor que la admisible. Se quiere comprobar si la muestra presenta evidencias de que la varianza en el peso de los recipientes de plástico es superior a 5 gramos^2.

a) Plantea y resuelve un contraste para verificar esta hipótesis a partir de la muestra, con un nivel de significación del 2.5 %.

b) Calcula la región crítica del contraste anterior.

c) ¿En qué consiste, en este caso, el error de tipo I?

Ejercicio 8.10. Un productor de cerveza ha sacado al mercado un nuevo tipo de cervezas con un sabor muy característico, hasta el punto de que afirma que menos del 2 % de la población es incapaz de distinguir su sabor del de la cerveza tradicional. Con el fin de reforzar esta idea, realiza una encuesta a todos los visitantes de su planta de fabricación, después de ofrecerles una degustación, y les pregunta si han notado alguna diferencia de sabor entre la cerveza nueva y la tradicional.

Tras dos meses ha recogido los datos contenidos en la siguiente hoja: `cervezas.xlsx`.

a) Con un nivel de significación del 5 %, ¿puede el productor de cerveza afirmar que la proporción de personas que no distinguen el sabor de ambos tipos de cerveza no llega al 2 %?

b) ¿Cuál es la región crítica del contraste anterior?

Ejercicio 8.11. La hoja de cálculo `carne.xlsx` contiene los pesos en kg de una muestra aleatoria de paquetes de carne picada a la venta en un supermercado cuya etiqueta afirma que su peso es 1 kg. A partir de los datos de la muestra se quiere comprobar si realmente el peso de los paquetes es 1 kg o es inferior, mediante un contraste de hipótesis de nivel de significación $\alpha = 2.5\%$. Plantea y resuelve el problema mediante un contraste de hipótesis. ¿Hay evidencias de que el etiquetado sea fraudulento?

Ejercicio 8.12. Se cree que, en promedio, los restaurantes aragoneses tienen una capacidad superior a 60 plazas. Un agente turístico quiere comprobarlo a partir de los datos de una muestra extraída del censo de cafeterías y restaurantes del Gobierno de Aragón[6]. Dicho censo se encuentra en la hoja `restaurantes.xlsx` y en él los restaurantes están identificados por el valor de la variable `tipo_establecimiento = 2`.

Suponer que se ha extraído una muestra aleatoria de los establecimientos y se han verificado los datos de capacidad, obteniendo los valores que indica la variable `numero_plazas` (la muestra está compuesta por todos los establecimientos de la hoja de cálculo que tienen en este campo un valor mayor que cero).

a) Plantear y resolver el contraste adecuado para confirmar con un nivel de significación del 5 % la hipótesis de que la capacidad media de los restaurantes de Aragón es de más de 60 plazas.

b) ¿En qué consiste, en este caso concreto, el error de tipo I?

c) Calcular la región crítica del contraste para el nivel de significación dado en a).

Ejercicio 8.13. Los ingresos mensuales de los hogares de una localidad española son en promedio 2 000 €, con una desviación típica de 20 €. El gobierno de su comunidad autónoma ha implementado un programa de subsidios, tras el cual un economista quiere comprobar si la desigualdad ha disminuido y para ello toma una muestra aleatoria de hogares de la ciudad, cuyos ingresos mensuales son los siguientes (en euros): 1985, 1992, 2008, 2021, 1978, 2015, 1996, 2003, 1980, 2025, 1990, 2005, 2018, 1975, 2030, 1988, 2000, 1995, 2022, 1983, 2009, 1998, 2012, 1972 y 2010.
Con un nivel de significación del 3 %, ¿proporcionan estos datos evidencia de que la varianza de los ingresos mensuales de los hogares de la localidad

---

[6]https://opendata.aragon.es/GA_OD_Coredownload?resource_id=67

ha disminuido tras la implementación del programa de subvenciones? ¿Cuál es la región crítica del contraste?

Ejercicio 8.14. Un analista financiero desea verificar si la varianza de los rendimientos diarios de una acción tecnológica ha superado el valor histórico de 0.13 debido a recientes fluctuaciones del mercado. Para ello, analiza una muestra de la cotización de dicha acción en los últimos días y obtiene los datos que figuran en el fichero `share_tech.xlsx`.

a) Plantear y resolver el contraste adecuado para confirmar con un nivel de significación del 5 % la hipótesis de que la varianza de los rendimientos diarios de dicha acción supera actualmente el valor 0.13.

b) ¿En qué consiste, en este caso concreto, el error de tipo I?

c) Calcular la región crítica del contraste para el nivel de significación dado en a).

Ejercicio 8.15. Los estándares de exportación de una cooperativa de café exigen que la varianza del peso neto de sus paquetes de 500 gr sea de 25 gr^2. Durante un control de calidad se toma una muestra de varios paquetes y se obtienen los pesos indicados en el fichero `cafe.xlsx`.

a) Plantear y resolver el contraste adecuado para confirmar con un nivel de significación del 2 % la hipótesis de que la varianza del peso de los paquetes de café no es de 25 gr^2.

b) Calcular la región crítica del contraste anterior.

8.4. Preguntas teórico–prácticas

Pregunta 8.1. Para el siguiente contraste de hipótesis de nivel de significación α se indica la distribución de la variable aleatoria y el tamaño de la muestra con la que se realizará el test. Los parámetros de la distribución son desconocidos. Señala cuál de las opciones de la derecha corresponde a su región crítica.

$X \sim N(\mu, \sigma)$	a) $(-\infty, -\chi^2_{249,\alpha})$
$H_0 : \sigma = 11$	b) $(-\infty, -z_\alpha)$
$H_1 : \sigma < 11$	c) $[0, \chi^2_{249,1-\alpha})$
$n = 250$	d) $(\chi^2_{249,1-\alpha}, +\infty)$

Pregunta 8.2. Para el siguiente contraste de hipótesis de nivel de significación α se indica la distribución de la variable aleatoria y el tamaño de la muestra con la que se realizará el test. Los parámetros de la distribución son desconocidos. Señala cuál de las opciones de la derecha corresponde a su región crítica.

$X \sim \text{Exp}(\lambda)$	$a)\ (-\infty, -z_\alpha)$
$H_0 : \mu = 32$	$b)\ (32, z_{\alpha/2})$
$H_1 : \mu > 32$	$c)\ (-z_{\alpha/2}, z_{\alpha/2})$
$n = 63$	$d)\ (t_{62,\alpha}, +\infty)$

Pregunta 8.3. Para el siguiente contraste de hipótesis de nivel de significación α se indica la distribución de la variable aleatoria y el tamaño de la muestra con la que se realizará el test. Los parámetros de la distribución son desconocidos. Señala cuál de las opciones de la derecha corresponde a su región crítica.

$X \sim \bar{U}(a, b)$	$a)\ (-\infty, -t_{56,\alpha/2}) \cup (t_{56,\alpha/2}, +\infty)$
$H_0 : \mu = 12.5$	$b)\ (-z_\alpha, +\infty)$
$H_1 : \mu \neq 12.5$	$c)\ (-\infty, t_{56,\alpha/2})$
$n = 57$	$d)\ (-t_{25,\alpha/2}, t_{25,\alpha/2})$

Pregunta 8.4. Dada una variable aleatoria X de media μ y varianza σ^2 desconocidas, se plantea el siguiente test de hipótesis de nivel de significación α con una muestra aleatoria simple de tamaño $n = 250$:

$$\begin{cases} H_0 : & \mu = 11 \\ H_1 : & \mu > 11 \end{cases}$$

¿En cuál de las siguientes figuras se ha representado correctamente con la zona sombreada la región crítica del test?

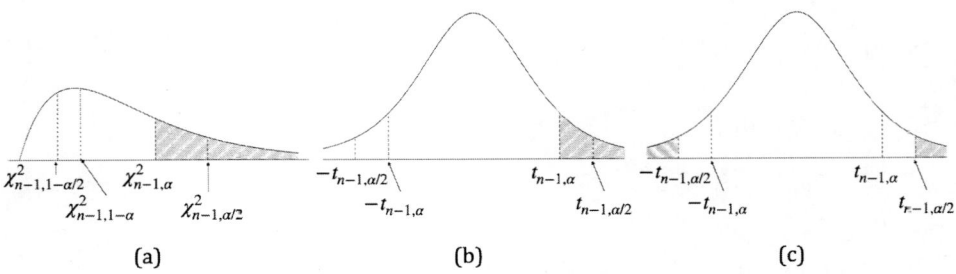

(a)　　　　(b)　　　　(c)

Pregunta 8.5. Se construye un contraste de hipótesis de nivel de significación 5 % y potencia 20 %. Indica si las siguientes afirmaciones acerca del contraste son verdaderas (V) o falsas (F):

a) La probabilidad de que la hipótesis nula sea cierta pero al aplicar el contraste se decida rechazarla es del 80 %.

b) La probabilidad de que la hipótesis nula sea falsa pero al aplicar el contraste se decida aceptarla es del 80 %.

c) La probabilidad de que la hipótesis alternativa sea falsa pero al aplicar el contraste se decida aceptarla es del 5 %.

d) La probabilidad de que la hipótesis nula sea falsa y al aplicar el contraste se decida rechazarla es del 80 %.

Pregunta 8.6. Indica si las siguientes afirmaciones acerca de un contraste de hipótesis son verdaderas (V) o falsas (F):

a) Si se rechaza la hipótesis nula a un nivel de significación del 5 % quiere decir que hay un 95 % de probabilidades de que la hipótesis alternativa sea cierta.

b) El nivel de significación de un contraste de hipótesis se fija antes de comenzar el estudio.

c) Al aumentar la potencia de un test disminuye su nivel de significación.

d) El p−valor de un contraste de hipótesis se fija antes de comenzar el estudio.

Pregunta 8.7. Se efectúa un contraste de hipótesis de nivel de significación 5 % para contrastar la hipótesis nula de que la media de una población es 2 frente a la hipótesis alternativa de que la media es distinta de 2. Indica si las siguientes afirmaciones acerca del contraste son verdaderas (V) o falsas (F):

a) Existe una probabilidad del 5 % de que la media sea 2 pero concluyamos que es distinta de 2.

b) La probabilidad de cometer el error de tipo I es del 5 %.

c) El error de tipo II consiste en concluir que la media es 2 cuando realmente es distinta de 2.

d) La potencia del contraste es del 95 %.

Pregunta 8.8. Dado el siguiente contraste de hipótesis de nivel de significación α se indica la distribución de la variable aleatoria y el tamaño de la muestra con la que se realizará el contraste. Los parámetros de la distribución son desconocidos. ¿Cuál de las opciones de la derecha corresponde a su región crítica?

$X \sim N(\mu, \sigma)$	$a)\ (-\infty, -t_{16,\alpha/2}) \cup (t_{16,\alpha/2}, +\infty)$
$H_0 : \sigma^2 = 32$	$b)\ [\chi^2_{16,1-\alpha/2}, \chi^2_{16,\alpha/2}]$
$H_1 : \sigma^2 \neq 32$	$c)\ (-\infty, t_{31,\alpha/2})$
$n = 17$	$d)\ (-t_{16,\alpha/2}, t_{16,\alpha/2})$

Pregunta 8.9. Dado el siguiente contraste de hipótesis de nivel de significación α se indica la distribución de la variable aleatoria y el tamaño de la muestra con la que se realizará el contraste. El parámetro de la distribución es desconocido. ¿Cuál de las opciones de la derecha corresponde a su región crítica?

$X \sim Be(p)$	$a)\ (-\infty, -z_\alpha)$
$H_0 : p = 0.17$	$b)\ (-79, 79)$
$H_1 : p \neq 0.17$	$c)\ (-z_{\alpha/2}, z_{\alpha/2})$
$n = 80$	$d)\ (t_{79,\alpha}, +\infty)$

Pregunta 8.10. Dado el siguiente contraste de hipótesis de nivel de significación α se indica la distribución de la variable aleatoria y el tamaño de la muestra con la que se realizará el contraste. Los parámetros de la distribución son desconocidos. ¿Cuál de las opciones de la derecha corresponde a su región crítica?

$X \sim N(\mu, \sigma)$	$a)\ (-\infty, -t_{249,\alpha})$
$H_0 : \mu = 132$	$b)\ (-\infty, -z_\alpha)$
$H_1 : \mu < 132$	$c)\ (0, t_{249,1-\alpha})$
$n = 250$	$d)\ (t_{249,\alpha}, +\infty)$

Pregunta 8.11. Dado el siguiente contraste de hipótesis de nivel de significación α se indica la distribución de la variable aleatoria y el tamaño de la muestra con la que se realizará el contraste. El parámetro de la distribución es desconocido. ¿Cuál de las opciones de la derecha corresponde a su región crítica?

$X \sim Be(p)$	a) $(-\infty, t_{106,\alpha})$
$H_0 : p = 0.47$	b) $(-\infty, -z_\alpha)$
$H_1 : p < 0.47$	c) $(-z_{\alpha/2}, z_{\alpha/2})$
$n = 107$	d) $(-\infty, -z_{\alpha/2}) \cup (z_{\alpha/2}, +\infty)$

Pregunta 8.12. Si al realizar un contraste de hipótesis con un nivel de significación α el estadístico divergencia d_{obs} se encuentra dentro de la región de aceptación, eso quiere decir que, para un nivel de significación α:

a) Hemos demostrado que la hipótesis alternativa es cierta.

b) Hemos demostrado que la hipótesis alternativa es falsa.

c) No hemos podido demostrar que la hipótesis nula es falsa.

d) Hemos demostrado que la hipótesis nula es cierta.

Pregunta 8.13. Se quiere realizar un test de hipótesis para aportar evidencia de que las recientes medidas económicas han disminuido el valor promedio μ de cierto indicador. ¿Cuál será la formulación correcta del test?

a) $H_0 : \mu < \mu_0$ vs. $H_1 : \mu > \mu_0$.

b) $H_0 : \mu = \mu_0$ vs. $H_1 : \mu < \mu_0$.

c) $H_0 : \mu < \mu_0$ vs. $H_1 : \mu = \mu_0$.

d) $H_0 : \mu = \mu_0$ vs. $H_1 : \mu \neq \mu_0$.

Pregunta 8.14. Se ha tomado una muestra aleatoria simple de 5 000 consumidores europeos y se les ha preguntado si les gusta más comprar *on–line* que acudir al comercio. Las respuestas se han codificado como `Si/No` en una variable llamada `X.Compra.on.line` y a continuación se ha efectuado un contraste de hipótesis con `R`, obteniendo el siguiente resultado:

```
Frequency counts (test is for first level):
X.Compra.on.line.
  Si   No
2764 2236


Classical One Sample Proportion test
```

```
data:
z = 0.39797, nx = 5000.00, null probability = 0.55,
   p-value = 0.3453
alternative hypothesis: true proportion is greater than 0.55
95 percent confidence interval:
 0.5412342 1.0000000
sample estimates:
proportion
    0.5528
```

Indica cuáles son las hipótesis del test y cuál sería la conclusión del mismo para un nivel de significación del 5 %.

Pregunta 8.15.   Se ha tomado una muestra aleatoria simple de los dependientes de una cadena de tiendas de ropa joven y se les ha preguntado su edad. Las respuestas se han codificado en una variable llamada Edad y a continuación se ha efectuado un contraste de hipótesis con R, obteniendo el siguiente resultado:

```
        One Sample t-test

data:  Edad
t = 3.621, df = 98, p-value = 0.0004669
alternative hypothesis: true mean is not equal to 19
95 percent confidence interval:
 19.68477 21.34553
sample estimates:
mean of x
 20.51515
```

Indica cuáles son las hipótesis del test y cuál sería la conclusión del mismo para un nivel de significación del 5 %.

Pregunta 8.16.   Una compañía de seguros tiene agentes a comisión. Para su contratación les asegura que la comisión media durante el primer año de trabajo es de 15 000 € como mínimo. Uno de los agentes quiere poner a prueba esta afirmación mediante un contraste de hipótesis efectuado con los datos de una muestra aleatoria simple de 12 agentes. ¿Cuál es la formulación correcta del contraste? ¿Qué condición debe cumplir el valor de la comisión de los agentes para poder aplicar este test?

Pregunta 8.17. Una envasadora de cereales para la venta al pequeño consumidor quiere estudiar la variabilidad del peso de las cajas de cereales producidas en una de sus plantas, para controlar que la varianza real del peso no supere la varianza máxima establecida, que es 40 gr. Para ello toma una muestra aleatoria simple de tamaño $n = 71$. ¿Cuál es la formulación correcta del contraste? ¿Qué condición debe cumplir el peso real de las cajas para poder aplicar este test?

Pregunta 8.18. Al efectuar un contraste de hipótesis con R se obtiene el resultado siguiente:

```
        One Sample t-test

data:  Survey$price
t = 1.3541, df = 48894, p-value = 0.08785
alternative hypothesis: true mean is greater than 151.25
95 percent confidence interval:
 150.9342      Inf
sample estimates:
mean of x
 152.7207
```

Una de las siguientes es la región crítica de este contraste al nivel de significación del 5 %. ¿Cuál?

a) $(-\infty, -1.645)$

b) $(1.645, +\infty)$

c) $[-1.225, 1.225]$

d) $(1.225, +\infty)$

Pregunta 8.19. Al efectuar un contraste de hipótesis con R se obtiene el resultado siguiente:

```
        One Sample t-test

data:  Survey$Price
t = -1.4621, df = 16088, p-value = 0.07187
alternative hypothesis: true mean is less than 119400
```

```
95 percent confidence interval:
    -Inf 119462.8
sample estimates:
mean of x
 118897.7
```

Una de las siguientes es la región crítica de este contraste al nivel de significación del 5 %. ¿Cuál?

a) $(-\infty, -1.645)$

b) $(1.645, +\infty)$

c) $[-1.225, 1.225]$

d) $(1.225, +\infty)$

Pregunta 8.20. Al efectuar un contraste de hipótesis con R se obtiene el resultado siguiente:

```
      One Sample t-test

data:  Products$user_rating
t = 2.0654, df = 7196, p-value = 0.01946
alternative hypcthesis: true mean is greater than 3.49
95 percent confidence interval:
 3.497521      Inf
sample estimates:
mean of x
 3.526956
```

Una de las siguientes es la región crítica de este contraste al nivel de significación del 5 %. ¿Cuál?

a) $(-\infty, -2.225)$

b) $(2.225, +\infty)$

c) $[-1.645, 1.645]$

d) $(1.645, +\infty)$

Pregunta 8.21. Dada una variable aleatoria $X \sim \text{Exp}(\lambda)$ con λ desconocida, se plantea el siguiente test de hipótesis de nivel de significación α con
una muestra aleatoria simple de tamaño $n = 100$:

$$\begin{cases} H_0 : \mu = 5.5 \\ H_1 : \mu \neq 5.5 \end{cases}$$

¿En cuál de las siguientes figuras se ha representado correctamente con la
zona sombreada la región crítica del test?

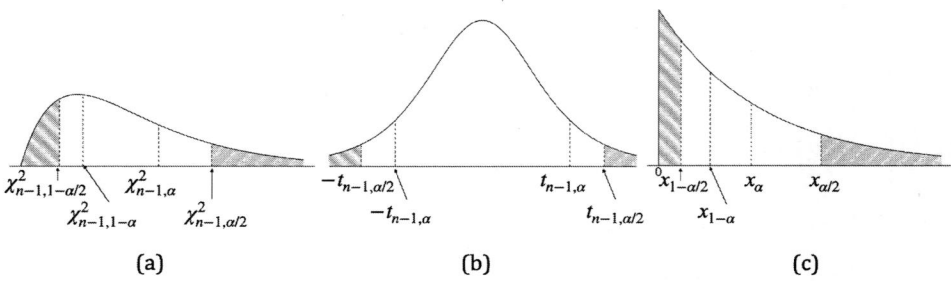

(a)   (b)   (c)

Pregunta 8.22. Dada una variable aleatoria $X \sim \text{Be}(p)$ se plantea el siguiente test de hipótesis de nivel de significación α con una muestra aleatoria
simple de tamaño $n = 150$:

$$\begin{cases} H_0 : p \geq 0.25 \\ H_1 : p < 0.25 \end{cases}$$

¿En cuál de las siguientes figuras se ha representado correctamente con la
zona sombreada la región crítica del test?

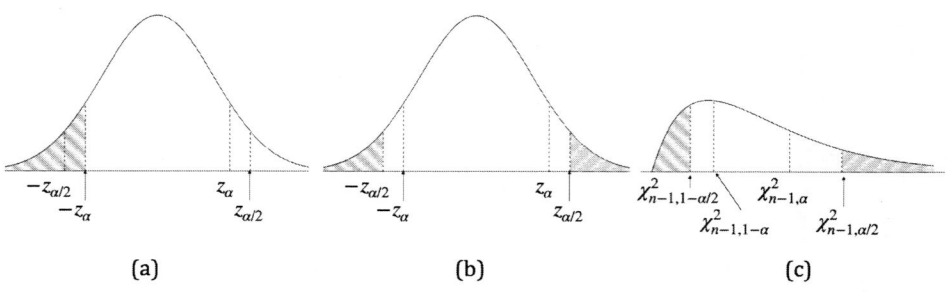

(a)   (b)   (c)

Pregunta 8.23. Dado un contraste de hipótesis con un nivel de significación $\alpha = 0.10$ y una potencia del 80 %, indica si las siguientes afirmaciones acerca del contraste son verdaderas (V) o falsas (F):

a) La probabilidad de cometer un error tipo I es del 90 %.

b) La probabilidad de aceptar H_0 siendo falsa es del 20 %.

c) La probabilidad de que la hipótesis alternativa sea falsa y al aplicar el contraste se decida rechazarla es del 70 %.

d) La probabilidad de cometer un error tipo II es del 20 %.

8.5. Soluciones

8.5.1. Soluciones a los ejercicios propuestos

Ejercicio 8.1.

a) X = "Salario de un empleado ($\text{€} \times 1000$)".

$$\begin{cases} H_0: & \mu \geq 50 \\ H_1: & \mu < 50 \end{cases}$$

b) $\alpha = P(\text{rechazar } H_0 | H_0 \text{ es cierta})$. Si H_0 es cierta, $\bar{X}_{36} \approx N\left(50, \frac{8}{\sqrt{36}}\right) \simeq N(50, 1.3333)$ ya que la muestra es grande, luego $\alpha = P(\bar{X}_{36} < 48) = 0.06680 = 6.68\%$.

c) $pot = 1 - \beta = 1 - P(\text{aceptar } H_0 | H_0 \text{ es falsa})$. Si fuera $\mu = 47$, entonces $\bar{X}_{36} \approx N\left(47, \frac{8}{\sqrt{36}}\right) \simeq N(47, 1.3333)$, y por lo tanto la potencia sería $1 - P(\bar{X}_{36} > 48) = 1 - 0.2266 = 0.7734 = 77.34\%$

Ejercicio 8.2.

a) X = "Una solicitud de tarjeta de crédito es aprobada (1 = Sí/0 = No)". $X \sim Be(p)$, donde p es la proporción de solicitudes aprobadas.

$$\begin{cases} H_0: & p \geq 0.7 \\ H_1: & p < 0.7 \end{cases}$$

b) $\alpha = P(\text{rechazar } H_0 | H_0 \text{ es cierta})$. Si H_0 es cierta, la distribución del estadístico de contraste será $\hat{p}_{50} \approx N\left(0.7, \sqrt{\frac{0.7 \times 0.3}{50}}\right) \simeq N(0.7, 0.06481)$ ya que la muestra es grande, luego $\alpha = P(\hat{p}_{50} < 0.6) = 0.0614 = 6.14\%$.

c) $pot = P(\text{rechazar } H_0 | H_0 \text{ es falsa })$. Si fuera $p = 0.65$, entonces $\hat{p}_{50} \approx N\left(0.65, \sqrt{\frac{0.65 \times 0.35}{50}}\right) \simeq N(0.65, 0.06745)$, y por lo tanto la potencia sería $P(\hat{p}_{50} < 0.6) = 0.2293 = 22.93\%$.

d) El auditor rechazará la afirmación del banco.

Ejercicio 8.3.

a) $X = $ "Tiempo de espera para ser atendido (minutos)".

$$\begin{cases} H_0: & \mu \leq 3 \\ H_1: & \mu > 3 \end{cases}$$

b) $\alpha = P(\text{rechazar } H_0 | H_0 \text{ es cierta})$. Si H_0 es cierta, $\bar{X}_{10} \sim N\left(3, \frac{2}{\sqrt{10}}\right) \simeq N(3, 0.6325)$, ya que la variable sigue una distribución normal, luego $\alpha = P(\bar{X}_{10} > 4) = 0.05694 = 5.694\%$.

c) $pot = 1 - \beta = 1 - P(\text{aceptar } H_0 | H_0 \text{ es falsa})$. Si fuera $\mu = 4.5$, entonces $\bar{X}_{10} \sim N(4.5, 0.6325)$, y por lo tanto la potencia sería $1 - P(\bar{X}_{10} \leq 4) = 1 - 0.2146 = 0.7863 = 78.54\%$.

Ejercicio 8.4.

a) $X = $ "Peso de un recipiente de aluminio (gramos)".

$$\begin{cases} H_0: & \mu \geq 100 \\ H_1: & \mu < 100 \end{cases}$$

Es necesario filtrar el dataset para seleccionar los recipientes de aluminio, obteniéndose una muestra de tamaño $n = 25$. El $p-$valor test Shapiro–Wilk: 0.4484 ($> \alpha = 0.05$), asumimos un comportamiento normal de la variable. El $p-$valor test de la t: 0.3627 ($> \alpha = 0.05$), no hay evidencias de que el peso de los recipientes de aluminio sea en promedio inferior a 100 gr.

b) $RC = (-\infty, t_{24,0.05}) = (-\infty, -1.71)$.

c) Afirmar que los recipientes de aluminio pesan en promedio menos de 100 gr si realmente no fuera cierto.

Ejercicio 8.5.

a) $X =$ "Edad a la que un estudiante del instituto empieza a beber alcohol (años)".

$$\begin{cases} H_0 : & \mu \leq 14 \\ H_1 : & \mu > 14 \end{cases}$$

Es necesario filtrar el dataset para seleccionar los estudiantes que consumen alcohol, obteniéndose una muestra de tamaño $n = 89$. El $p-$valor test de la t: 0.000001322 ($< \alpha = 0.05$), luego hay evidencia de que la edad a la que los alumnos del instituto comienzan a consumir alcohol ha aumentado.

b) $RC = (t_{88,0.05}, +\infty) = (1.66, +\infty)$.

c) En afirmar que la edad a la que los alumnos del instituto comienzan a consumir alcohol ha aumentado si realmente no hubiera sido así.

Ejercicio 8.6.

a) $X =$ "Duración de una pila (minutos)".

$$\begin{cases} H_0 : & \mu \geq 1100 \\ H_1 : & \mu < 1100 \end{cases}$$

El $p-$valor test Shapiro–Wilk: 0.9358 ($> \alpha = 0.05$), asumimos un comportamiento normal de la variable. El $p-$valor test de la $t < 2.2e-16 \approx 0$ ($< \alpha = 0.05$), por lo que hay evidencia suficiente para afirmar que la duración promedio de las pilas es inferior a 1 100 minutos.

b) $RC = (-\infty, -t_{14,0.05}) = (-\infty, -1.76)$.

Ejercicio 8.7.

a) X = "Un contrato con una depuradora es por explotación (1=Sí / 0=No)". $X \sim Be(p)$, donde p es la proporción de depuradoras gestionadas por el Gobierno de Aragón que tienen contrato por explotación.

$$\begin{cases} H_0: & p \leq 0.75 \\ H_1: & p > 0.75 \end{cases}$$

Es necesario filtrar el dataset para seleccionar las depuradoras de la muestra, obteniéndose una muestra de tamaño $n = 200$. El $p-$valor $= 0.1265$, por lo que no hay evidencia de que la proporción de depuradoras gestionadas por el Gobierno de Aragón que tienen contrato por explotación sea superior al 75 %.

b) $RC = (z_{0.05}, +\infty) = (1.64, +\infty)$.

c) El error de tipo II consistiría en afirmar que la proporción de depuradoras gestionadas por el Gobierno de Aragón que tienen contrato por explotación no es superior al 75 % pero realmente sí que lo fuera.

Ejercicio 8.8.

a) X = "Renta anual de un hogar aragonés en 2022 (euros)".

$$\begin{cases} H_0: & \mu \leq 32067 \\ H_1: & \mu > 32067 \end{cases}$$

Es necesario filtrar el dataset para seleccionar los hogares aragoneses, obteniéndose una muestra de tamaño $n = 17$. El $p-$valor test Shapiro–Wilk: 0.9295 ($> \alpha = 0.05$), asumimos un comportamiento normal de la variable. El $p-$valor test de la t: 0.1783 ($> \alpha = 0.05$), no hay evidencia de que la renta de los hogares aragoneses aumentara en 2022.

b) En afirmar que la renta de los hogares aragoneses no aumentó en 2022 en el caso de que realmente sí hubiera aumentado.

c) $RC = (t_{16,0.05}, +\infty) = (1.75, +\infty)$.

Ejercicio 8.9.

a) X = "Peso de un recipiente de plástico (gramos)".

$$\begin{cases} H_0: & \sigma^2 \leq 5 \\ H_1: & \sigma^2 > 5 \end{cases}$$

Es necesario filtrar el dataset para seleccionar los recipientes de plástico, obteniéndose una muestra de tamaño $n = 73$. El $p-$valor test Lilliefors: 0.04053 ($> \alpha = 0.025$), asumimos un comportamiento normal de la variable. El $p-$valor test de la varianza: 0.013036 ($< \alpha = 0.025$), hay evidencias de que la varianza del peso de los recipientes de plástico es superior a 5 gramos.

b) $RC = (\chi^2_{72,0.025}, +\infty) = (97.35, +\infty)$.

c) Afirmar que la varianza en el peso de los recipientes de plástico es superior a 5 gramos si realmente no fuera cierto.

Ejercicio 8.10.

a) X = "Un visitante de la planta nota diferencia de sabor entre ambas cervezas ($1 = $ No$/0 = $ Sí)". $X \sim Be(p)$, donde p es la proporción de visitantes que no notan diferencia entre el sabor de ambas cervezas.

$$\begin{cases} H_0: & p \geq 0.02 \\ H_1: & p < 0.02 \end{cases}$$

El $p-$valor del test de proporciones: 0.2568 ($> \alpha = 0.05$), por lo que no hay evidencia de que la proporción de visitantes que no notan diferencia entre el sabor de ambas cervezas sea inferior al 2 %.

b) $RC = (-\infty, z_{0.05}) = (-\infty, -1.64)$.

Ejercicio 8.11. X = "Peso de una bandeja de carne picada (kg)".

$$\begin{cases} H_0: & \mu \geq 1 \\ H_1: & \mu < 1 \end{cases}$$

El $p-$valor valor test de la $t = 0.04468$ ($> \alpha = 0.025$), por lo que no hay evidencias para concluir que el peso medio de los paquetes de carne vendidos en el supermercado sea inferior a 1 kg. Por lo tanto, el etiquetado no sería fraudulento.

Ejercicio 8.12. $X = $ "Capacidad de un restaurante".

$$\begin{cases} H_0: & \mu \leq 60 \\ H_1: & \mu > 60 \end{cases}$$

Es necesario filtrar el dataset para seleccionar los restaurantes, obteniéndose una muestra de tamaño $n = 117$. El $p-$valor test de la t: 0.3716 ($> \alpha = 0.05$), no hay evidencia para afirmar que la capacidad promedio de los restaurantes aragoneses es superior a 60 plazas.

Ejercicio 8.13. $X = $ "Ingresos mensuales de los hogares de la localidad (euros)".

$$\begin{cases} H_0: & \sigma \geq 20 \\ H_1: & \sigma < 20 \end{cases}$$

El $p-$valor test Shapiro–Wilk $= 0.7433$ ($> \alpha = 0.03$), asumimos un comportamiento normal de la variable. El $p-$valor test de la varianza para una muestra $= 0.12865$ ($> \alpha = 0.03$), por lo que no hay evidencia de que la varianza de los ingresos mensuales de los hogares de la localidad haya disminuido después de la implementación del programa de subsidios. $RC = [0, \chi^2_{24, 0.97}) = [0, 12.75)$

Ejercicio 8.14.

a) $X = $ "Rendimientos diarios de la acción (%)".

$$\begin{cases} H_0: & \sigma^2 \leq 0.13 \\ H_1: & \sigma^2 > 0.13 \end{cases}$$

El $p-$valor test Shapiro–Wilk $= 0.6068$ ($> \alpha = 0.05$), asumimos un comportamiento normal de la variable. El $p-$valor test de la varianza para una muestra $= 0.07018$ ($> \alpha = 0.05$), por lo que no hay evidencia para afirmar que la varianza de los rendimientos diarios de la acción supera el 0.13 %.

b) El error de tipo I consiste en afirmar que la varianza de los rendimientos diarios de la acción supera el 0.13 % si no fuera así.

c) $RC = (\chi^2_{24, 0.03}, +\infty) = (38.61, +\infty)$.

Ejercicio 8.15.

a) X = "Peso real de un paquete de café de 500 gr (gr)".

$$\begin{cases} H_0 : & \sigma^2 = 25 \\ H_1 : & \sigma^2 \neq 25 \end{cases}$$

El $p-$ valor test Lilliefors $= 0.08553$ $(> \alpha = 0.02)$, asumimos un comportamiento normal de la variable. El $p-$valor test de la varianza para una muestra $= 0.00030391$ $(< \alpha = 0.02)$, por lo que hay evidencia suficiente para afirmar que la varianza del peso de los paquetes de café no es 25.

b) $RC = [0, \chi^2_{66,0.99}) \cup (\chi^2_{66,0.01}, +\infty) = [0, 42.24) \cup (95.63, +\infty)$.

8.5.2. Soluciones a las preguntas teórico-prácticas

Pregunta 8.1. c)

Pregunta 8.2. d)

Pregunta 8.3. a)

Pregunta 8.4. b)

Pregunta 8.5. a) F b) V c) V d) F

Pregunta 8.6. a) F b) V c) F d) F

Pregunta 8.7. a) V b) V c) V d) F

Pregunta 8.8. a)

Pregunta 8.9. d)

Pregunta 8.10. c)

Pregunta 8.11. b)

Pregunta 8.12. c)

Pregunta 8.13. b)

Pregunta 8.14.

$$\begin{cases} H_0: & p \le 0.55 \\ H_1: & p > 0.55 \end{cases}$$

No hay evidencia suficiente para suponer, con un nivel de significación del 5 %, que el porcentaje de consumidores europeos a los que les gusta más comprar *on–line* que acudir al comercio es superior al 55 %.

Pregunta 8.15.

$$\begin{cases} H_0: & \mu = 19 \\ H_1: & \mu \ne 19 \end{cases}$$

Hay evidencia suficiente para suponer, con un nivel de significación del 5 %, que la edad promedio de los dependientes no es 19 años.

Pregunta 8.16.

$$\begin{cases} H_0: & \mu \ge 15000 \\ H_1: & \mu < 15000 \end{cases}$$

La comisión de los agentes debe seguir una distribución normal.

Pregunta 8.17.

$$\begin{cases} H_0: & \sigma^2 \le 40 \\ H_1: & \sigma^2 > 40 \end{cases}$$

El peso real de las cajas debe seguir una distribución normal.

Pregunta 8.18. b)

Pregunta 8.19. a)

Pregunta 8.20. d)

Pregunta 8.21. b)

Pregunta 8.22. a)

Pregunta 8.23.   a) F b) V c) F d) V

Capítulo 9

Análisis paramétrico de dos poblaciones

9.1. Conceptos básicos

Los problemas más habituales en la investigación científica y en la industria suelen referirse, no a las características de una población, sino a determinar si dos poblaciones tienen o no las mismas características, ya que esto permite determinar si, controlando determinadas variables, se puede producir en la población algún efecto deseado.

Un intervalo de confianza para comparar dos poblaciones suele ser un intervalo para la diferencia de los valores de un mismo parámetro en ambas poblaciones, lo que nos permite valorar si ambos parámetros valen igual o no en ambas.

En el caso de los contrastes de hipótesis paramétricos, se establecen hipótesis sobre estas diferencias que nos permiten contrastar si ambos parámetros de dos poblaciones son idénticos o no.

En el caso de la comparación de varianzas se recurre, no a la diferencia, sino al cociente, ya que se conoce la distribución de probabilidades del cociente de dos varianzas, si estas proceden de poblaciones normales.

9.1.1. Tipos de contrastes para dos poblaciones

Hablaremos de contrastes de **muestras independientes** cuando los individuos que componen una población no tienen ningún tipo de relación con los de la otra. Es decir, la selección de las observaciones en una población no afecta a las observaciones de la otra población. De manera que podemos comparar los parámetros (medias, proporciones o varianzas) de ambas poblaciones sin tener en cuenta interdependencias entre ellos.

Por el contrario, las **muestras pareadas** son aquellas en las que cada observación en una muestra tiene una correspondencia directa con una observación en la otra muestra. Esto significa habitualmente que se trata de muestras de dos variables de una misma población (por ejemplo, el mismo individuo medido antes y después de una intervención).

9.1.2. Aplicaciones

Ejemplo 1: Contraste para dos medias de muestras independientes. Se quiere valorar si un nuevo fármaco reduce el colesterol más que el tratamiento estándar. Para ello, se toman dos grupos de pacientes; a uno de ellos (A) se le administra el tratamiento nuevo y al otro (B) el tratamiento estándar. Al final del tratamiento se compara el nivel medio de colesterol de los pacientes de ambos grupos.

Hipótesis:

$$\begin{cases} H_0 : & \mu_A \geq \mu_B \\ H_1 : & \mu_A < \mu_B \end{cases} \quad \text{o} \quad \begin{cases} H_0 : & \mu_A - \mu_B \geq 0 \\ H_1 : & \mu_A - \mu_B < 0 \end{cases}$$

Intervalo de confianza: $IC_{1-\alpha}(\mu_A - \mu_B)$

Ejemplo 2: Contraste para dos proporciones de muestras independientes. Se quiere comparar la tasa de conversión de dos versiones A y B de una página web (ratio ventas/tráfico) para ver si hay diferencias significativas entre ambas versiones.

Hipótesis:

$$\begin{cases} H_0 : & p_A = p_B \\ H_1 : & p_A \neq p_B \end{cases} \quad \text{o} \quad \begin{cases} H_0 : & p_A - p_B = 0 \\ H_1 : & p_A - p_B \neq 0 \end{cases}$$

Intervalo de confianza: $IC_{1-\alpha}(\hat{p}_A - \hat{p}_B)$

Ejemplo 3: Contraste para dos medias de muestras pareadas. Se quiere comprobar si una determinada dieta para reducir peso tiene algún efecto, para lo que se mide el peso de los pacientes antes (A) y después (B) de seguir la dieta).

Hipótesis:

$$\begin{cases} H_0 : & \mu_A \leq \mu_B \\ H_1 : & \mu_A > \mu_B \end{cases} \quad \text{o} \quad \begin{cases} H_0 : & \mu_A - \mu_B \leq 0 \\ H_1 : & \mu_A - \mu_B > 0 \end{cases}$$

Intervalo de confianza: $IC_{1-\alpha}(\mu_A - \mu_B)$

9.1.3. Distribución de probabilidad F de Snedecor

Para los contrastes que siguen se necesita una nueva distribución de probabilidades, la F **de Snedecor**. Esta distribución se define de la siguiente manera: si X e Y son dos variables aleatorias independientes con distribuciones chi−cuadrado, $X \sim \chi_n^2$ e $Y \sim \chi_m^2$, la variable aleatoria

$$F_{n,m} = \frac{X/n}{Y/m}$$

sigue una **distribución F de Snedecor con n y m grados de libertad**.

La Figura 9.1 muestra la forma de esta distribución dependiendo de los valores de m y n. Puede observarse que la distribución toma valores no negativos y que la cola derecha tiende a cero.

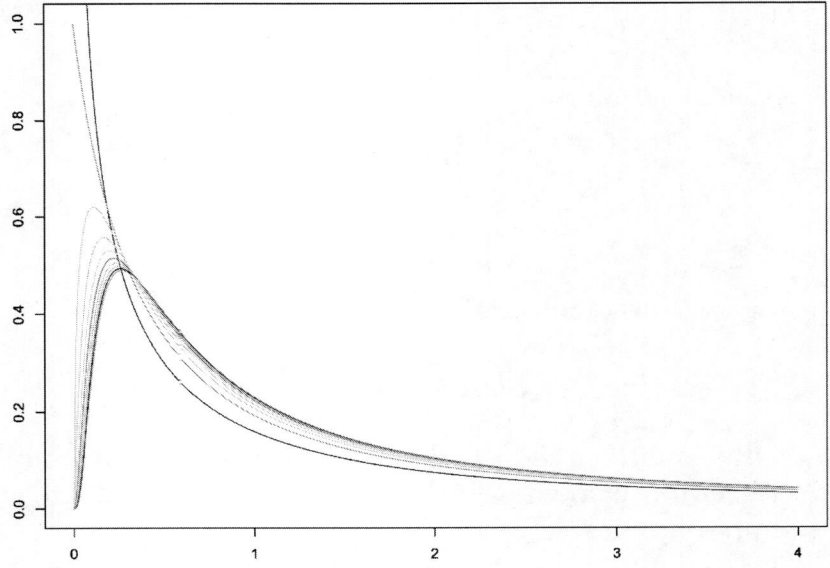

Figura 9.1: Distribución F de Snedecor.

9.2. Análisis paramétrico de dos muestras independientes

Sean X e Y dos variables aleatorias definidas en dos poblaciones independientes y sean $\mu_X, \mu_Y, \sigma_X^2, \sigma_Y^2$ sus medias y varianzas respectivas.

Consideremos dos muestras aleatorias simples de X e Y, respectivamente $(X_1, \ldots, X_n)$, X e $(Y_1, \ldots, Y_m)$.

9.2.1. Diferencia entre las medias de dos poblaciones normales con varianzas desconocidas que pueden suponerse iguales

Si hay razones para suponer que ambas poblaciones tienen la misma varianza, se construye el estimador conjunto de la varianza:

$$s_{1,p}^2 = \frac{(n-1)s_{1,X}^2 + (m-1)s_{1,Y}^2}{n+m-2}$$

El contraste se hace con la distribución t de Student, asumiendo que las variables X e Y son normales o, en su defecto, que las muestras son suficientemente grandes $n, m > 30$, y se usa el estadístico:

$$T = \frac{\bar{X}_n - \bar{Y}_m - (\mu_X - \mu_Y)}{s_{1,p}\sqrt{\frac{1}{n} + \frac{1}{m}}} \sim t_{n+m-2}$$

El intervalo de confianza es

$$IC_{1-\alpha}(\mu_X - \mu_Y) =$$

$$= \left(\bar{X}_n - \bar{Y}_m - t_{n+m-2,\alpha/2}s_{1,p}\sqrt{\frac{1}{n} + \frac{1}{m}}, \bar{X}_n - \bar{Y}_m + t_{n+m-2,\alpha/2}s_{1,p}\sqrt{\frac{1}{n} + \frac{1}{m}} \right)$$

y la hipótesis nula del contraste es:

$$H_0 : \mu_X = \mu_Y$$

9.2.2. Diferencia entre las medias de dos poblaciones normales con varianzas desconocidas que no pueden suponerse iguales

En el caso general, cuando no hay razones para suponer que ambas poblaciones tienen la misma varianza, se utiliza el estadístico:

$$T = \frac{\bar{X}_n - \bar{Y}_m - (\mu_X - \mu_Y)}{\sqrt{\frac{S_{1,X}^2}{n} + \frac{S_{1,Y}^2}{m}}} \approx t_\nu$$

siendo el número de grados de libertad:

$$\nu = \frac{\left(\frac{s_{1,X}^2}{n} + \frac{s_{1,Y}^2}{m}\right)^2}{\frac{\left(\frac{s_{1,X}^2}{n}\right)^2}{n-1} + \frac{\left(\frac{s_{1,Y}^2}{m}\right)^2}{m-1}}$$

El intervalo de confianza es:

$$IC_{1-\alpha}(\mu_X - \mu_Y) =$$

$$= \left(\bar{X}_n - \bar{Y}_m - t_{\nu,\alpha/2}\sqrt{\frac{s_{1,X}^2}{n} + \frac{s_{1,Y}^2}{m}}, \bar{X}_n - \bar{Y}_m + t_{\nu,\alpha/2}\sqrt{\frac{s_{1,X}^2}{n} + \frac{s_{1,Y}^2}{m}} \right)$$

y la hipótesis nula del contraste es:

$$H_0 : \mu_X = \mu_Y$$

Este resultado es válido tanto para variables normales como para muestras grandes ($n, m > 30$) de las variables.

En el caso de muestras grandes, el resultado obtenido utilizando este estadístico es muy similar al del caso de varianzas iguales, por lo que se puede aplicar directamente sin necesidad de comprobar si las varianzas son iguales o no.

9.2.3. Diferencia entre las proporciones de dos poblaciones cuando se tienen muestras grandes

Supondremos que $X \sim Be(p_X)$ e $Y \sim Be(p_Y)$. En este caso usaremos el estadístico:

$$Z = \frac{\hat{p}_X - \hat{p}_Y - (p_X - p_Y)}{\sqrt{\frac{\hat{p}_X(1-\hat{p}_X)}{n} + \frac{\hat{p}_Y(1-\hat{p}_Y)}{m}}} \approx N(0,1)$$

El intervalo de confianza es:

$$IC_{1-\alpha}(p_X - p_Y) = (\hat{p}_X - \hat{p}_Y - e, \hat{p}_X - \hat{p}_Y + e)$$

con:

$$e = z_{\alpha/2} \sqrt{\frac{\hat{p}_X(1 - \hat{p}_X)}{n} + \frac{\hat{p}_Y(1 - \hat{p}_Y)}{m}}$$

y la hipótesis nula del contraste es:

$$H_0 : p_X = p_Y$$

También se puede utilizar el estimador conjunto $\hat{p} = \frac{n\hat{p}_X + m\hat{p}_Y}{n+m}$.

9.2.4. Cociente de las varianzas de dos poblaciones normales

En este caso se utiliza el estadístico:

$$F = \frac{s_{1,X}^2}{s_{1,Y}^2} \sim F_{n-1,m-1}$$

El intervalo de confianza es:

$$IC_{1-\alpha}\left(\frac{\sigma_X^2}{\sigma_Y^2}\right) = \left(\frac{s_{1,X}^2/s_{1,Y}^2}{F_{n-1,m-1,\alpha/2}}, \frac{s_{1,X}^2/s_{1,Y}^2}{F_{n-1,m-1,1-\alpha/2}}\right)$$

y la hipótesis nula del contraste es:

$$H_0 : \frac{\sigma_X^2}{\sigma_Y^2} = 1$$

9.3. Análisis paramétrico de dos muestras pareadas

En este caso, disponemos de una muestra aleatoria simple de n pares de observaciones $(X_1, \ldots, X_n), (Y_1, \ldots, Y_n)$, obtenidas de n individuos de una misma población.

Los valores $(X_1, \ldots, X_n), (Y_1, \ldots, Y_n)$ no pueden considerarse dos muestras independientes, ya que cada par X_i, Y_i ha sido obtenido del mismo individuo, lo que implica que una de las variables puede estar significativamente influenciada por la otra.

Para analizar las diferencias entre X e Y se considera una nueva variable D definida como la diferencia entre cada par de observaciones pareadas:

$$D_i = X_i - Y_i$$

9.3.1. Diferencia entre las medias de dos poblaciones

En este caso se utiliza el estadístico:

$$T = \frac{\bar{D} - \mu_D}{s_{1,D}} \sqrt{n} \sim t_{n-1}$$

El intervalo de confianza es:

$$IC_{1-\alpha}(\mu_X - \mu_Y) = \left(\bar{D} - t_{n-1,\alpha/2}\frac{s_{1,D}}{\sqrt{n}}, \bar{D} + t_{n-1,\alpha/2}\frac{s_{1,D}}{\sqrt{n}} \right)$$

y la hipótesis nula del contraste es:

$$H_0 : \mu_X - \mu_Y = 0$$

Este resultado es válido tanto para variables normales como para muestras grandes $n > 30$.

9.3.2. Diferencia entre las proporciones de dos poblaciones

Supondremos que $X \sim Be(p_X)$ e $Y \sim Be(p_Y)$. En este caso usaremos el estadístico:

$$Z = \frac{\bar{D}_X - p_D}{s_{1,D}} \sqrt{n} \approx N(0,1)$$

El intervalo de confianza es:

$$IC_{1-\alpha}(p_X - p_Y) = \left(\bar{D} - z_{\alpha/2}\frac{s_{1,D}}{\sqrt{n}}, \bar{D} + z_{\alpha/2}\frac{s_{1,D}}{\sqrt{n}} \right)$$

y la hipótesis nula del contraste es:

$$H_0 : p_X = p_Y$$

9.4. Ejemplos resueltos

9.4.1. Muestras independientes

> **Ejemplo 9.1**
>
> Para analizar el riesgo de una inversión bursátil se suele utilizar la varianza de los rendimientos obtenidos a lo largo de un período de tiempo, ya que esta medida refleja la volatilidad de los rendimientos y, por tanto, la incertidumbre asociada con la inversión. La hoja `Datos` del fichero `bolsa18.xlsx` contiene datos del rendimiento mensual de las acciones de dos empresas: Caterpillar (`ticker = cat`) y Google (`ticker = goog`). Los rendimientos están expresados en tanto por ciento (%), y han sido obtenidos en el período que va de noviembre de 2015 a octubre de 2018.
>
> a) Considerando dichos datos como muestras aleatorias simples e independientes de las cotizaciones de las acciones de las dos empresas, plantear y resolver un contraste de hipótesis para comprobar si la varianza en el rendimiento (variable `valor`) de las acciones de Caterpillar es mayor que la del rendimiento de las acciones de Google. ¿Qué conclusión se obtiene para un nivel de significación del 5 %?
>
> b) ¿En qué consiste el error de tipo II en el contraste planteado en a)?
>
> c) Para un nivel de significación del 5 %, ¿cuál es la región crítica del contraste planteado en a)?

Solución.

a) Consideremos las variables:

X = "Rendimiento mensual de una acción de Caterpillar (%)".

Y = "Rendimiento mensual de una acción de Google (%)".

Se trata de dos variables tomadas sobre dos poblaciones diferentes y pueden considerarse independientes. Se desea comparar las varianzas de ambas poblaciones, para lo que efectuaremos un contraste de igualdad de varianzas. El contraste pedido es:

$$\begin{cases} H_0: & \sigma_X^2 = \sigma_Y^2 \\ H_1: & \sigma_X^2 > \sigma_Y^2 \end{cases}$$

y para aplicar el contraste de cociente de varianzas lo planteamos como:

$$\begin{cases} H_0: & \frac{\sigma_X^2}{\sigma_Y^2} = 1 \\ H_1: & \frac{\sigma_X^2}{\sigma_Y^2} > 1 \end{cases}$$

Comenzaremos por cargar el fichero con los datos de la muestra, por cualquiera de los procedimientos que vimos en la Sección 2.1. Vemos que los valores de ambas variables se han codificado en la tabla de datos en una única columna llamada `valor`, y la columna `ticker` es la que indica de qué población se ha extraído cada una de las observaciones. Podemos obtener los tamaños de ambas muestras mediante una tabla de frecuencias usando la función `summary`:

```
> summary(bolsa18$ticker)
 cat goog
  36   36
```

El contraste pedido requiere que las variables sean normales. Comprobamos el comportamiento de las variables mediante un test de normalidad. En ambos casos es fiable el test de Shapiro–Wilk.

Como los valores de ambas variables vienen agrupados en una única columna, podemos aplicar el test de normalidad a las dos al mismo tiempo indicando que es la variable `ticker` la que determina qué valores pertenecen a cada uno de los dos grupos. Para ello utilizaremos el comando:

```
> normalityTest(valor ~ ticker, test="shapiro.test",
    data=bolsa18)


 --------
 ticker = cat


        Shapiro-Wilk normality test

data:  valor
W = 0.96767, p-value = 0.3654
```

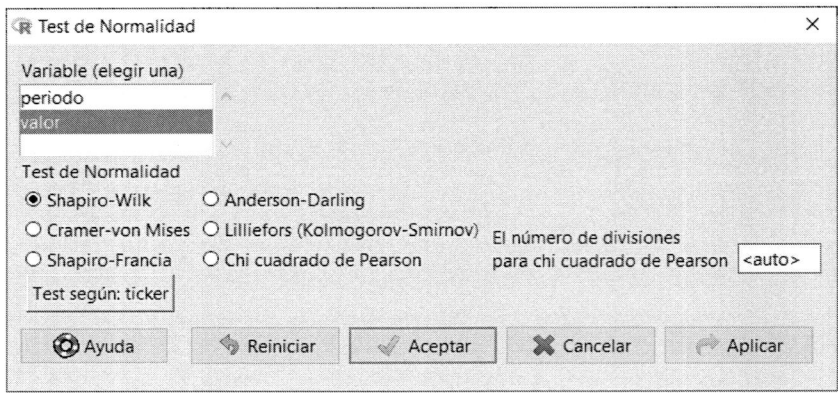

Figura 9.2: Diálogo para aplicar el test de normalidad a la variable `valor` separada por los valores de la variable `ticker`.

```
--------
ticker = goog

        Shapiro-Wilk normality test

data:  valor
W = 0.97468, p-value = 0.5662


--------

p-values adjusted by the Holm method:
     unadjusted adjusted
cat   0.36541    0.73082
goog  0.56616    0.73082
```

Obtenemos los $p-$valores respectivos 0.3654 y 0.5662, por lo que podemos concluir que ambas variables se comportan como normales.

Si se utiliza la interfaz gráfica `R Commander`, se puede apreciar en la Figura 9.2 el diálogo con los valores de los diferentes parámetros.

Para aplicar el contraste hacemos uso de la función `var.test`[1]:

---

[1]Esta función también devuelve el correspondiente intervalo de confianza. El nivel de confianza se puede indicar con el parámetro `conf.level`. Si no se especifica, se considera `conf.level=.95`.

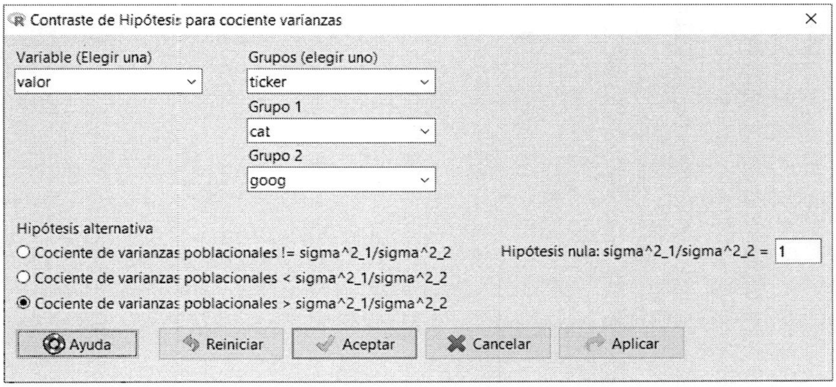

Figura 9.3: Diálogo para aplicar el contraste de igualdad de varianzas a la variable `valor` separada por los valores de la variable `ticker`.

```
> var.test(bolsa18$valor ~ bolsa18$ticker,
    alternative='greater')

        F test to compare two variances

data:  cat$valor and goog$valor
F = 1.9588, num df = 35, denom df = 35, p-value = 0.02519
alternative hypothesis: true ratio of variances is greater
    than 1
95 percent confidence interval:
 1.114788       Inf
sample estimates:
ratio of variances
        1.958837
```

Obteniendo un $p-$valor de 0.02519, por lo que, para un nivel de significación del 5 %, se puede rechazar la hipótesis nula y se concluye que la varianza de las acciones de Caterpillar es mayor que la de las acciones de Google.

En la Figura 9.3 puede verse cómo se aplica el contraste de igualdad de varianzas con TeachStat y los valores de los diferentes parámetros.

Como ya se ha comentado en los capítulos anteriores, si se ha utilizado TeachStat, el resultado del contraste es el mismo: $p-$valor $= 0.02519$. No obstante, la salida que se proporciona incluye información diferente:

```
> Contraste de hipótesis para cociente varianzas
- - - - - - - - - - - - - - - - - - - - - - - - - - - - - -
Variable: valor
Grupos: ticker [cat vs. goog]
Distribución: F con 35 y 35 grados de libertad
Valor del estadístico de contraste: 1.958837
p-valor: 0.025193 *
Hipótesis alternativa: Cociente de varianzas poblacionales es
     mayor que 1
Estimador muestral: ratio of variances 1.958837
```

b) En afirmar que la varianza en el rendimiento de las acciones de Caterpillar es mayor que la del rendimiento de las acciones de Google cuando realmente no lo es.

c) El estadístico sigue una distribución $F_{35,35}$. Al tratarse de un contraste de la cola derecha, la región crítica será $RC = (F_{35,35,0.05}, +\infty) = (1.7571, +\infty)$.

Si lo hubiéramos planteado como un contraste de la cola izquierda:

$$\begin{cases} H_0 : & \frac{\sigma_Y^2}{\sigma_X^2} = 1 \\ H_1 : & \frac{\sigma_Y^2}{\sigma_X^2} < 1 \end{cases}$$

la región crítica hubiera sido $RC = [0, F_{35,35,0.95}) = [0, 0.5691)$.

Obsérvese que $0.5691068 = \frac{1}{1.75714}$, y al efectuar el contraste hubiéramos obtenido:

```
> var.test(goog$valor, cat$valor, alternative="less")

        F test to compare two variances

data:  goog$valor and cat$valor
F = 0.51051, num df = 35, denom df = 35, p-value = 0.02519
alternative hypothesis: true ratio of variances is less than 1
95 percent confidence interval:
 0.0000000 0.8970319
sample estimates:
ratio of variances
       0.5105069
```

Lógicamente, la conclusión del contraste hubiera sido la misma.

Ejemplo 9.2

Una compañía de alquiler de coches desea realizar un estudio para comprobar si el consumo en ciudad de los vehículos de los que dispone es el mismo para los vehículos de tracción delantera que para los de tracción trasera. Para ello, utilizará los datos de una muestra formada por los vehículos en ese momento disponibles en una de las oficinas de la compañía, que a efectos de dicho estudio puede considerarse aleatoria simple.

La hoja `datos` del fichero `consumo_coches.xlsx` contiene los datos de dicha muestra. La variable `traccion` tiene dos niveles: `delantera` y `trasera`, mientras que la variable `consumo` es numérica e indica el consumo del vehículo en ciudad en km por litro.

a) Plantear y resolver un contraste de hipótesis para verificar si el consumo medio en ciudad es el mismo en los vehículos de tracción delantera que en los de tracción trasera o es diferente. ¿Qué conclusión se obtiene para un nivel de significación del 5 %?

b) ¿Cuál es la región crítica del contraste anterior?

c) ¿En qué consiste el error de tipo II en el contraste planteado en a)?

Solución.

a) Consideremos las variables:

$X = $ "Consumo en ciudad de un vehículo de tracción delantera (km/l)".

$Y = $ "Consumo en ciudad de un vehículo de tracción trasera (km/l)".

Al igual que en el ejercicio anterior, se trata de dos variables tomadas sobre dos poblaciones diferentes y por tanto pueden considerarse independientes. Se desea contrastar si las medias de ambas variables son iguales o no, para lo que efectuaremos un contraste de igualdad de medias. El contraste pedido es:

$$\begin{cases} H_0: & \mu_X = \mu_Y \\ H_1: & \mu_X \neq \mu_Y \end{cases}$$

y para aplicar el contraste de diferencia de medias que conocemos lo planteamos como:

$$\begin{cases} H_0: & \mu_X - \mu_Y = 0 \\ H_1: & \mu_X - \mu_Y \neq 0 \end{cases}$$

Comenzaremos por cargar el fichero con los datos de la muestra. Podemos ver que los valores de ambas variables se han codificado en la tabla de datos en una única columna llamada `consumo`, y la columna `traccion` es la que indica de qué población se ha extraído cada una de las observaciones. Podemos obtener los tamaños de ambas muestras mediante una tabla de frecuencias:

```
> summary(coches$traccion)

delantera    trasera
       64         40
```

Los tamaños de las muestras son, respectivamente, $n = 64$ y $m = 40$. Con tamaños de muestra tan grandes no es necesario comprobar que las variables sean normales. Además, dado que ambas muestras son grandes no es necesario comprobar si las varianzas son iguales y directamente se puede aplicar el contraste.

Finalmente, aplicando el contraste se obtiene el $p-$valor 0.0009697, por lo que, para un nivel de significación del 5 %, se concluye que puede rechazarse la hipótesis nula y hay evidencia suficiente de que el consumo de los vehículos de tracción delantera es diferente al de los vehículos de tracción trasera. El contraste lo hemos aplicado utilizando los comandos[2]:

```
> del <- subset(coches, traccion=="delantera", select=consumo)
> tras <- subset(coches, traccion=="trasera", select=consumo)
> t.test(del,tras)

        Welch Two Sample t-test

data:  del and tras
t = 3.3981, df = 101.8, p-value = 0.0009697
alternative hypothesis: true difference in means is not equal
```

---

[2]También se podía haber realizado con el comando:
`t.test(coches$consumo ~ coches$traccion, alternative = "two.sided")`.

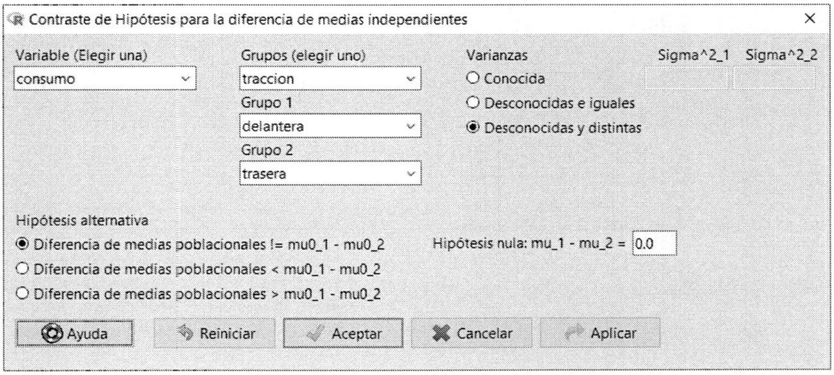

Figura 9.4: Diálogo para aplicar el contraste de diferencia de medias.

```
     to 0
95 percent confidence interval:
 0.6842543 2.6032457
sample estimates:
mean of x mean of y
 10.44375   8.80000
```

Si se utiliza `TeachStat`, este contraste se aplicaría como puede verse en la Figura 9.4.

b) $CR = (-\infty, -t_{\mathrm{df},0.025}) \cup (t_{\mathrm{df},0.025}, +\infty)$ por ser un contraste bilateral. En la salida de `R` vemos que el número de grados de libertad es $\mathrm{df} = 101.8$, luego $RC = (-\infty, -1.9835) \cup (1.9835, +\infty)$.

c) El error de tipo II consiste en concluir que el consumo de los vehículos con tracción delantera es idéntico al de los vehículos con tracción trasera en el caso de que no lo fuera.

Ejemplo 9.3

Para estimar el rendimiento esperado de una inversión bursátil se suele utilizar la media de los rendimientos obtenidos a lo largo de un período de tiempo reciente. La hoja `Datos` del fichero `bolsa18.xlsx` contiene datos del rendimiento mensual de las acciones de dos empresas: Caterpillar (`ticker = cat`) y Google (`ticker = goog`). Los rendimientos están expresados en tanto por ciento (%), y han sido obtenidos en el periodo que va de noviembre de 2015 a octubre de 2018.

Considerando dichos datos como muestras aleatorias simples e independientes de las cotizaciones de las acciones de las dos empresas, obtener un intervalo de confianza de nivel 95 % para la diferencia del rendimiento (variable `valor`) de las acciones de Caterpillar y las de Google. Utilizar como estimación los rendimientos del año 2018 (`periodo = 2018`).

Solución. Consideremos las variables:

$X = $ "Rendimiento mensual de una acción de Caterpillar durante 2018 (%)".

$Y = $ "Rendimiento mensual de una acción de Google durante 2018 (%)".

Se trata de obtener un intervalo de confianza para la diferencia de medias $\mu_X - \mu_Y$. Comenzaremos por cargar el dataset en R. A continuación, filtraremos el dataset para obtener los datos de la muestra, que son los correspondientes al año 2018. Para ello, ejecutamos el siguiente comando:

```
> bolsa18_filtrado <- subset(bolsa18, subset=periodo==2018)
```

Hecho esto, comprobamos el tamaño de las dos muestras, obteniendo tamaños respectivos $n = 10$ y $m = 10$, para lo que ejecutamos el comando:

```
> summary(bolsa18_filtrado$ticker)

 cat goog
  10    10
```

Como las muestras son pequeñas, para calcular un intervalo de confianza para la diferencia de medias hay que comprobar la normalidad de las variables. Aplicando el test de Shapiro–Wilk a ambas muestras se obtienen $p-$valores respectivos 0.6469 y 0.8594:

```
> normalityTest(valor ~ ticker, test="shapiro.test",
    data=bolsa18_filtrado)
 --------
 ticker = cat

        Shapiro-Wilk normality test

data:  valor
W = 0.94817, p-value = 0.6469
 --------
 ticker = goog
```

```
        Shapiro-Wilk normality test

data:  valor
W = 0.96677, p-value = 0.8594
....
```

Por lo tanto, para un nivel de significación del 5 % se puede concluir que las variables se aproximan suficientemente a la distribución normal.

Antes de aplicar el contraste de diferencia de medias, es conveniente ver si se puede asumir que ambas variables tienen la misma varianza. Aplicando el contraste de igualdad de varianzas se obtiene un $p-$valor 0.2563:

```
> cat <- subset(bolsa18_filtrado,ticker=="cat", select=valor)
> goog <- subset(bolsa18_filtrado,ticker=="goog", select=valor)
> var.test(cat$valor, goog$valor)

        F test to compare two variances

data:  cat$valor and goog$valor
F = 2.1981, num df = 9, denom df = 9, p-value = 0.2563
alternative hypothesis: true ratio of variances is not equal to 1
95 percent confidence interval:
 0.5459763 8.8495275
sample estimates:
ratio of variances
        2.198097
```

Se puede concluir, por tanto, que ambas varianzas son iguales.

Si se utiliza TeachStat para realizar el contraste de comparación de varianzas, este se aplicaría como puede verse en la Figura 9.5.

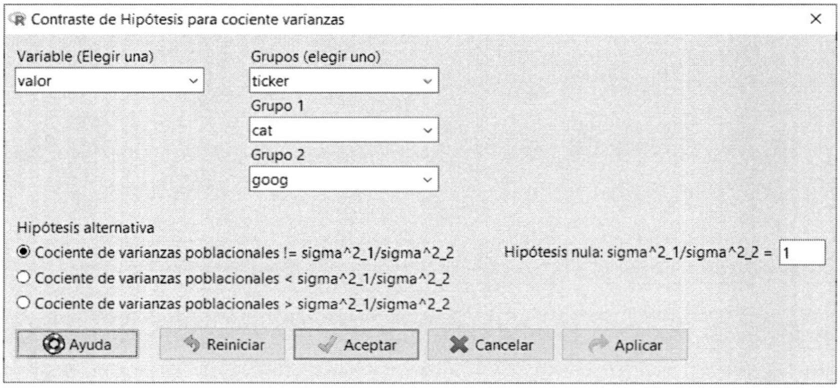

Figura 9.5: Diálogo para aplicar el contraste de cociente de varianzas.

Por último, calculamos el intervalo pedido mediante el comando:

```
> t.test(cat, goog, var.equal = TRUE)

          Two Sample t-test

data:  cat and goog
t = -0.32051, df = 18, p-value = 0.7523
alternative hypothesis: true difference in means is not equal to 0
95 percent confidence interval:
 -0.08175931  0.06011528
sample estimates:
  mean of x    mean of y
-0.02228386 -0.01146185
```

obteniendo como resultado $IC_{0.95}(\mu_X - \mu_Y) = (-0.08176, 0.06012)$.

Nótese que en el comando anterior no hemos especificado el nivel de confianza (por defecto 95 %) ni indicado que deseamos un intervalo bilateral (también por defecto). De forma más completa podíamos haber escrito:

```
> t.test(cat, goog, var.equal = TRUE, alternative = "two.sided",
    conf.level = .95)
```

Este intervalo se puede calcular utilizando TeachStat como indica la Figura 9.6.

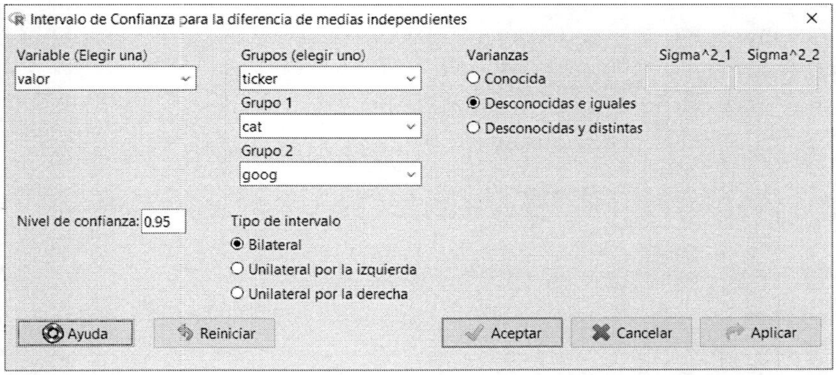

Figura 9.6: Diálogo para obtener un intervalo de confianza para la diferencia de medias.

Ejemplo 9.4

La hoja **Datos** del fichero **redditIF.xlsx** contiene datos de una encuesta sobre independencia financiera realizada a una muestra aleatoria de ciudadanos de Estados Unidos. La variable **fin_indy** se ha codificado como **Si/No** según si el encuestado es independiente financieramente o no lo es. La variable **gender** indica si el encuestado es hombre o mujer. Utilizando estos datos se quiere obtener un intervalo de confianza de nivel 95 % para la diferencia entre la proporción de hombres que son independientes financieramente y la proporción de mujeres que lo son. ¿Puede concluirse que hay alguna diferencia entre ambas proporciones?

Solución.   Consideremos las variables:

X = "Un hombre es independiente financieramente ($1 = $ Sí/$0 = $ No)".

Y = "Una mujer es independiente financieramente ($1 = $ Sí/$0 = $ No)".

$X \sim Be(p_X)$ e $Y \sim Be(p_Y)$, siendo p_X, p_Y los parámetros en estudio.

Se va a calcular un intervalo de confianza para la diferencia de proporciones, para lo que se necesita que las muestras sean grandes. Comenzamos por cargar el dataset y a continuación obtenemos el tamaño de ambas muestras, la de hombres y la de mujeres:

```
> summary(redditIF$gender)
Hombre  Mujer
  1659    339
```

Obtenemos los tamaños muestrales: $n = 1659$ y $m = 339$, suficientes para aplicar el intervalo de confianza basado en el test de la z.

Por último, se calcula el intervalo buscado, que es $IC_{0.95}(p_X - p_Y) = (-0.01869, 0.03959)$. Para obtenerlo se han ejecutado los comandos:

```
> table(redditIF$gender, redditIF$fin_indy)
No    Si
  Hombre 1534   125
  Mujer   317    22


> Cprop.test(ex=125, nx=1659, ey=22, ny=339, p.null=0)


        Classical Two Sample Proportions test


data:
z = 0.67153, nx = 1659, ny = 339, null difference = 0, p-value =
    0.5019
alternative hypothesis: true difference in proportions is not
    equal to 0
95 percent confidence interval:
 -0.01868759   0.03958727
sample estimates:
proportion in Group 1 proportion in Group 2
          0.07534659             0.06489676
```

Como el intervalo contiene al cero, no hay evidencia de que haya diferencias entre ambas proporciones.

El intervalo anterior puede obtenerse mediante **TeachStat** de la manera que puede verse en la Figura 9.7. En este caso, la salida obtenida es:

```
Intervalo de confianza para diferencia de proporciones
- - - - - - - - - - - - - - - - - - - - - - - - - - - - - - -
Tipo de intervalo: Bilateral
Nivel de confianza: 95%
Variable: fin_indy [Si vs.  No ]
Grupo 1: gender [ Hombre ]--> Nº éxitos = 125 -- Nº intentos = 1659
Grupo 2:  gender [ Mujer ]--> Nº éxitos = 22  -- Nº intentos = 339
Estimadores muestrales: proportion in Group 1 0.07534659 ,
    proportion in Group 2 0.06489676
Intervalo: ( -0.01868759 , 0.03958727 )
```

obteniéndose el mismo intervalo de confianza.

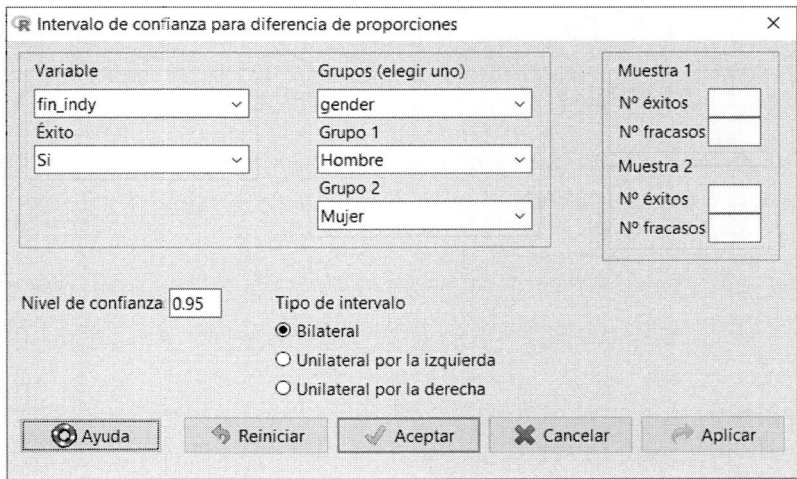

Figura 9.7: Diálogo para calcular un intervalo de confianza para la diferencia de dos proporciones.

Ejemplo 9.5

Una financiera tiene dos oficinas, A y B, cuyos empleados trabajan a comisión. A partir de una encuesta realizada a los empleados de ambas oficinas, la gerencia quiere saber si los salarios anuales medios de cada empleado, teniendo en cuenta las bonificaciones variables, son en promedio iguales en ambas oficinas. Los datos de la encuesta están recogidos en la hoja `Salarios` del fichero `salarios.xlsx`

a) Con un nivel de significación del 5 %, ¿puede afirmarse que los salarios medios difieren de una oficina a otra? Responde a la pregunta mediante un contraste de hipótesis.

b) ¿Cuál es la región crítica de este contraste?

Solución.

a) Consideremos las variables:

X = "Salario anual de un empleado de la oficina A (euros)".

Y = "Salario anual de un empleado de la oficina B (euros)".

Se va a efectuar el siguiente test de hipótesis para la diferencia de medias de ambas variables:

$$\begin{cases} H_0: & \mu_X = \mu_Y \\ H_1: & \mu_X \neq \mu_Y \end{cases} \quad \text{o} \quad \begin{cases} H_0: & \mu_X - \mu_Y = 0 \\ H_1: & \mu_X - \mu_Y \neq 0 \end{cases}$$

Comenzamos por cargar el dataset y a continuación calculamos los tamaños de las muestras:

```
> summary(salarios$Oficina)
 A  B
74 76
```

Las muestras tienen tamaños respectivos $n = 74$ y $m = 76$, por lo que podemos aplicar el test de la t sin necesidad de exigir que las variables sean normales. Tampoco es imprescindible comprobar si ambas variables tienen la misma varianza; podemos suponer que son diferentes.

Efectuamos el contraste pedido con los comandos:

```
> A <- subset(salarios, Oficina=="A", select=Salario)
> B <- subset(salarios, Oficina=="B", select=Salario)
> t.test(A, B)

        Welch Two Sample t-test

data:  A and B
t = 0.56372, df = 147.97, p-value = 0.5738
alternative hypothesis: true difference in means is not equal
    to 0
95 percent confidence interval:
 -1531.81  2754.57
sample estimates:
mean of x mean of y
 30457.43  29846.05
```

Obtenemos un $p-$valor $= 0.5738 > \alpha = 0.05$, por lo que no hay motivos para rechazar la hipótesis nula y por lo tanto no podemos afirmar que los salarios anuales de los empleados de ambas oficinas sean diferentes.

Podemos aplicar este mismo test utilizando `TeachStat` de la manera que puede verse en la Figura 9.8.

b) Como es un test bilateral, la región crítica será $RC = (-\infty, -t_{\mathrm{df},0.025}) \cup (t_{\mathrm{df},0.025}, +\infty)$. Los grados de libertad los obtenemos de la salida de R anterior, 147.97, luego $RC = (-\infty, -t_{147.97,0.025}) \cup (t_{147.97,0.025}, +\infty) = (-\infty, -1.9761) \cup (1.9761, +\infty)$.

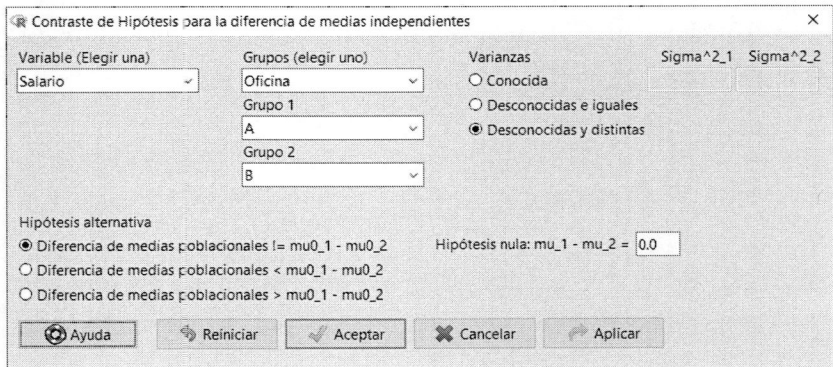

Figura 9.8: Diálogo para calcular un contraste para la diferencia de dos medias.

Ejemplo 9.6

Una cadena de ropa tiene cuatro franquicias en una localidad y periódicamente analiza la tasa de satisfacción de los clientes, utilizando las respuestas que estos dan en un pulsador de *feedback* en el que pueden indicar al salir de las tiendas si han quedado satisfechos o insatisfechos.

El fichero `satisfaccion.xlsx` contiene las respuestas recogidas en la última semana. La variable `Tienda` toma valores A, B, C y D representando a las cuatro franquicias, y la variable `Satisfecho` indica si el cliente ha quedado o no satisfecho `Si/No`.

a) En un momento determinado se quiere saber si hay más clientes satisfechos en la tienda B que en la A. Plantear y resolver un contraste de hipótesis que pretenda responder a esta cuestión con un nivel de significación del 5 %.

b) ¿Cuál sería la región crítica del contraste anterior para un nivel de significación del 3 %?

c) ¿En qué consistiría en este caso cometer un error de tipo I?

Solución.

a) Consideremos las variables:

X = "Un cliente de la tienda A indica que está satisfecho (1=Sí/0=No)".

$Y = $ "Un cliente de la tienda B indica que está satisfecho (1=Sí/0=No)".

$X \sim Be(p_X)$ e $Y \sim Be(p_Y)$, siendo p_X, p_Y los parámetros en estudio.

El contraste pedido es:

$$\begin{cases} H_0: & p_X \geq p_Y \\ H_1: & p_X < p_Y \end{cases} \quad \text{o} \quad \begin{cases} H_0: & p_X - p_Y \geq 0 \\ H_1: & p_X - p_Y < 0 \end{cases}$$

Comenzamos por cargar el dataset. A continuación lo filtramos para obtener las muestras de clientes de las tiendas A y B, y eliminamos los niveles vacíos de la variable:

```
> satisfaccion_AB <- subset(satisfaccion, subset=Tienda ==
    "A" | Tienda == "B")
> satisfaccion_AB$Tienda <- droplevels(satisfaccion_AB$Tienda)
```

y calculamos los tamaños de las muestras:

```
> summary(satisfaccion_AB$Tienda)
 A  B
40 70
```

Ambas muestras son suficientemente grandes como para poder aplicar el test de proporciones:

```
> table(satisfaccion_AB$Tienda, satisfaccion_AB$Satisfecho)
    No Si
  A  8 32
  B 20 50

> Cprop.test(ex=32, nx=40, ey=50, ny=70, alternative="less",
    p.null=0)


        Classical Two Sample Proportions test
data:
z = 0.99276, nx = 40, ny = 70, null difference = 0, p-value =
    0.8396
alternative hypothesis: true difference in proportions is
    less than 0
95 percent confidence interval:
 -1.000000  0.222499
sample estimates:
proportion in Group 1 proportion in Group 2
            0.8000000             0.7142857
```

Se obtiene un $p-$valor $= 0.8396 > \alpha = 0.05$, por lo que la muestra no presenta evidencia suficiente para rechazar la hipótesis nula, y por lo tanto no podemos concluir que hay menos clientes satisfechos de la tienda A que de la tienda B.

Si se utiliza `TeachStat`, este test se aplicaría de la manera que puede verse en la Figura 9.9.

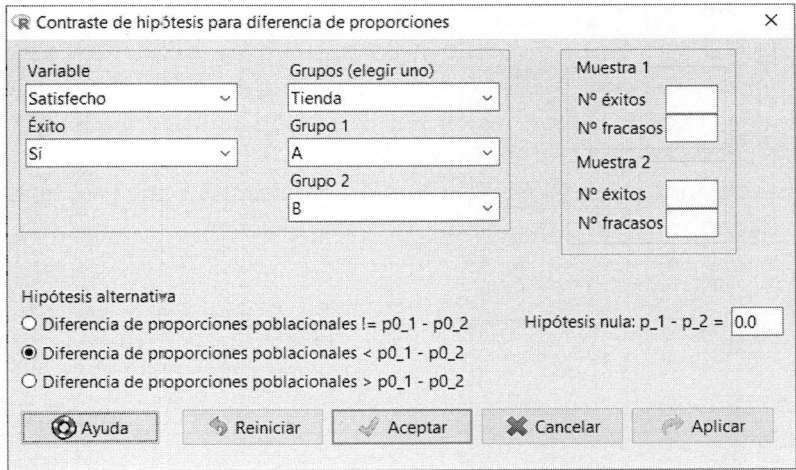

Figura 9.9: Diálogo para calcular un contraste de hipótesis para la diferencia de dos proporciones.

b) Como es un contraste de la cola izquierda, la región crítica será $RC = (-\infty, -z_{0.03}) = (-\infty, -1.8808)$.

c) El error de tipo I consiste en concluir que los clientes de la tienda A quedan menos satisfechos que los de la tienda B cuando no es así.

Ejemplo 9.7

Una empresa de telecomunicaciones de ámbito nacional quiere comparar la variabilidad en el consumo de datos por cliente entre dos zonas del país, la zona Norte y la zona Sur. Para ello, toma una muestra de clientes de cada zona conteniendo consumos diarios (en Kb) seleccionados aleatoriamente de los últimos cinco meses. Los datos de la encuesta se han recogido en la hoja de cálculo `consumo_datos`. Con estos datos, calcular un intervalo de confianza de nivel 90% para el cociente de las varianzas de los consumos de ambas zonas. ¿Puede

> decirse que es mayor la variabilidad en el consumo de la zona Norte
> que la del consumo de la zona Sur?

Solución. Consideremos las variables:

X = "Consumo diario de un cliente de la zona Norte (Kb)".

Y = "Consumo diario de un cliente de la zona Sur (Kb)".

Se trata de calcular un intervalo de confianza para el cociente de varianzas de dos poblaciones independientes. La expresión que conocemos exige que las variables sigan una distribución normal, luego comenzaremos por cargar los datos y aplicarles el test de normalidad.

Comprobamos primero el tamaño de las muestras para decidir qué test de normalidad es más apropiado en este caso:

```
> summary(consumo_datos$Zona)
Norte   Sur
 192    228
```

Como las dos muestras son grandes, les aplicaremos el test de normalidad de Lilliefors:

```
> normalityTest(Consumo ~ Zona, test="lillie.test",
    data=consumo_datos)

 --------
 Zona = Norte


        Lilliefors (Kolmogorov-Smirnov) normality test

data:  Consumo
D = 0.040161, p-value = 0.6322


 --------
 Zona = Sur


        Lilliefors (Kolmogorov-Smirnov) normality test

data:  Consumo
D = 0.055062, p-value = 0.09035


 --------
```

```
p-values adjusted by the Holm method:
      unadjusted adjusted
Norte 0.632174   0.63217
Sur   0.090346   0.18069
```

Se obtienen $p-$valores respectivos 0.6322 y 0.09035, ambos mayores que 0.05, por lo que se puede asumir la normalidad de las variables.

Para calcular el intervalo utilizaremos los comandos:

```
> norte <- subset(consumo_datos,Zona=="Norte", select=Consumo)
> sur <- subset(consumo_datos,Zona=="Sur", select=Consumo)
> var.test(norte$Consumo, sur$Consumo, conf.level=.9)

        F test to compare two variances

data:  norte$Consumo and sur$Consumo
F = 1.2804, num df = 191, denom df = 227, p-value = 0.0741
alternative hypothesis: true ratio of variances is not equal to 1
90 percent confidence interval:
 1.019748 1.611902
sample estimates:
ratio of variances
         1.280406
```

El intervalo de confianza obtenido es $IC_{0.90}\left(\frac{\sigma_X^2}{\sigma_Y^2}\right) = (1.02, 1.61)$ y dado que ambos extremos son superiores a 1 podemos decir con una confianza del 90 % que la variabilidad en el consumo de la zona Norte es superior a la variabilidad en el consumo de la zona Sur.

No obstante, el extremo inferior del intervalo es tan próximo a 1 que llevaría a la compañía a ser cautelosa en sus conclusiones y a ser posible a repetir el estudio con muestras más grandes.

Si se utiliza TeachStat, este test se aplicaría de la manera que puede verse en la Figura 9.10.

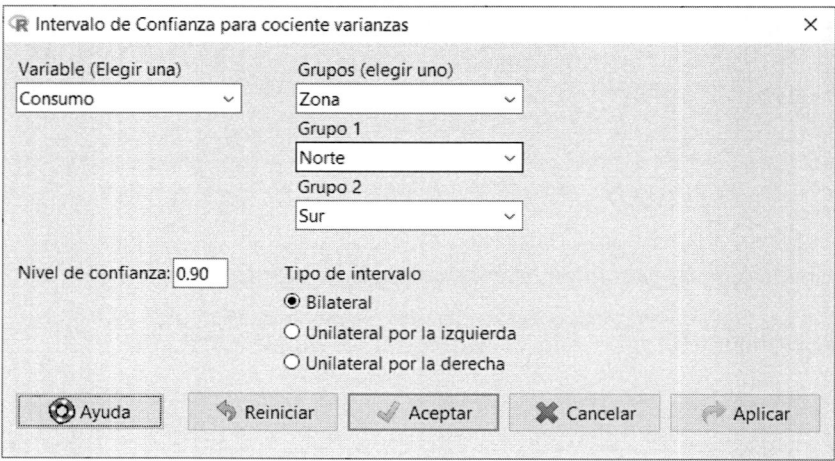

Figura 9.10: Diálogo para aplicar el intervalo de confianza para el cociente de varianzas.

9.4.2. Muestras pareadas

Ejemplo 9.8

Una empresa quiere evaluar el impacto de un programa de capacitación en la productividad de sus empleados. Para ello se miden las ventas promedio de cada empleado antes y después del programa, obteniendo los datos (en euros) de la hoja `productividad.xlsx`. ¿Proporcionan dichos datos evidencia suficiente de que la productividad de los empleados, en promedio, ha aumentado tras la implantación del programa de productividad? Responder a la pregunta mediante un contraste de hipótesis de nivel de significación 5 %.

Solución. Consideremos las variables:

X = "Ventas mensuales de un empleado antes de la capacitación (€)".

Y = "Ventas mensuales de un empleado después de la capacitación (€)".

Se va a efectuar el siguiente test de hipótesis para la diferencia de medias de ambas variables:

$$\begin{cases} H_0: & \mu_X \geq \mu_Y \\ H_1: & \mu_X < \mu_Y \end{cases}$$

y para aplicar el contraste de diferencia de medias que conocemos lo planteamos como:

$$\begin{cases} H_0: & \mu_X - \mu_Y \geq 0 \\ H_1: & \mu_X - \mu_Y < 0 \end{cases}$$

Comenzamos por cargar el dataset y calcular el tamaño de la muestra. En este caso se trata de un test de muestras pareadas, ya que las dos variables se han medido antes y después del programa de capacitación en los mismos empleados. Por lo tanto obtenemos el tamaño de la muestra como el número de empleados, que es el número de filas del dataset:

```
> sum(!is.na(Productividad$Antes) & !is.na(Productividad$Despues))
[1] 38
```

El contraste que conocemos es válido tanto para variables normales como para muestras grandes. En este caso la muestra es suficientemente grande $n = 38 > 30$, por lo que podemos proceder directamente a efectuar el contraste, para lo que utilizaremos el comando:

```
> t.test(Productividad$Antes, Productividad$Despues,
    alternative="less", paired = TRUE)

        Paired t-test

data:  Productividad$Antes and Productividad$Despues
t = -2.9266, df = 37, p-value = 0.002914
alternative hypothesis: true mean difference is less than 0
95 percent confidence interval:
      -Inf -267.4897
sample estimates:
mean difference
      -631.5789
```

Se obtiene un $p-$valor $= 0.002914 < \alpha = 0.05$, por lo que hay evidencia suficiente para rechazar la hipótesis nula y afirmar que el programa de capacitación ha aumentado la productividad de los empleados.

Si se utiliza `TeachStat`, este test se aplicaría de la manera que puede verse en la Figura 9.11.

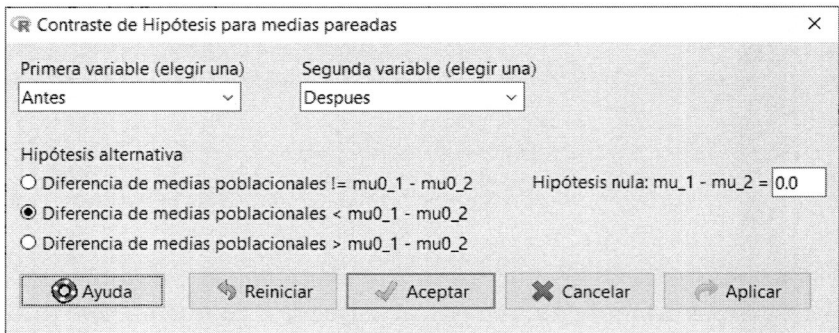

Figura 9.11: Diálogo para calcular un contraste para la diferencia de dos medias de datos pareados.

Ejemplo 9.9

Una empresa de software desea lanzar al mercado una nueva versión de una app y para ello envía una versión beta a una serie de usuarios de la versión antigua y les pide que prueben la nueva e indiquen su satisfacción con ambas versiones. Los usuarios deben responder si les gustaba o no la aplicación antigua y si les gusta o no la aplicación nueva. Las respuestas a la encuesta se recogen en las variables `Antigua` y `Nueva` del fichero `app.xlsx`. Plantear y resolver un contraste de hipótesis para decidir, con un nivel de significación del 2.5 %, si la proporción de usuarios satisfechos con la nueva app es mayor que la de usuarios satisfechos con la antigua.

Solución. Consideremos las variables:

X = "Un usuario está satisfecho con la app antigua $(1 = \text{Sí}/0 = \text{No})$".
Y = "Un usuario está satisfecho con la app nueva $(1 = \text{Sí}/0 = \text{No})$".
$X \sim Be(p_X)$ e $Y \sim Be(p_Y)$.

Se quiere efectuar el siguiente test de hipótesis para la diferencia de proporciones de ambas variables:

$$\begin{cases} H_0: & p_X \geq p_Y \\ H_1: & p_X < p_Y \end{cases} \quad \text{o} \quad \begin{cases} H_0: & p_X - p_Y \geq 0 \\ H_1: & p_X - p_Y < 0 \end{cases}$$

Comenzamos por cargar el dataset. En este caso se trata también de un test de muestras pareadas, ya que se ha pedido opinión sobre ambas versiones de la app a los mismos usuarios. Por lo tanto obtenemos el tamaño de la muestra como el número de usuarios que ha respondido la encuesta:

```
> sum(!is.na(App$Antigua) & !is.na(App$Nueva))

[1] 426
```

Ninguno de los contrastes para la diferencia de proporciones que ofrece R tiene en consideración que los datos están pareados; tanto el test de la z como otros test basados en la chi–cuadrado ignoran el emparejamiento de datos en este tipo de variables. Como alternativa para aplicar el contraste que conocemos, proponemos codificar la variable de manera numérica ($1 =$ Sí/$0 =$ No) y aplicar el test de la t, que para valores muestrales grandes es equivalente al de la z. Para ello comenzamos recodificando las variables, teniendo en cuenta que el resultado debe ser numérico y no factor:

```
> r_Antigua= Recode(App$Antigua, '"No"=0; "Si"=1', as.factor=FALSE)
> r_Nueva= Recode(App$Nueva, '"No"=0; "Si"=1', as.factor=FALSE)
```

La Figura 9.12 muestra cómo se recodifican las variables utilizando `TeachStat`. Es importante que la nueva variable sea numérica, y por lo tanto no debe estar seleccionado el *checkbox* "Convertir cada nueva variable en factor".

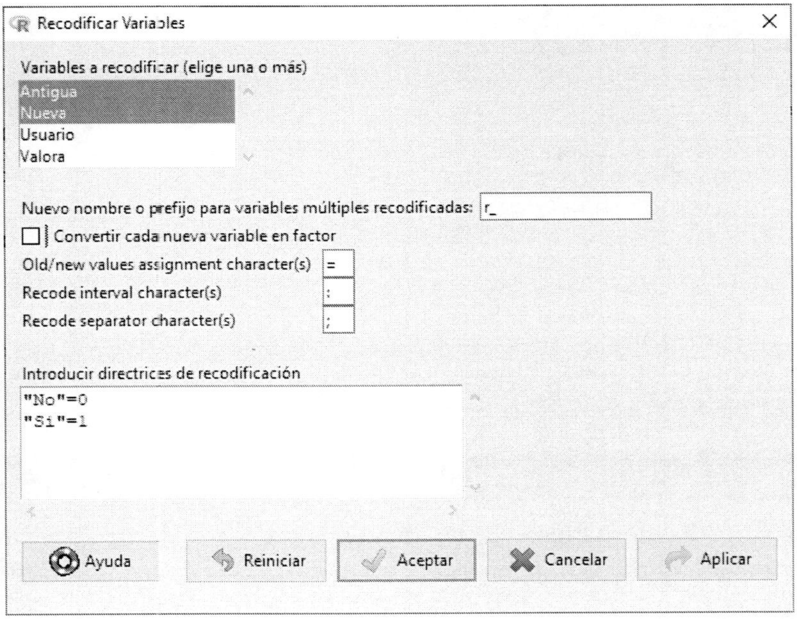

Figura 9.12: Diálogo para recodificar una variable categórica en numérica.

Y ya podemos aplicar el test de la t para muestras pareadas a las dos nuevas variables que hemos creado:

```
> t.test(Dataset$r_Antigua, Dataset$r_Nueva, alternative="less",
    paired=TRUE)
        Paired t-test

data:  antigua and nueva
t = 0.20437, df = 425, p-value = 0.5809
alternative hypothesis: true mean difference is less than 0
95 percent confidence interval:
        -Inf 0.06384555
sample estimates:
mean difference
    0.007042254
```

Se obtiene un $p-\text{valor} = 0.5809 > \alpha = 0.025$, por lo que no hay evidencia suficiente para rechazar la hipótesis nula y, por lo tanto, no se puede afirmar que haya más usuarios satisfechos con la nueva app que con la antigua.

En cuanto al contraste, la Figura 9.13 muestra el diálogo con sus correspondientes parámetros cuando se ejecuta en `TeachStat`.

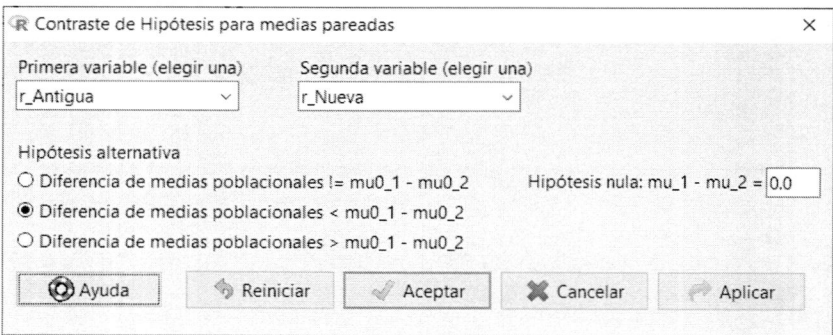

Figura 9.13: Diálogo para calcular un contraste para la diferencia de dos medias de datos pareados, obtenidos de dos variables Bernoulli codificadas numéricamente.

Ejemplo 9.10

Una empresa de paquetería ha implementado un nuevo sistema de distribución para los paquetes pequeños (entregas de no más de 3.5 kg) y para verificar su buen funcionamiento compara el tiempo empleado en varias entregas antes y después a clientes de varios distritos. La hoja `courier.xlsx` contiene los tiempos de entrega en horas de una serie de entregas tomados antes y después de la implementación del sistema. Se indica también el peso de cada una con el fin de poder identificar los paquetes afectados por el nuevo sistema, que son los de peso no superior a 3.5 kg) y el distrito del envío, ya que por el momento el sistema se ha implementado únicamente en el distrito 1. Obtener un intervalo de confianza de nivel 95 % para la diferencia entre los tiempos medios de entrega de paquetes pequeños en el distrito 1 antes y después de implementar el nuevo sistema. ¿Puede considerarse que el nuevo sistema ha mejorado los tiempos de reparto?

Solución.   Consideremos las variables:

$X =$ "Tiempo de entrega de un paquete pequeño antes de implementar el nuevo sistema (horas) en el distrito 1".

$Y =$ "Tiempo de entrega de un paquete pequeño después de implementar el nuevo sistema (horas) en el distrito 1".

Se quiere obtener un intervalo de confianza de nivel 95 % para la diferencia de medias, $IC_{0.95}(\mu_X - \mu_Y)$.

Comenzaremos cargando el fichero de datos en R. A continuación, seleccionaremos los paquetes que contienen la muestra en estudio, que son los paquetes entregados en el distrito 1 cuyo peso no supera los 3.5 kg:

```
> courier_peq <- subset(courier, subset=Peso <= 3.5 & Distrito ==
  1)
```

Obtenemos el tamaño de la muestra:

```
> sum(!is.na(courier_peq$Antes) & !is.na(courier_peq$Despues))
[1] 86
```

La muestra es de tamaño suficientemente grande, $n = 86$, como para poder calcular el intervalo de confianza para la diferencia de medias sin necesidad de que las variables sean normales. Lo haremos con el comando:

```
> t.test(courier_peq$Antes, courier_peq$Despues, paired = TRUE)

        Paired t-test

data:  courier_peq$Antes and courier_peq$Despues
t = 10.362, df = 85, p-value < 2.2e-16
alternative hypothesis: true mean difference is not equal to 0
95 percent confidence interval:
```

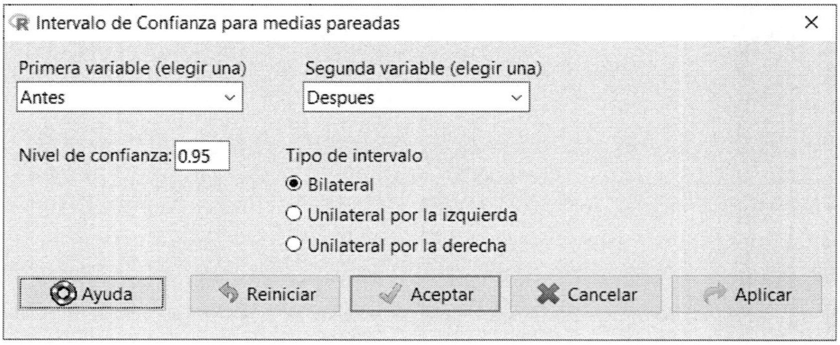

Figura 9.14: Diálogo para calcular un contraste para la diferencia de dos medias de datos pareados.

```
 0.4510420 0.6652371
sample estimates:
mean difference
      0.5581395
```

Se obtiene el intervalo $IC_{0.95}(\mu_X - \mu_Y) = (0.45, 0.67)$. Puesto que ambos extremos del intervalo son positivos, se puede deducir que la diferencia entre los tiempos medios antes y después es positiva y, por lo tanto, los tiempos de entrega después de implementar el nuevo sistema son menores de lo que eran antes, de manera que se puede afirmar con un 95 % de confianza que el nuevo sistema parece haber resultado efectivo.

Utilizando `TeachStat`, este intervalo se calcularía de la manera que puede verse en la Figura 9.14.

9.5. Ejercicios propuestos

Ejercicio 9.1. Para analizar el riesgo de una inversión bursátil se suele utilizar la varianza de los rendimientos obtenidos a lo largo de un período de tiempo, ya que esta medida refleja la volatilidad de los rendimientos y, por tanto, la incertidumbre asociada con la inversión. La hoja `Datos` del fichero `bolsa18.xlsx` contiene datos del rendimiento mensual de las acciones de dos empresas: Caterpillar (`ticker = cat`) y Google (`ticker = goog`). Los rendimientos están expresados en tanto por ciento (%), y han sido obtenidos en el período que va de noviembre de 2015 a octubre de 2018.

Considerando dichos datos como muestras aleatorias simples e independientes de las cotizaciones de las acciones de las dos empresas, obtener un intervalo de confianza de nivel 95 % para el cociente de las varianzas en el rendimiento (variable `valor`) de las acciones de Caterpillar y las de Google.

Ejercicio 9.2. Una empresa local de paquetería ha creado un nuevo servicio exprés que garantiza entregas en un tiempo máximo de tres horas. La variable `Despues` de la hoja `courier.xlsx` contiene los tiempos de entrega en horas de una serie de paquetes. Se indica también el distrito del envío.

A la vista de los datos, ¿se puede afirmar que la proporción de paquetes entregados en tres horas o menos en el distrito 1 es diferente de la proporción de esas mismas entregas en el distrito 2? Responder a la pregunta mediante un contraste de hipótesis de nivel de significación 5 %.

Ejercicio 9.3. Una empresa de software desea lanzar al mercado una nueva versión de una app y para ello envía una versión beta a una serie de clientes y les pide que prueben la app y valoren en una escala de 1 a 5 su grado de satisfacción con ella. Las respuestas a la encuesta se recogen en la variable `Valora` del fichero `app.xlsx`. También les pregunta si eran ya usuarios de la versión antigua de la app, recogiendo las respuestas a esta pregunta en la variable `Antigua`. Plantear y resolver un contraste de hipótesis para decidir, con un nivel de significación del 5 %, si la valoración media de la nueva app es mayor entre los usuarios que ya utilizaban antes la app que entre los que no la habían usado antes. ¿Cuál es la región crítica del contraste?

Ejercicio 9.4. Un comercio vende distintos modelos de bombillas de dos marcas diferentes, A y B. Ante las quejas de varios clientes sobre la duración de algunas bombillas, encarga una investigación para comparar la variabilidad en los tiempos de vida de las bombillas de ambas marcas. El estudio consiste en medir la duración en horas de una muestra de bombillas de ambos fabricantes, dato que figura en la hoja `bombillas.xlsx`. Plantear y resolver un contraste de hipótesis para decidir, con un nivel de significación del 5 %, si la varianza de los tiempos de vida de las bombillas de ambos fabricantes es la misma. ¿Cuál es la región crítica del contraste?

Ejercicio 9.5. Un banco registra los tiempos de atención a una muestra de solicitantes de crédito, tanto en la sucursal física como a través de la nueva app que acaba de lanzar. El objetivo es analizar si el trámite es más rápido utilizando la app que acudiendo a la sucursal física. Los datos del estudio están en la hoja `creditos_app.xlsx`: la variable `Tiempo` es el tiempo de atención en minutos y la variable `Medio` indica si el trámite se hizo en la sucursal o a través de la app. Obtener un intervalo de confianza de nivel 95 % para la diferencia entre los tiempos de atención por un medio o por otro. ¿Puede afirmarse que hay una diferencia significativa de tiempo de atención mediante un medio y el otro?

Ejercicio 9.6. Con el fin de supervisar el correcto funcionamiento de la app que ofrece a sus clientes, un banco analiza periódicamente si la tasa de aprobación de créditos es diferente cuando se solicitan a través de la app que cuando se solicitan presencialmente en alguna sucursal. Para ello toma, de manera regular, una muestra de las solicitudes de crédito que se han recibido en las últimas semanas y anota cuál ha sido su resolución. Los datos del último estudio están en la hoja `creditos.xlsx`: la variable `Credito` es la decisión tomada sobre si se aprobó el crédito (Sí/No) y la variable `Medio` indica si el trámite se hizo en la sucursal o a través de la app. Obtener un intervalo de confianza de nivel 90 % para la diferencia entre la proporción de créditos aprobados a través de la app y la de créditos aprobados en la sucursal. ¿Puede afirmarse que hay una diferencia significativa entre ambas proporciones?

Ejercicio 9.7. Una agencia de marketing digital acaba de incorporar nuevas técnicas a su estrategia de marketing y desea comprobar su eficacia. Para ello compara las tasas de conversión obtenidas por algunos de sus clientes antes y después de implementar las nuevas técnicas. A la vista de dichas tasas, que se encuentran en el fichero `mdigital.xlsx`, ¿puede afirmar la agencia que las nuevas técnicas han conseguido aumentar, en promedio, las tasas de conversión de su estrategia de marketing? Responder a la pregunta mediante un contraste de hipótesis con un nivel de significación del 5 %. ¿Cuál es la región crítica del contraste?

Ejercicio 9.8. Se quiere comparar el rendimiento en 2022 de dos bonos del mercado chino a partir de los datos de rentabilidades diarias que se han obtenido en la web del Banco Popular de China. En el fichero `bonos_china.xlsx` se ha recogido el valor de la cotización al cierre (variable `close`) de ambos bonos, `sz112515` y `sz112557` (variable `ticker`) durante algunos días del año 2022. Con esos datos, se quiere averiguar si hay evidencia para afirmar que la rentabilidad diaria del bono `sz112515` fue mayor que la del bono `sz112557` durante el año 2022. Responder a la pregunta mediante un contraste de hipótesis de nivel de significación 2 %. ¿Cuál es la región crítica del contraste?

Ejercicio 9.9. Se quiere comparar la variabilidad del rendimiento en 2022 de dos bonos del mercado chino a partir de los datos de rentabilidades diarias que se han obtenido en la web del Banco Popular de China. En el fichero `bonos_china.xlsx` se ha recogido el valor de la cotización al cierre (variable `close`) de ambos bonos, `sz112515` y `sz112557` (variable `ticker`) durante algunos días del año 2022. Con esos datos, se quiere averiguar si hay evidencia para afirmar que la varianza de la rentabilidad diaria del bono `sz112515` fue mayor que la del bono `sz112557` durante el año 2022. Responder a la pregunta mediante un contraste de hipótesis de nivel de significación 5 %. ¿Cuál es la región crítica del contraste?

Ejercicio 9.10. Una empresa ha adquirido un nuevo sistema contable y desea comprobar si realmente el nuevo software reduce el tiempo de cierre mensual. Para realizar el estudio recoge datos del tiempo mensual (en minutos) empleado en la gestión de nóminas, que es la tarea que más tiempo requiere, relativos a los doce primeros meses de implementación de dicho software y de los doce meses anteriores. Dichos datos se encuentran en el fichero `sc.xlsx`. A la vista de dichos datos, obtener un intervalo de confianza de nivel 95 % para la diferencia entre el tiempo de cierre antes y después de la implementación del nuevo software. ¿Puede la empresa afirmar que el nuevo software ha reducido el tiempo de cierre mensual?

Ejercicio 9.11. Una empresa de telecomunicaciones de ámbito nacional planifica su expansión en la zona Norte del país porque considera que el consumo de datos allí es más elevado que en la zona Sur. Para asegurarse toma una muestra de clientes de cada zona conteniendo consumos diarios (en Kb) seleccionados aleatoriamente de los últimos cinco meses. Los datos de la encuesta se han recogido en la hoja de cálculo `consumo_datos`. A la vista de estos datos, ¿puede afirmar la empresa que el consumo de datos es mayor en la zona Norte que en la zona Sur? Responder a esta pregunta mediante un contraste de hipótesis de nivel de significación 5 %. ¿Cuál sería el error de tipo I en este contraste?

Ejercicio 9.12. Un banco registra los tiempos de atención a una muestra de solicitantes de crédito, tanto en la sucursal física como a través de la nueva app que acaba de lanzar. El objetivo es analizar si el tiempo necesario para realizar el trámite presenta más variabilidad utilizando la app que acudiendo a la sucursal física, lo que podría indicar que el interfaz de la app no resulta claro para el usuario. Los datos del estudio están en la hoja `creditos.xlsx`:

la variable `Tiempo` es el tiempo de atención en minutos y la variable `Medio` indica si el trámite se hizo en la sucursal o a través de la app. ¿Puede afirmarse que la varianza del tiempo de atención al solicitante del crédito es mayor a través de la app que presencialmente en la sucursal? Responde a la pregunta mediante un contraste de hipótesis de nivel de significación 5 %. ¿Cuál sería el error de tipo II en este caso?

Ejercicio 9.13. Una tienda de electrónica y electrodomésticos llevó a cabo el año pasado una campaña publicitaria para promocionar sus productos de informática. Antes de repetir la misma campaña quiere comprobar su eficacia comparando las ventas mensuales antes y después de la campaña.

Para ello dispone de las ventas mensuales promedio en euros por cliente durante los 12 meses anteriores y los 12 posteriores a la campaña en el fichero `retail.xlsx`, con los cuales quiere comprobar si el gasto medio por cliente en productos de la categoría `Informatica` (variable `Seccion`) ha aumentado tras la campaña.

Resolver esta cuestión mediante un contraste de hipótesis de nivel de significación 5 %. ¿Cuál es la región crítica del contraste?

Ejercicio 9.14. Una empresa de seguros quiere comparar la tasa de renovación de pólizas entre dos de sus sucursales, A y B. Para ello va a utilizar una muestra aleatoria extraída de todos sus clientes, que se encuentra en el fichero `seguros.xlsx`.

¿Presenta la muestra evidencia de que ambas sucursales tienen tasas de renovación diferentes? Responder a la pregunta mediante un contraste de hipótesis de nivel de significación 3 %. ¿Cuál sería el error de tipo II en este caso?

Ejercicio 9.15. Una fábrica produce tornillos en varias líneas de producción independientes. El departamento de control de calidad quiere determinar si hay una diferencia significativa en la longitud media de los tornillos producidos por las líneas A y B. Para ello, se usan los datos de una muestra de tornillos extraídos aleatoriamente de todas las líneas. Dichos datos están disponibles en el fichero `tornillos.xlsx`.

El equipo de control de calidad sospecha que la línea B produce tornillos más largos que la línea A, pero quiere confirmar esta hipótesis con con contraste de hipótesis de nivel de significación del 5 %.

¿Presentan los datos evidencia de que la línea B produzca tornillos más largos que la línea A?

9.6. Preguntas teórico–prácticas

Pregunta 9.1. Se ha realizado una encuesta sobre los hábitos de compra y entre las preguntas se ha codificado la variable `Compra.on.line` (Si/No) y la variable `Genero` (Hombre/Mujer). Con los datos de la encuesta se ha efectuado un contraste de hipótesis con R, obteniendo el siguiente resultado:

```
Percentage table:
        Compra.on.line.
Genero    Si    No  Total  Count
  Hombre  52.5  47.5   100   2435
  Mujer   57.9  42.1   100   2565


        Classical Two Sample Proportions test

data:
z = -0.76784, nx = 2435, ny = 2565, null difference = 0,
    p-value = 0.4426
alternative hypothesis: true difference in proportions is not equal
    to 0
95 percent confidence interval:
 -0.19163553  0.08363553
sample estimates:
proportion in Group 1 proportion in Group 2
               0.525                 0.579
```

Indica cuáles son las hipótesis del contraste planteado y cuál sería la conclusión del mismo para un nivel de significación del 5 %.

Pregunta 9.2. Se ha realizado una encuesta sobre los hábitos de compra y entre las preguntas se ha codificado la variable `Compra.on.line` (Si/No) y la variable `Genero` (Hombre/Mujer). Con los datos de la encuesta se ha efectuado un contraste de hipótesis con R, obteniendo el siguiente resultado:

```
Percentage table:
        Compra.on.line.
Género    Si    No  Total  Count
  Hombre  52.5  47.5   100   2435
  Mujer   57.9  42.1   100   2565


        Classical Two Sample Proportions test

data:
```

```
z = -0.76784, nx = 2435, ny = 2565, null difference = 0,
    p-value = 0.2213
alternative hypothesis: true difference in proportions is less
    than 0
95 percent confidence interval:
 -1.00000000  0.06150738
sample estimates:
proportion in Group 1 proportion in Group 2
              0.525                  0.579
```

Indica cuáles son las hipótesis del contraste planteado y cuál sería la conclusión del mismo para un nivel de significación del 5 %.

Pregunta 9.3. Se ha realizado una encuesta sobre los salarios de los trabajadores de una empresa y entre las preguntas se ha codificado la variable `Salario.Anual` y la variable `Genero` (Hombre/Mujer). Utilizando los datos de la encuesta se ha efectuado un contraste de hipótesis con R, obteniendo el siguiente resultado:

```
    Two Sample t-test

data:  Salario.Anual by Genero
t = 1.5378, df = 998, p-value = 0.1244
alternative hypothesis: true difference in means between group
    Hombre and group Mujer is not equal to 0
95 percent confidence interval:
 -289.9268 2390.0408
sample estimates:
mean in group Hombre  mean in group Mujer
          34436.39               33386.34
```

Indica cuáles son las hipótesis del contraste planteado y cuál sería la conclusión del mismo para un nivel de significación del 5 %.

Pregunta 9.4. Se ha realizado una encuesta sobre los años de experiencia de los trabajadores de una empresa y entre las preguntas se ha codificado la variable `Años.de.experiencia` y la variable `Genero` (Hombre/Mujer). A partir de los datos de dicha encuesta, se ha efectuado un contraste de hipótesis con R, obteniendo el siguiente resultado:

```
    Two Sample t-test
```

```
data:   Años.de.Experiencia by Genero
t = 0.58226, df = 998, p-value = 0.2803
alternative hypothesis: true difference in means between group
    Hombre and group Mujer is greater than 0
95 percent confidence interval:
 -0.8643004         Inf
sample estimates:
mean in group Hombre  mean in group Mujer
            21.59019              21.11726
```

Indica cuáles son las hipótesis del contraste planteado y cuál sería la conclusión del mismo para un nivel de significación del 5 %.

Pregunta 9.5. Se ha realizado una encuesta sobre los hábitos de compra y entre las preguntas se ha codificado la variable Compra.on.line (Si/No) y la variable Edad. Se ha efectuado un contraste de hipótesis con R, obteniendo el siguiente resultado:

```
        F test to compare two variances

data:   Edad by Compra.on.line.
F = 1.0005, num df = 2763, denom df = 2235, p-value = 0.9914
alternative hypothesis: true ratio of variances is not equal to 1
95 percent confidence interval:
 0.9244539 1.0824160
sample estimates:
ratio of variances
          1.000488
```

Indica cuáles son las hipótesis del contraste planteado y cuál sería la conclusión del mismo para un nivel de significación del 5 %.

Pregunta 9.6. Se ha realizado una encuesta sobre los hábitos de compra y entre las preguntas se ha codificado la variable Paga.en.efectivo (Si/No) y la variable Edad. Se ha efectuado un contraste de hipótesis con R, obteniendo el siguiente resultado:

```
        F test to compare two variances

data:   Edad by Paga.en.efectivo.
F = 1.0152, num df = 2764, denom df = 2234, p-value = 0.708
alternative hypothesis: true ratio of variances is not equal to 1
```

```
95 percent confidence interval:
   0.9380891 1.0983884
sample estimates:
 ratio of variances
              1.015249
```

Indica cuáles son las hipótesis del contraste planteado y cuál sería la conclusión del mismo para un nivel de significación del 5 %.

Pregunta 9.7. Se ha realizado una encuesta a los propietarios de unos apartamentos turísticos sobre la proporción de sus ingresos que destinaban al mantenimiento de los mismos, antes y después de la última ley sobre alquiler de viviendas turísticas. Se han recogido las variables **Antes** y **Ahora**. Se ha efectuado un contraste de hipótesis con R, obteniendo el siguiente resultado:

```
          mean       sd  n
   Ahora 26.85 10.38356 20
   Antes 33.15 11.08472 20

    Paired t-test

data:  Antes and Ahora
t = 2.258, df = 19, p-value = 0.03591
alternative hypothesis: true mean difference is not equal to 0
95 percent confidence interval:
   0.460224 12.139776
sample estimates:
mean difference
          6.3
```

Indica cuáles son las hipótesis del contraste planteado y cuál sería la conclusión del mismo para un nivel de significación del 5 %.

Pregunta 9.8. Se ha sometido a una serie de pacientes a un tratamiento sobre sus niveles de glucosa. Se ha medido el nivel de glucosa antes y después del tratamiento. Se quiere saber si el tratamiento ha sido efectivo comparando los niveles medios de glucosa antes y después del tratamiento. Se han recogido las variables **Na** (nivel antes) y **Nd** (nivel después). Se ha efectuado un contraste de hipótesis con R, obteniendo el siguiente resultado:

```
           mean          sd  n
    Na    119.22   9.035734 50
    Nd    114.90  10.204541 50


    Paired t-test

data:  Na and Nd
t = 2.2189, df = 49, p-value = 0.01558
alternative hypothesis: true mean difference is greater than 0
95 percent confidence interval:
 1.055861       Inf
sample estimates:
mean difference
         4.32
```

Indica cuáles son las hipótesis del contraste planteado y cuál sería la conclusión del mismo para un nivel de significación del 5 %.

Pregunta 9.9. Se dispone de dos muestras con viviendas de las ciudades de Madrid y Barcelona. Se pretende comparar la varianza en los precios de venta (`Precio_Vivienda`) entre ambas ciudades. Para ello, se ha realizado un contraste en R, obteniéndose los siguientes resultados:

```
             mean        sd
Barcelona 185307.4  26480.07
Madrid    180873.1  32632.82

    F test to compare two variances

data:  Precio_Vivienda by Ciudad
F = 0.65846, num df = 152, denom df = 61, p-value = 0.04255
alternative hypothesis: true ratio of variances is not equal to 1
```

Indica si las siguientes afirmaciones son verdaderas (V) o falsas (F):

a) Con un nivel de significación del 5 %, no se puede rechazar la hipótesis nula y asumiríamos que la varianza de los precios es igual en ambas ciudades.

b) Es un test de dos colas.

c) Para que el contraste sea válido, la variable `Precio_Vivienda` debe tener más de 30 observaciones en cada uno de los grupos (`Barcelona` y `Madrid`).

   d) El tamaño muestral total, entre las dos ciudades, es de 215 viviendas.

Pregunta 9.10. Se ha realizado un contraste con R para comparar los precios de venta de las viviendas en las ciudades de Madrid y Barcelona obteniéndose el siguiente resultado:

```
            Welch Two Sample t-test

data:  Precio_Vivienda by Ciudad
t = 0.95062, df = 95.176, p-value = 0.3442
alternative hypothesis: true difference in means between group
    Barcelona and group Madrid is not equal to 0
95 percent confidence interval:
 -4825.942 13694.546
sample estimates:
mean in group Barcelona    mean in group Madrid
              185307.4                  180873.1
```

   Indica si las siguientes afirmaciones son verdaderas (V) o falsas (F):

   a) No se puede afirmar que el precio medio de la vivienda sea significativamente diferente en Madrid y en Barcelona.

   b) El test supone que las varianzas del precio de la vivienda en ambos grupos, Barcelona y Madrid, son iguales.

   c) $P(-4825.942 < \mu_{Barcelona} - \mu_{Madrid} < 13694.546) = 0.95$.

   d) Para un nivel de significación del 10 % no se rechazaría la hipótesis nula y podríamos afirmar que las viviendas en Barcelona son más caras que en Madrid.

Pregunta 9.11. Se tienen dos muestras de viviendas a la venta en las ciudades de Madrid y Barcelona. Cada vivienda ha sido clasificada según su tamaño en dos categorías: pequeña ($\leq 100\,m^2$) y grande ($> 100\,m^2$). Se pretende comparar la proporción de viviendas grandes en ambas ciudades, obteniéndose el siguiente resultado:

```
Percentage table:
           Tamaño_Vivienda
Ciudad       Grande Pequeña Total Count
  Barcelona    55.6    44.4   100   153
  Madrid       51.6    48.4   100    62
```

```
          Classical Two Sample Proportions test

data:
z = 0.56716, nx = 153, ny = 62, null difference = 0, p-value =
   0.2853
alternative hypothesis: true difference in proportions is greater
   than 0
95 percent confidence interval:
 -0.07591352  1.00000000
sample estimates:
proportion in Group 1 proportion in Group 2
            0.556                    0.516
```

Indica si las siguientes afirmaciones son verdaderas (V) o falsas (F):

a) El intervalo de confianza no es centrado y, por tanto, no es el de mínima amplitud.

b) Según los resultados del contraste, podemos afirmar que la proporción de viviendas grandes es mayor en Barcelona que en Madrid.

c) En la muestra contamos con más viviendas en Barcelona que en Madrid.

d) Es un test bilateral.

Pregunta 9.12. Se ha realizado una encuesta a un grupo de 215 personas preguntando qué mano utilizan para escribir. La variable `Mano_Hábil` clasifica a los participantes según sean diestros (`Mano_Hábil = "Derecha"`) o zurdos (`Mano_Hábil = "Izquierda"`). Se desea comprobar si la proporción de personas diestras es significativamente diferente entre hombres y mujeres. Para ello, se obtienen los siguientes resultados en R:

```
Percentage table:
          Mano_Hábil
  Sexo    Derecha Izquierda Total Count
  Hombre  91.5    8.5       100   118
  Mujer   94.0    6.0       100   117

       Classical Two Sample Proportions test

data:
```

```
z = -0.68171, nx = 118, ny = 117, null difference = 0, p-value =
    0.4954
alternative hypothesis: true difference in proportions is not
    equal to 0
95 percent confidence interval:
 -0.0967933  0.0467933
sample estimates:
proportion in Group 1 proportion in Group 2
                0.915                 0.940
```

Indica si las siguientes afirmaciones son verdaderas (V) o falsas (F):

a) El estadístico de contraste sigue una distribución t-Student con 235 grados de libertad.

b) No se puede concluir que la proporción de hombres y mujeres que escriben con la mano derecha es significativamente diferente.

c) La encuesta la han respondido más hombres diestros que zurdos.

d) Como el 0 está incluido dentro del intervalo de confianza al 90 %, no se puede concluir que haya diferencias en las proporciones de ambos grupos.

Pregunta 9.13. Se ha analizado el consumo de gasolina (en litros/100 km) de dos grupos de coches: los fabricados en EE. UU. (`EEUU = "Sí"`) y los fabricados fuera de EE. UU. (`EEUU = "No"`). Se desea comprobar si existe una diferencia significativa en la variabilidad del consumo de gasolina entre ambos grupos. Los resultados obtenidos en `R` son los siguientes:

```
        F test to compare two variances

data:  Consumo by EEUU
F = 1.1779, num df = 50, denom df = 22, p-value = 0.6913
alternative hypothesis: true ratio of variances is not equal to 1
97.5 percent confidence interval:
 0.4824581 2.5415898
```

Indica si las siguientes afirmaciones son verdaderas (V) o falsas (F):

a) Para que el resultado del contraste sea válido, la variable `Consumo` tiene que seguir obligatoriamente una distribución normal en ambos grupos de coches (fabricados en EE. UU. y fabricados fuera de EE. UU.)

b) El tamaño de la muestra de los coches fabricados en EE. UU. es de 51.

c) Según los resultados obtenidos, si quisiéramos realizar un contraste para comprobar si hay diferencias en el consumo medio, deberíamos asumir varianzas iguales entre ambos grupos.

d) La hipótesis alternativa establece que el cociente de las varianzas es menor que 1.

Pregunta 9.14. Se ha analizado el consumo de gasolina (en litros/100 km) de dos grupos de coches: los fabricados en EE. UU. (EEUU = "Sí") y los fabricados fuera de EE. UU. (EEUU = "No"). Se desea comprobar si existe una diferencia significativa en el consumo medio de gasolina entre ambos grupos. Los resultados obtenidos en R son los siguientes:

```
Two Sample t-test

data:  Consumo by EEUU
t = 3.0617, df = 72, p-value = 0.003093
alternative hypothesis: true difference in means between group Sí
    and
                        group No is not equal to 0
95 percent confidence interval:
 0.6138827 2.9050602
sample estimates:
mean in group Sí mean in group No
     9.976863         8.217391
```

Indica si las siguientes afirmaciones son verdaderas (V) o falsas (F):

a) Para que el resultado del contraste sea válido, la variable Consumo tiene que seguir obligatoriamente una distribución normal en ambos grupos de coches (fabricados en EE. UU. y fabricados fuera de EE. UU.)

b) Podemos rechazar que el consumo medio de gasolina de los coches fabricados en EE. UU. sea igual al de los coches fabricados en otros países al 5 % pero no al 1 %.

c) Si aumentamos el nivel de confianza hasta el 99 %, el intervalo sería más amplio y, por tanto, menos preciso.

d) Las varianzas en el consumo de gasolina en ambos grupos de coches se han supuesto diferentes.

Pregunta 9.15. Se ha realizado una encuesta a 235 personas para comparar las diferencias en la proporción de personas fumadoras entre hombres y mujeres. La variable `Fumador` clasifica a los participantes en dos categorías: "Sí" (si la persona fuma) y "No" (si no fuma). Los resultados obtenidos en `R` son los siguientes:

```
Percentage table:
        Fumador
Sexo       Sí   No Total Count
  Hombre 23.9 76.1   100   117
  Mujer  16.1 83.9   100   118


        Classical Two Sample Proportions test

data:
z = 1.3789, nx = 117, ny = 118, null difference = 0, p-value =
    0.1679
alternative hypothesis: true difference in proportions is not
    equal to 0
95 percent confidence interval:
 -0.03234406  0.18834406
sample estimates:
proportion in Group 1 proportion in Group 2
                0.239                 0.161
```

Indica si las siguientes afirmaciones son verdaderas (V) o falsas (F):

a) Basándonos en el intervalo de confianza obtenido podemos concluir que la proporción de hombres que no fuman es menor que la de mujeres.

b) Entre las personas que han respondido a la encuesta hay un número menor de hombres fumadores que de no fumadores.

c) Fijando un nivel de significación del 10 % no rechazaríamos la hipótesis nula.

d) La hipótesis alternativa es simple.

Pregunta 9.16. Queremos conocer si los alumnos que se han presentado a la EvAU obtienen mejores calificaciones en la asignatura de *Inglés* que en *Filosofía*. Para ello, hemos seleccionado una muestra aleatoria de alumnos y hemos registrado sus respectivas notas en estas dos asignaturas. Tras realizar un análisis en `R`, se han obtenido los siguientes resultados:

```
Inglés
    mean      sd   n
```

```
 7.005882  1.038926  68
Filosofía
     mean        sd    n
 4.785294  2.067247  68


Paired t-test

data:  Inglés and Filosofía
t = 8.422, df = 67, p-value = 4.177e-12
alternative hypothesis: true mean difference is not equal to 0
90 percent confidence interval:
 1.780816 2.660360
sample estimates:
mean difference
        2.220588
```

Indica si las siguientes afirmaciones son verdaderas (V) o falsas (F):

a) Con un p−valor tan bajo como el obtenido, rechazamos la hipótesis nula y concluimos que las calificaciones en Inglés y Filosofía son iguales.

b) Según la información que nos proporciona el intervalo de confianza al 90 % podemos concluir que las calificaciones en el examen de Inglés han sido mejores que las de Filosofía.

c) Contamos con una muestra de 136 alumnos.

d) La hipótesis alternativa establece que la nota media de Inglés es mayor que la nota media de Filosofía.

Pregunta 9.17. Queremos conocer si los alumnos que se han presentado a la PAU obtienen mejores calificaciones en la asignatura de *Filosofía* que en *Lengua*. Para ello, hemos seleccionado una muestra aleatoria de alumnos y hemos registrado sus respectivas notas en estas dos asignaturas. Tras realizar un análisis en R, se han obtenido los siguientes resultados:

```
Filosofía
     mean        sd    n
 4.785294  2.067247  68
Lengua
     mean        sd    n
 6.401471  1.733385  68


Paired t-test
```

```
data:  Filosofía and Lengua
t = -5.0114, df = 67, p-value = 0.000004194
alternative hypothesis: true mean difference is not equal to 0
90 percent confidence interval:
 -2.154079 -1.078274
sample estimates:
mean difference
     -1.616176
```

Indica si las siguientes afirmaciones son verdaderas (V) o falsas (F):

a) Con un $p-$valor tan bajo como el obtenido, rechazamos la hipótesis nula y concluimos que las calificaciones en Filosofía y Lengua son diferentes.

b) Según la información que nos proporciona el intervalo de confianza al 90 %, podemos concluir que las calificaciones en el examen de Filosofía han sido peores que las de Lengua.

c) La hipótesis alternativa establece que la media de las notas en Filosofía es mayor que la media de las notas en Lengua.

d) Contamos con una muestra de 68 alumnos.

Pregunta 9.18. En una empresa, los empleados (mujeres y hombres) pueden estar acogidos al sistema de retribución flexible. Se ha efectuado un contraste de hipótesis con R, obteniendo el siguiente resultado:

```
    Percentage table:
              Retribución.flexible
    Género     NO  SÍ        Total    Count
    Hombre          71.1 28.9   100        1568
    Mujer           51.4 48.6   100        932


       Classical Two Sample Proportions test

data:
z = 2.8593, nx = 1568, ny = 932, null difference = 0, p-value =
    0.004246
alternative hypothesis: true difference in proportions is not
    equal to 0
95 percent confidence interval:
 0.06475209 0.32924791
```

```
sample estimates:
proportion in Group 1 proportion in Group 2
            0.711                    0.514
```

Indica cuáles son las hipótesis del contraste planteado y cuál sería la conclusión del mismo para un nivel de significación del 5 %.

Pregunta 9.19. En una empresa se está evaluando el salario de los empleados y el de las empleadas. Se ha efectuado un contraste de hipótesis con R, obteniendo el siguiente resultado:

```
    Welch Two Sample t-test

data:  Salario.mensual by Género
t = 17.946, df = 2124.3, p-value < 2.2e-16
alternative hypothesis: true difference in means between group
    Hombre and group Mujer is not equal to 0
95 percent confidence interval:
  176.2350 219.4774
sample estimates:
mean in group Hombre  mean in group Mujer
  1329.022                1131.166
```

Indica cuáles son las hipótesis del contraste planteado y cuál sería la conclusión del mismo para un nivel de significación del 5 %.

Pregunta 9.20. En una empresa se está evaluando el salario de los empleados y el de las empleadas. Se ha efectuado un contraste de hipótesis con R, obteniendo el siguiente resultado:

```
              F test to compare two variances

        data:  Salario.mensual by Género
        F = 1.241, num df = 1567, denom df = 931, p-value
  = 0.0002649
        alternative hypothesis: true ratio of variances is
  not equal to 1
        95 percent confidence interval:
            1.105533 1.390742
        sample estimates:
        ratio of variances
            1.241018
```

Indica cuáles son las hipótesis del contraste planteado y cuál sería la conclusión del mismo para un nivel de significación del 5 %.

Pregunta 9.21. En una empresa, los empleados (mujeres y hombres) pueden estar acogidos al sistema de retribución flexible. Se ha efectuado un contraste de hipótesis con R, obteniendo el siguiente resultado:

```
                    Welch Two Sample t-test


        data:  Salario.mensual by Retribución.flexible
        t = -1.2531, df = 1837.5, p-value = 0.2103
        alternative hypothesis: true difference in means
between group NO and group SÍ is not equal to 0
        95 percent confidence interval:
         -39.098793    8.613764
        sample estimates:
        mean in group NO mean in group SÍ
          1249.737          1264.980
```

Indica cuáles son las hipótesis del contraste planteado y cuál sería la conclusión del mismo para un nivel de significación del 3 %.

9.7. Soluciones

9.7.1. Soluciones a los ejercicios propuestos

Ejercicio 9.1. X = "Rendimiento mensual de una acción de Caterpillar (%)" e Y = "Rendimiento mensual de una acción de Google (%)". Tamaños de las muestras: $n = 36$ y $m = 36$. $p-$valores del test de Shapiro–Wilk: 0.3654 y 0.5662. $IC_{0.95}\left(\frac{\sigma_X^2}{\sigma_Y^2}\right) = (0.9989, 3.8415)$.

Ejercicio 9.2. X = "Un paquete es entregado en tres horas o menos en el distrito 1 $(1 = Sí/0 = No)$" e Y = "Un paquete es entregado en tres horas o menos en el distrito 2 $(1 = Sí/0 = No)$". Tamaños de las muestras: $n = 341$, $m = 303$. $p-$valor $= 0.15265$. No se puede afirmar que la proporción de paquetes entregados en tres horas o menos en el distrito 1 sea diferente de la de paquetes entregados en tres horas o menos en el distrito 2.

Observación. La variable `Distrito` es numérica, por lo que es necesario convertirla en factor si queremos utilizarla como variable de agrupación. Esto puede hacerse con el comando:

```
> courier_filtrado$Distrito_Factor <-
    factor(courier_filtrado$Distrito, labels=c('1','2'))
```

La figura Figura 9.15 muestra cómo se haría esta misma transformación con R Commander.

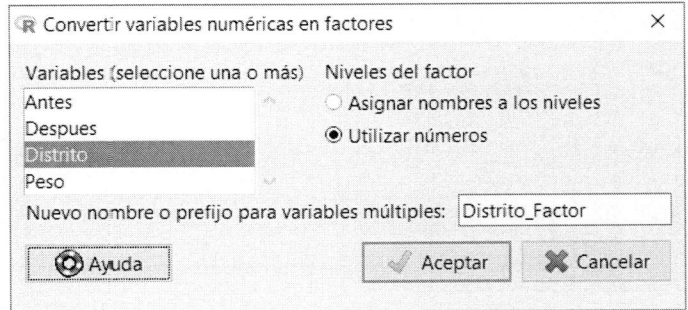

Figura 9.15: Diálogo para convertir una variable numérica en factor.

Ejercicio 9.3. X = "Valoración de un cliente que ha usado la versión antigua" e Y = "Valoración de un cliente que no ha usado la versión antigua". Tamaños de las muestras: $n = 183$ y $m = 243$. $p-$valor $= 0.8999$. No se puede afirmar que los clientes que han usado la versión antigua de la app valoren la nueva mejor que los que no la han usado. $RC = (1.6487, +\infty)$.

Ejercicio 9.4. $X =$ "Duración de una bombilla de marca A (horas)" e $Y =$ "Duración de una bombilla de marca B (horas)". Tamaños de las muestras: $n = 31$ y $m = 35$. $p-$valores test de Shapiro-Wilk $= 0.6601$ y 007971. $p-$valor test e igualdad de varianzas: 0.7435. No se puede afirmar que las varianzas de ambos modelos de bombillas sean diferentes. $RC = [0, 0.4893) \cup (2.0118, +\infty)$.

Ejercicio 9.5. $X =$ "Tiempo de atención a un solicitante de crédito en la sucursal física (minutos)" e $Y =$ "Tiempo de atención a un solicitante de crédito mediante la app (minutos)". Tamaños de las muestras: $n = 251$ y $m = 237$. $IC_{0.95}(\mu_X - \mu_Y) = (6.3019, 8.1506)$. Se puede afirmar con un $95\,\%$ de confianza que el tiempo de atención es mayor en la sucursal física que mediante la app.

Ejercicio 9.6. $X =$ "Un crédito solicitado a través de la app fue aprobado $(1 = \text{Sí}/0 = \text{No})$" e $Y =$ "Un crédito solicitado en la sucursal fue aprobado $(1 = \text{Sí}/0 = \text{No})$". Tamaños de las muestras: $n = 251$, $m = 237$. $IC_{0.90}(p_X - p_Y) = (-0.0912, 0.0470)$. No se puede afirmar que la proporción de créditos aprobados a través de la app sea diferente de la de créditos aprobados en la sucursal.

Ejercicio 9.7. $X =$ "Tasa de conversión antes ($\%$)" e $Y =$ "Tasa de conversión después ($\%$)". Tamaño de la muestra: $n = 20$. $p-$valores del test de Shapiro–Wilk: 0.4666 y 0.1299, respectivamente. $p-$valor del contraste de medias para muestras pareadas: 0.03043. Se puede afirmar que las nuevas técnicas han mejorado la estrategia de marketing de la agencia. $RC = (-\infty, -1.7291)$.

Ejercicio 9.8. $X =$ "Rentabilidad diaria del bono sz112515 ($\%$)" e $Y =$ "Rentabilidad diaria del bono sz112557 ($\%$)". Tamaño de las muestras: $n = 12$ y $m = 26$. $p-$valores del test de Shapiro–Wilk: 0.5275 y 0.8269, respectivamente. $p-$valor del contraste de igualdad de varianzas: 0.1069. $p-$valor del contraste de medias para muestras independientes: $9.852 \times 10^{-11} \approx 0$. Se puede afirmar que, en promedio, la rentabilidad diaria del bono sz112515 fue superior a la del bono sz112557 en 2022. $RC = (2.1309, +\infty)$.

Ejercicio 9.9. X = "Rentabilidad diaria del bono sz112515 en 2022 (%)" e Y = "Rentabilidad diaria del bono sz112557 en 2022 (%)". Tamaño de las muestras: $n = 12$ y $m = 26$. $p-$valores del test de Shapiro–Wilk: 0.5275 y 0.8269, respectivamente. $p-$valor del contraste de varianzas: 0.05347. Con un nivel de significación del 5 % no se puede afirmar que, en promedio, la varianza de la rentabilidad diaria del bono sz112515 fue superior a la del bono sz112557 en 2022 aunque si fuera posible convendría repetir el estudio con muestras de mayor tamaño, ya que el $p-$valor se encuentra muy próximo al nivel de significación. $RC = (2.1979, +\infty)$.

Ejercicio 9.10. X = "Tiempo mensual de cierre antes de implementar el nuevo software (min.)" e Y = "Tiempo mensual de cierre después de implementar el nuevo software (min.)". Tamaño de la muestra: $n = 12$. $p-$valores del test de Shapiro–Wilk: 0.2787 y 0.9229, respectivamente. $IC_{0.95}(\mu_X - \mu_Y) = (-0.7765, 7.1098)$. No se puede afirmar, con una confianza del 95 %, que el nuevo software haya reducido el tiempo mensual de cierre.

Ejercicio 9.11. X = "Consumo diario de un cliente de la zona Norte (Kb)" e Y = "Consumo diario de un cliente de la zona Sur (Kb)". Tamaños de las muestras: $n = 192$ y $m = 228$, respectivamente. $p-$valor del contraste de diferencia de medias: 0.00064407. Se puede afirmar que los clientes de la zona Norte consumen en promedio más datos que los de la zona Sur. El error de tipo I consistiría en afirmar que los clientes de la zona Norte consumen en promedio más datos que los de la zona Sur en el caso de que no fuera así.

Ejercicio 9.12. X = "Tiempo de atención a un solicitante de crédito en la sucursal física (minutos)" e Y = "Tiempo de atención a un solicitante de crédito mediante la app (minutos)". Tamaños de las muestras: $n = 237$ y $m = 251$. $p-$valores del test de Lilliefors: 0.2247 y 0.8869, respectivamente. $p-$valor del test de cociente de varianzas: 1.4843×10^{-10}. Se puede afirmar que el tiempo de atención presenta mayor variabilidad mediante la app que en la sucursal física. El error de tipo II consistiría en afirmar que ambos tiempos presentan la misma variabilidad en el caso de que dicha variabilidad fuera mayor entre los usuarios de la app.

Ejercicio 9.13. X = "Gasto medio por cliente en informática antes de la campaña (euros)" e Y = "Gasto medio por cliente en informática después de la campaña (euros)". Tamaño de la muestra: $n = 12$. $p-$valores del test de Shapiro–Wilk: 0.4587 y 0.9534, respectivamente. $p-$valor del test de diferencia de medias: 0.0003097. Se puede afirmar que la campaña fue eficaz. $RC = (-\infty, -1.7959)$.

Ejercicio 9.14. $X =$ "Un cliente de la sucursal A renueva la póliza (1 = Sí/0 = No)" e $Y =$ "Un cliente de la sucursal B renueva la póliza (1 = Sí/0 = No)". Tamaño de las muestras: $n = 59$ y $m = 63$. $p-$valor del test de diferencia de proporciones: 0.40479. No hay evidencia para afirmar que las tasas de renovación de pólizas sean diferentes en ambas sucursales. El error de tipo II consistiría en afirmar que las tasas de renovación de pólizas son iguales en ambas sucursales en caso de que realmente no lo fueran.

Ejercicio 9.15. $X =$ "Longitud de un tornillo producido por la línea A (mm)" e $Y =$ "Longitud de un tornillo producido por la línea B (mm)". Tamaño de las muestras: $n = 41$ y $m = 38$. $p-$valor del test de diferencia de medias: $2.2 \times 10^{-16} \approx 0$. Se puede afirmar que los tornillos fabricados por la línea B son en promedio más largos que los fabricados por la línea A.

9.7.2. Soluciones a las preguntas teórico–prácticas

Pregunta 9.1.

$$\begin{cases} H_0: & p_H = p_M \\ H_1: & p_H \neq p_M \end{cases}$$

$p-$valor $\geq \alpha$, no se puede afirmar que la proporción de hombres y mujeres que compran por internet es diferente.

Pregunta 9.2.

$$\begin{cases} H_0: & p_H \geq p_M \\ H_1: & p_H < p_M \end{cases}$$

$p-$valor $\geq \alpha$, no se puede afirmar que la proporción de hombres que compran por internet es menor que la de mujeres.

Pregunta 9.3.

$$\begin{cases} H_0: & \mu_H = \mu_M \\ H_1: & \mu_H \neq \mu_M \end{cases}$$

$p-$valor $\geq \alpha$, no se puede afirmar que haya diferencia entre los salarios medios de los hombres y de las mujeres.

Pregunta 9.4.

$$\begin{cases} H_0: & \mu_H \leq \mu_M \\ H_1: & \mu_H > \mu_M \end{cases}$$

$p-$valor $\geq \alpha$, no se puede concluir que el salario medio de los hombres sea mayor que el de las mujeres.

Pregunta 9.5. H_0 : la variabilidad en la edad de los individuos que compran *on–line* y los que no, es igual en ambos grupos.

$$\begin{cases} H_0: & \sigma_S = \sigma_N \\ H_1: & \sigma_S \neq \sigma_N \end{cases}$$

$p-$valor $\geq \alpha$, no hay evidencia de que las varianzas sean diferentes.

Pregunta 9.6. H_0 : la variabilidad en la edad de los individuos que pagan en efectivo y los que no, es igual en ambos grupos.

$$\begin{cases} H_0 : & \sigma_S = \sigma_N \\ H_1 : & \sigma_S \neq \sigma_N \end{cases}$$

$p-$valor $\geq \alpha$, no hay evidencia de que las varianzas sean diferentes.

Pregunta 9.7. H_0 : el gasto en mantenimiento de los apartamentos es el mismo antes y después de la ley.

$$\begin{cases} H_0 : & \mu_{\text{Antes}} = \mu_{\text{Ahora}} \\ H_1 : & \mu_{\text{Antes}} \neq \mu_{\text{Ahora}} \end{cases}$$

$p-$valor $< \alpha$: se puede afirmar que el gasto medio era diferente antes que ahora.

Pregunta 9.8. H_0 : el nivel de glucosa es el mismo antes que después del tratamiento.

$$\begin{cases} H_0 : & \mu_{\text{Antes}} = \mu_{\text{Despues}} \\ H_1 : & \mu_{\text{Antes}} > \mu_{\text{Despues}} \end{cases}$$

$p-$valor $< \alpha$: se puede afirmar que el nivel de glucosa ha disminuido con el tratamiento.

Pregunta 9.9. a) F b) V c) F d) V

Pregunta 9.10. a) V b) F c) F d) F

Pregunta 9.11. a) V b) F c) V d) F

Pregunta 9.12. a) F b) V c) V d) V

Pregunta 9.13. a) V b) V c) V d) F

Pregunta 9.14. a) F b) F c) V d) F

Pregunta 9.15. a) F b) V c) V d) F

Pregunta 9.16. a) F b) V c) F d) F

Pregunta 9.17. a) V b) V c) F d) V

Pregunta 9.18. H_1 : la proporción de hombres y mujeres que no están acogidos al sistema de retribución flexible es diferente.

$$\begin{cases} H_0: & p_H = p_M \\ H_1: & p_H \neq p_M \end{cases}$$

$p-$valor $< \alpha$, las proporciones de hombres y mujeres que no están acogidos al sistema de retribución flexible son diferentes.

Pregunta 9.19. H_1 : el salario de hombres y mujeres es diferente.

$$\begin{cases} H_0: & \mu_H = \mu_M \\ H_1: & \mu_H \neq \mu_M \end{cases}$$

$p-$valor $< \alpha$, puede afirmarse que hombres y mujeres tienen, en promedio, salarios diferentes.

Pregunta 9.20.

$$\begin{cases} H_0: & \sigma_H = \sigma_M \\ H_1: & \sigma_H \neq \sigma_M \end{cases}$$

$p-$valor $< \alpha$, puede afirmarse que la variabilidad en el salario de hombres y mujeres es diferente.

Pregunta 9.21.

$$\begin{cases} H_0: & \mu_{NO} = \mu_{SI} \\ H_1: & \mu_{NO} \neq \mu_{SI} \end{cases}$$

$p-$valor $\geq \alpha$, no se puede concluir que el salario medio de los que empleados que están o no acogidos al sistema de retribuciones flexible sea diferente, en promedio, al de los que no lo están.

Capítulo 10

Contrastes de hipótesis no paramétricas

10.1. Conceptos básicos

Mientras que las pruebas paramétricas requieren supuestos específicos sobre la distribución de los datos (como normalidad y homogeneidad de varianzas), los contrastes no paramétricos ofrecen una alternativa flexible que no depende de estos supuestos. Esto los hace especialmente útiles cuando trabajamos con datos que no cumplen con las condiciones necesarias para aplicar métodos paramétricos o cuando las variables son de naturaleza categórica.

Uno de los contrastes no paramétricos más utilizados es la prueba de chi–cuadrado, χ^2 o $\chi-$cuadrado, que se emplea para evaluar la relación entre variables categóricas o para comparar distribuciones observadas con distribuciones teóricas. Existen dos aplicaciones principales de esta prueba: la prueba de bondad de ajuste, que nos permite determinar si una variable sigue una distribución esperada, y la prueba de independencia, que evalúa si dos variables categóricas están relacionadas o son independientes. Ambas pruebas se basan en la comparación entre frecuencias observadas y frecuencias esperadas, utilizando la distribución chi–cuadrado para medir las discrepancias.

Existen, además, otras pruebas de bondad de ajuste específicas para comparar una distribución observada con la distribución normal. Algunas de ellas las hemos utilizado para comprobar las condiciones de aplicación de determinados contrastes de hipótesis o de cálculo de ciertos intervalos de confianza.

Este capítulo se dedica a los contrastes de normalidad y a los contrastes de independencia entre dos variables categóricas.

10.1.1. Las pruebas de la chi–cuadrado

Las pruebas de la chi–cuadrado se basan en un estadístico de contraste que mide la discrepancia entre las frecuencias observadas en los datos y las frecuencias esperadas en el supuesto de que la hipótesis nula H_0 sea cierta. Este estadístico se calcula mediante la siguiente fórmula:

$$X^2 = \sum_{i=1}^{k} \frac{(O_i - E_i)^2}{E_i}$$

donde:

- k es el número de categorías o grupos observados.

- O_i son las frecuencias observadas en cada categoría.

- E_i son las frecuencias esperadas en cada categoría en el supuesto de que la hipótesis nula H_0 sea cierta.

Si se trata de una prueba de bondad de ajuste de una variable, la suma se realiza sobre todas las categorías; en el caso de una prueba de independencia entre dos variables, la suma se realiza sobre todas las celdas de la tabla de contingencia:

	Y_1	Y_2	$\cdots$	Y_c
X_1	O_{11}	O_{12}	$\cdots$	O_{1c}
X_2	O_{21}	O_{22}	$\cdots$	O_{2c}
$\cdots$	$\cdots$	$\cdots$	$\cdots$	$\cdots$
X_f	O_{f1}	O_{f2}	$\cdots$	O_{fc}

El estadístico X^2 sigue una distribución chi–cuadrado. Recordemos (Sección 7.1.3) que se trata de una distribución de probabilidad no negativa, continua y asimétrica. Esta distribución depende de un parámetro, los grados de libertad (gl), que varía según el tipo de prueba:

- **Prueba de bondad de ajuste:** $gl = k - 1 - p$, donde k es el número de categorías y p es el número de parámetros estimados a partir de los datos.

- **Prueba de independencia:** $gl = (f-1)(c-1)$, donde f es el número de filas y c es el número de columnas en la tabla de contingencia.

La distribución chi–cuadrado se aproxima a una distribución normal a medida que aumenta el número de grados de libertad.

Importante

Recuerda que la distribución chi–cuadrado se ha definido como suma de variables normales estándar elevadas al cuadrado, y por lo tanto siempre toma valores no negativos. Como el estadístico de discrepancia mide la diferencia entre los valores observados y los teóricos bajo H_0, su valor será mayor cuanto mayor sea la evidencia contra la hipótesis nula, por lo que **los contrastes de la chi–cuadrado son siempre de la cola derecha.**

10.1.2. Pruebas de bondad de ajuste

Las pruebas o test de bondad de ajuste son herramientas estadísticas utilizadas para evaluar si una muestra de datos observados se ajusta a una distribución teórica esperada. Estos test son fundamentales en el análisis estadístico, ya que permiten validar supuestos sobre la distribución de los datos, lo cual es crucial para la aplicación correcta de muchos métodos inferenciales.

10.1.2.1. Test de la chi–cuadrado de bondad de ajuste

El test de la chi–cuadrado de bondad de ajuste es ampliamente utilizado en diversas áreas, como la biología, la psicología, las ciencias sociales y la ingeniería, para validar hipótesis sobre la distribución de los datos.

El test de chi–cuadrado de bondad de ajuste compara las frecuencias observadas en una muestra con las frecuencias esperadas bajo una distribución teórica. La hipótesis nula H_0 asume que no hay diferencias significativas entre las frecuencias observadas y las esperadas, mientras que la hipótesis alternativa H_1 sugiere que existen diferencias suficientemente grandes como para poder afirmar que la variable observada sigue la distribución teórica.

La distribución del estadístico permite determinar si esa desviación o discrepancia es estadísticamente significativa, es decir, cuán decisiva es la evidencia en contra de H_0 que muestran los datos.

El test es adecuado para variables categóricas o discretas. Cada categoría debe tener una frecuencia esperada de al menos 5; si no se cumple, se pueden agrupar categorías o usar otro tipo de test (los llamados **test exactos**). Las observaciones deben ser independientes y obtenidas de forma aleatoria.

10.1.2.2. Test de bondad de ajuste a una distribución Normal

Los test de normalidad son pruebas estadísticas utilizadas para evaluar si un conjunto de datos observados sigue una distribución normal. Muchos métodos estadísticos asumen que los datos siguen una distribución normal, y si este supuesto no se cumple, los resultados de dichos test pueden ser inexactos o engañosos.

Los contrastes de normalidad son de diversa naturaleza; aunque existen test que sí lo hacen, los que veremos a continuación no se basan en la distribución chi–cuadrado.

- **Test de Shapiro–Wilk**: es uno de los test más potentes para muestras pequeñas y medianas (habitualmente, de tamaño 50 o menos). Evalúa la normalidad comparando los datos observados con los valores esperados bajo una distribución normal.

- **Test de Kolmogorov–Smirnov**: compara la distribución acumulada de los datos con la distribución acumulada de una normal teórica. Es más adecuado para muestras grandes ($n > 50$).

- **Test de Lilliefors**: es una variante del test de Kolmogorov–Smirnov específico para ajustar los parámetros de la distribución Normal a partir de los datos.

- **Gráficos de normalidad**: aunque no son test formales, los gráficos **Q–Q** (quantile–quantile) y los **histogramas** son herramientas visuales útiles para evaluar la normalidad.

10.1.3. Test de la chi–cuadrado de independencia

Los test de independencia de la chi–cuadrado son pruebas estadísticas utilizadas para determinar si existe una asociación significativa entre dos variables categóricas. Estas pruebas son ampliamente utilizadas en investigación para evaluar la relación entre variables en tablas de contingencia, como por ejemplo, la relación entre el género y la preferencia por un producto, o entre el nivel educativo y el empleo.

El test de independencia de la chi–cuadrado se basa en la comparación de las frecuencias observadas en una tabla de contingencia con las frecuencias esperadas bajo la hipótesis nula de independencia entre las variables. La hipótesis nula H_0 asume que no hay asociación entre las variables, mientras que la hipótesis alternativa H_1 sugiere que sí existe una asociación.

El estadístico de prueba se calcula como:

$$X^2 = \sum_{i=1}^{f} \sum_{j=1}^{c} \frac{(O_{ij} - E_{ij})^2}{E_{ij}}$$

donde:

- f es el número de filas en la tabla (categorías o grupos observados en la primera variable).

- c es el número de columnas en la tabla (categorías o grupos observados en la segunda variable).

- O_{ij} son las frecuencias observadas simultáneamente en la categoría i de la primera variable y la j de la segunda variable.

- E_{ij} son las frecuencias esperadas simultáneamente en la categoría i de la primera variable y la j de la segunda variable en el supuesto de que la hipótesis nula H_0 sea cierta.

Las frecuencias esperadas se calculan como:

$$E_{ij} = \frac{(Total\ de\ fila\ i) \times (Total\ de\ columna\ j)}{Total\ general} = \frac{\sum_{j=1}^{c} O_{ij} \times \sum_{i=1}^{f} O_{ij}}{\sum_{i=1}^{f} \sum_{j=1}^{c} O_{ij}}$$

Bajo la hipótesis nula, la distribución del estadístico X^2 es chi–cuadrado con $(r-1) \times (c-1)$ grados de libertad.

La interpretación es la misma que en el caso de los test de bondad de ajuste basados en la chi–cuadrado. El estadístico X^2 cuantifica cuánto se desvían las frecuencias observadas de las frecuencias esperadas bajo la hipótesis nula:

- Si las frecuencias observadas son muy similares a las esperadas, el valor de X^2 será cercano a cero, lo que sugiere que H_0 es plausible.

- Si las frecuencias observadas difieren significativamente de las esperadas, el valor de X^2 será grande, lo que supone una evidencia en contra de H_0.

El test es adecuado para variables categóricas. Cada celda de la tabla de contingencia debe tener una frecuencia esperada de al menos 5; si esto no se cumple, se pueden agrupar categorías o usar test exactos. Las observaciones deben ser independientes y obtenidas de forma aleatoria.

10.1.4. Aplicaciones

- **Comparación con una distribución teórica:** evaluar si los datos siguen una distribución específica, como la uniforme, binomial, Poisson o normal.

- **Pruebas de independencia:** determinar si dos variables categóricas están asociadas (usando una tabla de contingencia). Por ejemplo, evaluar si el género del consumidor está asociado con la preferencia por un determinado producto o determinar si el nivel educativo está relacionado con el empleo.

- **Homogeneidad de proporciones:** comparar proporciones entre diferentes grupos o muestras. Por ejemplo, comparar la proporción de éxitos entre diferentes tratamientos. Es una alternativa a los test de la z que vimos anteriormente para proporciones.

- **Validación de hipótesis en investigación:** probar si existe una asociación entre factores de riesgo y la presencia de una enfermedad.

10.2. Ejemplos resueltos

10.2.1. Test de bondad de ajuste a una distribución normal

Ejemplo 10.1

Una empresa posee cuatro máquinas para fabricar tornillos con una longitud media que, según las especificaciones técnicas, debe ser de 10 cm, admitiendo una desviación estándar máxima de 0.2 cm. El departamento de control de calidad necesita saber, para diseñar los test de control, si la longitud real de los tornillos fabricados sigue una distribución normal. Para comprobarlo, toma una muestra de la que se obtienen los datos recogidos en el fichero `tornillos.xlsx`. Para un nivel de significación del 5 %, ¿puede afirmarse que la longitud de los tornillos que fabrica la empresa sigue una distribución normal? Responder a la pregunta aplicando el test de bondad de ajuste de la chi–cuadrado apropiado. ¿Cuál sería el error de tipo II en este caso?

Solución. Sea la variable X = "Longitud de un tornillo (cm)". Se quiere comprobar si la variable X sigue una distribución normal.

El contraste de hipótesis que se plantea es el siguiente:

$$\begin{cases} H_0: & X \sim N(\mu_0, \sigma_0) \\ H_1: & X \nsim N(\mu_0, \sigma_0) \end{cases}$$

siendo μ_0, σ_0 los parámetros de la distribución teórica, que estimaremos a partir de la muestra.

Comenzamos cargando el fichero con los datos, de la manera que vimos en la Sección 2.1, y comprobando el tamaño de la muestra:

```
> sum(!is.na(tornillos$Longitud))
[1] 285
```

Dado que la muestra es grande, aplicaremos el test de Lilliefors. El comando de R necesario para ello es:

```
> normalityTest(~Longitud, test="lillie.test", data=tornillos)

        Lilliefors (Kolmogorov-Smirnov) normality test

data:  Longitud
D = 0.4703, p-value < 2.2e-16
```

Obtenemos un $p-$valor $< 2.2e-16 \approx 0$, lo que nos lleva a rechazar la hipótesis nula y, por lo tanto, tenemos evidencia de que los datos no siguen una distribución normal.

Obsérvese que la función `normalityTest()` toma los datos sin agrupar, y ella misma se encarga de agruparlos de manera conveniente según cuál sea el test que apliquemos. Existen algunos parámetros que podemos utilizar si queremos seleccionar nosotros mismos los grupos, pero por lo general podemos dejar que sea la propia función la que se encargue de esta tarea.

El error de tipo II consistiría en afirmar que los datos siguen una distribución Normal si realmente no fuera así. Eso significaría que la empresa gestionaría el control de calidad en base a un modelo equivocado y, por tanto, no daría el resultado esperado.

Si estamos trabajando con R Commander, podemos hacer uso de los contrastes de normalidad desde el menú **Estadísticos → Resúmenes → Test de normalidad**. Al seleccionar dicha opción se abre el diálogo mostrado en la Figura 10.1, donde se puede seleccionar la variable de la que se quiere analizar la normalidad, el contraste a emplear, el número de grupos empleado para el contraste chi-cuadrado (por defecto, lo dejaremos en automático) y si deseamos realizar el contraste de normalidad separando la muestra en grupos diferentes según una variable categórica.

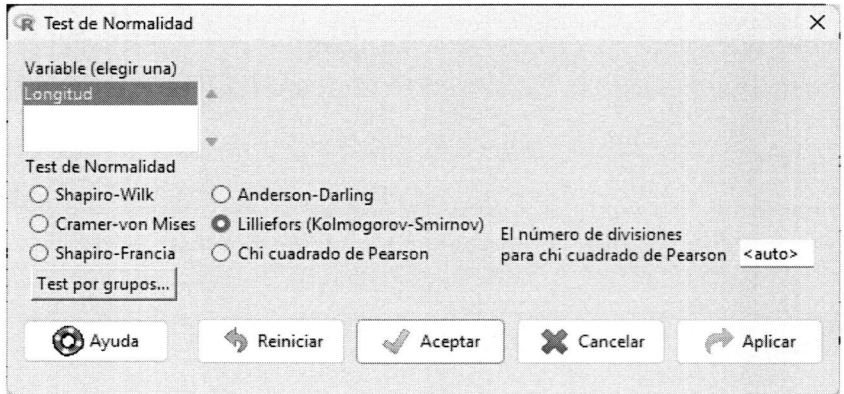

Figura 10.1: Diálogo para realizar Test de Normalidad con R Commander.

Una manera visual de comprobar la normalidad de los datos es representarlos en un histograma o en un Q–Q plot (Figura 10.2):

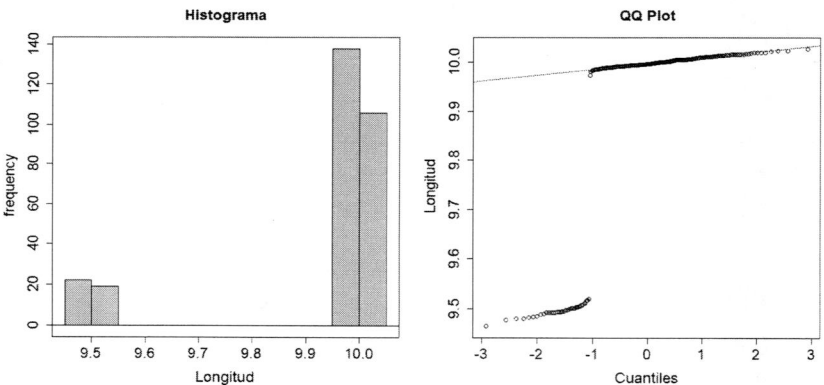

Figura 10.2: Histograma (izquierda) y Q–Q plot (derecha) representando la variable Longitud.

El histograma muestra una distribución de los datos muy alejada de una distribución normal, en la que se aprecian dos grupos completamente separados de datos. El Q–Q plot indica la misma distribución, y si los datos siguieran una distribución normal, deberían agruparse todos ellos alrededor de la línea azul.

Dado que casi todos los datos se agrupan alrededor del valor 10, que es la longitud especificada para los tornillos, y sólo un pequeño conjunto de datos se agrupa alrededor de otro valor más pequeño, una explicación plausible de ese hecho sería que una de las máquinas no está correctamente ajustada y fabrica tornillos más cortos de lo debido, mientras que el resto de las máquinas funciona correctamente. Al tratarse de una comparación de más de dos medias, esta hipótesis se podría comprobar mediante un test ANOVA, que queda fuera del ámbito de este libro.

Para obtener el histograma podemos ejecutar el comando

```
> hist(tornillos$Longitud)
```

o emplear la interfaz gráfica de R Commander tal y como se explicó en el Capítulo 3. Para construir el gráfico Q–Q plot, podemos ejecutar las órdenes:

```
> qqnorm(tornillos$Longitud)
> qqline(tornillos$Longitud)
```

o bien, si se hace con el interfaz de R Commander, se emplearía la opción **Gráficas → Gráfica de comparación de cuantiles**.

Ejemplo 10.2

Un taller de reparación de automóviles planea realizar un estudio acerca de los tiempos de reparación de los vehículos y para ello toma una muestra de los tiempos empleados en reparar algunos de ellos. Los datos de la muestra están en la hoja `Reparaciones` del fichero `reparaciones.xlsx`. La variable `Dias` indica el tiempo en días empleado en la reparación de cada vehículo y el campo `Tipo` indica el tipo de vehículo (Coche/Furgoneta). El taller quiere saber, concretamente, si los tiempos empleados en reparar los vehículos de tipo Coche siguen una distribución normal. Responder a esta pregunta con un test de normalidad de nivel de significación 5 %.

Solución. Sea X = "Tiempo empleado en la reparación de un coche (días)". Se quiere comprobar si la variable X sigue una distribución normal; por lo tanto, el contraste de hipótesis que se plantea es:

$$\begin{cases} H_0: & X \sim N(\mu_0, \sigma_0) \\ H_1: & X \nsim N(\mu_0, \sigma_0) \end{cases}$$

siendo μ_0, σ_0 los parámetros de la distribución teórica, que estimaremos a partir de la muestra.

Comenzamos cargando el fichero con los datos. Como en el fichero hay datos de vehículos de varios tipos, es necesario filtrarlo para obtener los correspondientes a los coches:

```
> reparaciones_coche <- subset(reparaciones, subset=Tipo ==
  "Coche")
```

Y una vez seleccionada la muestra que nos interesa, obtenemos su tamaño:

```
> sum(!is.na(reparaciones_coche$Dias))
[1] 18
```

Dado que la muestra es pequeña, aplicaremos el test de Shapiro–Wilk. El comando de R necesario para ello es:

```
> normalityTest(~Dias, test="shapiro.test",
  data=reparaciones_coche)

        Shapiro-Wilk normality test

data: Dias
W = 0.9632, p-value = 0.6644
```

Obtenemos un $p-$valor $= 0.6644 > 0.05$, por lo que no tenemos evidencia suficiente para rechazar la hipótesis nula y, por lo tanto, podemos asumir que los tiempos de reparación de los coches siguen una distribución normal.

10.2.2. Test de la chi–cuadrado de independencia

Ejemplo 10.3

En una comunidad autónoma se quiere estudiar si el género (hombre, mujer) está relacionado con la preferencia por un tipo de deporte (fútbol, baloncesto, tenis). Para el estudio se va a recurrir a una encuesta realizada entre los habitantes de la comunidad, cuyos datos están en el fichero encuesta.xlsx. Realiza un contraste de chi–cuadrado de nivel de significación 5 % para determinar si existe dependencia entre ambas variables. ¿Cuál es la región crítica del contraste?

Solución. Sean las variables $X =$ "Género (H/M)" e $Y =$ "Deporte (Fútbol/Baloncesto/Tenis)". Se quiere comprobar si ambas variables presentan alguna relación de dependencia entre sí; por lo tanto, el contraste de hipótesis que se plantea es:

$$\begin{cases} H_0: & X \text{ e } Y \text{ son independientes} \\ H_1: & X \text{ e } Y \text{ no son independientes} \end{cases}$$

Comenzaremos por cargar el fichero y crear la tabla de contingencia, tal y como vimos en el Capítulo 4:

```
> encuesta_tab <- table(encuesta$Deporte, encuesta$Genero)
```

Podemos comprobar que ninguna de las celdas contiene un valor menor que 5:

```
> min(encuesta_tab)
[1] 30
```

de manera que podemos proceder al contraste de la chi–cuadrado con el comando:

```
> chisq.test(encuesta_tab, correct=FALSE)

    Pearson's Chi-squared test

data:  encuesta_tab
X-squared = 62.428, df = 2, p-value = 2.78e-14
```

Al obtener un $p-$valor $= 2.78 \times 10^{-14} \approx 0$, podemos rechazar la hipótesis nula y concluir que en esa comunidad autónoma existe alguna relación de dependencia entre el género y la preferencia por alguno de esos tres deportes.

Como la tabla de contingencia tiene tres filas y dos columnas, el número de grados de libertad del contraste es $2 \times 1 = 2$.

La región crítica del contraste es $RC = (\chi^2_{2,0.05}, +\infty) = (5.99, +\infty)$, observándose que el estadístico calculado (X-squared = 62.428) se encuentra dentro de la región crítica.

Se puede aplicar el contraste utilizando R Commander, como se ve en la Figura 10.3 (menú **Estadísticos** $\rightarrow$ **Tabla de contingencia** $\rightarrow$ **Tabla de doble entrada**.

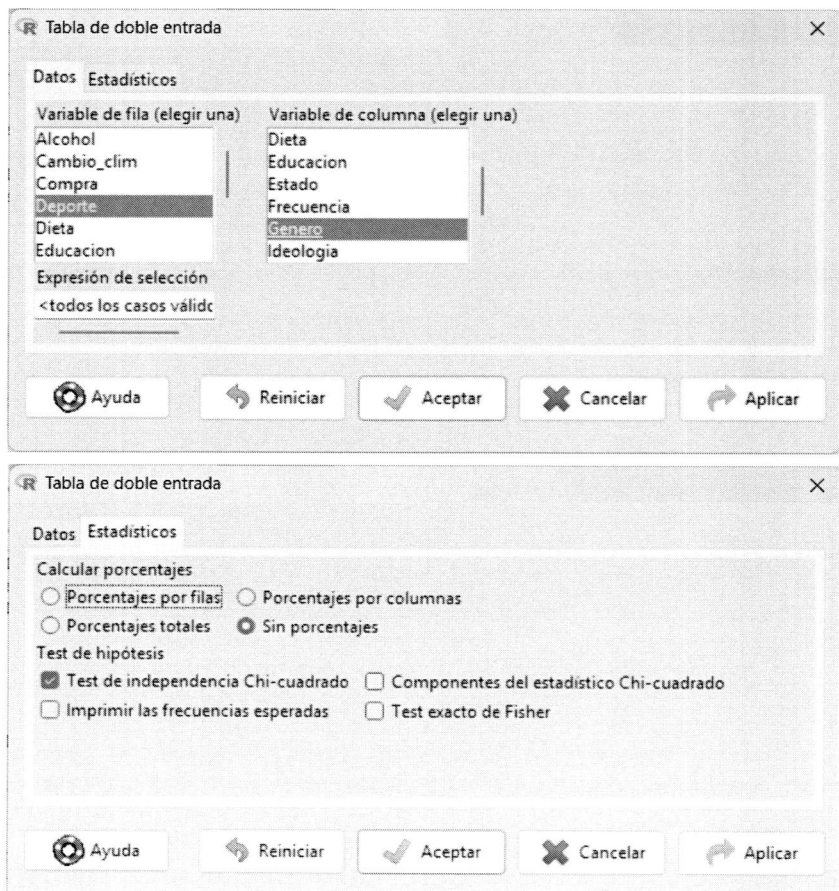

Figura 10.3: Diálogo para aplicar el test de independencia de la $chi-$cuadrado.

Ejemplo 10.4

En una comunidad autónoma se quiere estudiar si el nivel educativo de los ciudadanos está relacionado con el uso frecuente de redes sociales. Para el estudio se va a recurrir a una encuesta realizada entre los habitantes de la comunidad, cuyos datos están en el fichero `encuesta.xlsx`. Las variables de interés en la encuesta son `Educacion` (`Primaria/Secundaria/Superior`) y `Redes_sociales` (`Si/No`). Realiza un contraste de chi–cuadrado de nivel de significación 5 % para determinar si existe dependencia entre ambas variables. ¿Cuál es la región crítica del contraste?

Solución. Sean las variables X = "Nivel educativo (Primaria/Secundaria/Superior)" e Y = "Usa frecuentemente las redes sociales (Sí/No)". Se quiere comprobar si ambas variables presentan alguna relación de dependencia entre sí; por lo tanto, el contraste de hipótesis que se plantea es:

$$\begin{cases} H_0: & X \text{ e } Y \text{ son independientes} \\ H_1: & X \text{ e } Y \text{ no son independientes} \end{cases}$$

Comenzaremos por cargar el fichero y crear la tabla de contingencia:

```
> encuesta_tab <- table(encuesta$Educacion,
    encuesta$Redes_sociales)
```

Podemos comprobar que ninguna de las celdas contiene un valor menor que 5:

```
> min(encuesta_tab)
[1] 42
```

de manera que podemos proceder al contraste de la chi–cuadrado con el comando:

```
> chisq.test(encuesta_tab, correct=FALSE)

        Pearson's Chi-squared test

data:  encuesta_tab
X-squared = 2.2489, df = 2, p-value = 0.3248
```

Al obtener un $p-\text{valor} = 0.3248 \geq \alpha = 0.05$, no podemos rechazar la hipótesis nula y, por lo tanto, debemos concluir que en esa comarca no existe evidencia de que haya alguna relación de dependencia entre el nivel de estudios y el uso frecuente de redes sociales.

Como la tabla de contingencia tiene tres filas y dos columnas, el número de grados de libertad del contraste es $2 \times 1 = 2$.

La región crítica del contraste es $RC = (\chi^2_{2,0.05}, +\infty) = (5.99, +\infty)$, quedando el estadístico (X-squared = 2.2489) fuera de dicha región crítica.

Se puede aplicar el contraste utilizando R Commander, de manera idéntica a como se hizo en el ejercicio anterior (Figura 10.3).

Ejemplo 10.5

En una comunidad autónoma se quiere estudiar si el tipo de trabajo (remoto, presencial o mixto) de los ciudadanos está relacionado con su grado de satisfacción laboral. Para el estudio se va a recurrir a una encuesta realizada entre los habitantes de la comunidad, cuyos datos están en el fichero `encuesta.xlsx`. Las variables de interés en la encuesta son `Trabajo` (Presencial/On-line) y `Satisfaccion` (Bajo/Medio/Alto). Realiza un contraste de chi–cuadrado de nivel de significación 5 % para determinar si existe dependencia entre ambas variables. ¿Cuál es la región crítica del contraste?

Solución. Sean las variables X = "Nivel de satisfacción con el trabajo (Bajo/Medio/Alto)" e Y = "Tipo de trabajo (Presencial/On–Line)". Se quiere comprobar si ambas variables presentan alguna relación de dependencia entre sí; por lo tanto, el contraste de hipótesis que se plantea es:

$$\begin{cases} H_0: & X \text{ e } Y \text{ son independientes} \\ H_1: & X \text{ e } Y \text{ no son independientes} \end{cases}$$

Comenzaremos por cargar el fichero y crear la tabla de contingencia:

```
> encuesta_tab <- table(encuesta$Satisfaccion, encuesta$Trabajo)
```

Podemos comprobar que ninguna de las celdas contiene un valor menor que 5:

```
> min(encuesta_tab)
[1] 30
```

de manera que podemos proceder al contraste de la chi–cuadrado con el comando:

```
> chisq.test(encuesta_tab, correct=FALSE)

        Pearson's Chi-squared test

data:  encuesta_tab
X-squared = 16.205, df = 2, p-value = 0.0003028
```

Al obtener un $p-\text{valor} = 0.0003028 < \alpha = 0.05$, podemos rechazar la hipótesis nula y concluir que en esa comarca existe alguna relación de dependencia entre el nivel de satisfacción con el tipo de trabajo y si este es presencial u on–line.

Como la tabla de contingencia tiene tres filas y dos columnas, el número de grados de libertad del contraste es $2 \times 1 = 2$.

La región crítica del contraste es $RC = (\chi^2_{2,0.05}, +\infty) = (5.99, +\infty)$, encontrándose el estadístico (X-squared = 16.205) dentro de dicha región crítica.

Ejemplo 10.6

En una comunidad autónoma se quiere estudiar si la edad de los ciudadanos está relacionada con el tipo de música que les gusta oír. Para el estudio se va a recurrir a una encuesta realizada entre los habitantes de la comunidad, cuyos datos están en el fichero encuesta.xlsx. Las variables de interés en la encuesta son Edad (variable numérica) y Musica (Pop/Rock/Clásica). Realizar un contraste de chi–cuadrado de nivel de significación 5 % para determinar si existe dependencia entre ambas variables. Considera la edad de los ciudadanos en tres niveles: joven (menor de 35 años), adulto (de 35 a 65) y mayor (más de 65). ¿Cuál es la región crítica del contraste?

Solución. Sean las variables $X =$ "Edad del ciudadano (joven/adulto/mayor)" e $Y =$ "Tipo de música que le gusta (Pop/Rock/Clásica)". Se quiere comprobar si ambas variables presentan alguna relación de dependencia entre sí; por lo tanto, el contraste de hipótesis que se plantea es:

$$\begin{cases} H_0: & X \text{ e } Y \text{ son independientes} \\ H_1: & X \text{ e } Y \text{ no son independientes} \end{cases}$$

Comenzaremos por cargar el fichero, pero como la variable Edad contiene la edad numérica del ciudadano, es necesario recodificarla para que contenga los grupos de edad que nos interesa, lo que haremos con el siguiente comando:

```
> encuesta$Edad_r <- recode(encuesta$Edad,'lo:34 = "joven"; 35:65
    = "adulto"; 66:hi = "mayor"')
```

También podemos, desde R Commander, utilizar la opción **Recodificar variables**, como se puede ver en la Figura 10.4.

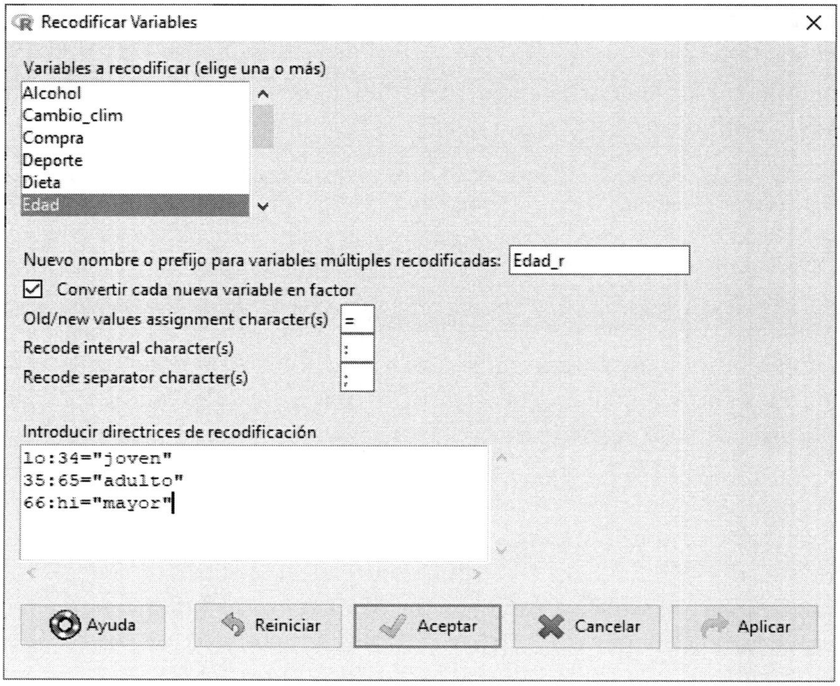

Figura 10.4: Diálogo para recodificar la variable `Edad`.

A continuación creamos la tabla de contingencia y comprobamos que ninguna de las celdas contiene un valor menor que 5:

```
> encuesta_tab <- table(encuesta$Edad_r, encuesta$Musica)
> min(encuesta_tab)
[1] 6
```

por lo que podemos proceder al contraste de la chi–cuadrado con el comando:

```
> chisq.test(encuesta_tab, correct=FALSE)

        Pearson's Chi-squared test

data:  encuesta_tab
X-squared = 58.323, df = 4, p-value = 6.529e-12
```

Al obtener un $p-$valor $= 6.529 \times 10^{-12} \approx 0$, podemos rechazar la hipótesis nula y concluir que en esa comunidad existe alguna relación de dependencia entre la edad de los ciudadanos y el tipo de música que les gusta.

Como la tabla de contingencia tiene tres filas y tres columnas, el número de grados de libertad del contraste es $2 \times 2 = 4$.

La región crítica del contraste es $RC = (\chi^2_{4,0.05}, +\infty) = (9.49, +\infty)$, quedando el estadístico calculado (X-squared = 58.323) en el interior de esta región crítica.

Ejemplo 10.7

La tabla `Muestra` de la hoja de cálculo `MercadoInmobiliario.xlsx` contiene datos de una muestra aleatoria simple de viviendas a la venta en la ciudad de Teruel. Se quiere comprobar si la muestra presenta evidencias de que la proporción de viviendas a la venta en Teruel que tienen calefacción central es superior al 40 %. Plantea y resuelve el problema mediante un contraste de hipótesis de nivel de significación $\alpha = 5\%$. ¿Se puede concluir que la proporción de viviendas a la venta en Teruel que tienen calefacción central es superior al 40 %? Calcula la región crítica del contraste.

Solución. Sea la variable aleatoria $X =$ "Una vivienda a la venta en Teruel tiene calefacción central $(1 = \text{Sí}/0 = \text{No})$". $X \sim Be(p)$.

Se trata de comprobar si los datos presentan evidencia suficiente de que $p > 0.40$. Planteamos el contraste:

$$\begin{cases} H_0: & p \leq 0.40 \\ H_1: & p > 0.40 \end{cases}$$

Dado que la distribución chi–cuadrado se ha definido como suma de variables normales estándar elevadas al cuadrado, se tiene que, para muestras de gran tamaño, el estadístico Z sigue aproximadamente una distribución normal y, por lo tanto,

$$Z^2 = \left(\frac{\hat{p}_n - p}{\sqrt{\frac{\hat{p}_n(1-\hat{p}_n)}{n}}} \right)^2 \sim \chi^2_1$$

Este ejercicio se resolvió anteriormente como un contraste de proporciones basado en el estadístico Z (Ejemplo 8.2), pero si se toma como estadístico Z^2 puede tratarse como un contraste de la chi–cuadrado con un grado de libertad.

Este método de resolución puede aplicarse con R Commander, como se puede apreciar en la Figura 10.5.

Figura 10.5: Diálogo para aplicar el test de proporciones.

La orden R Commander para aplicar el contraste de proporciones no pregunta cuál de los dos niveles de la variable corresponde con aquel para el que queremos estimar las proporciones, sino que considera que este es el primero de los niveles de la variable tomados en orden alfabético. En este caso, como la variable está codificada Si/No, el contraste se aplicaría a la opción No. Como estamos interesados en las viviendas que sí tienen calefacción central, nos interesa que el contraste se aplique a la opción Si, para lo que deberemos efectuar una reordenación de los niveles de factor, indicando que el nivel Si es el primero.

Tras realizar esta operación, la salida de R será:

```
   Frequency counts (test is for first level):
Calefaccion_central
 Si  No
362 638


        1-sample proportions test without continuity correction

data:  rbind(.Table), null probability 0.4
X-squared = 6.0167, df = 1, p-value = 0.9929
alternative hypothesis: true p is greater than 0.4
95 percent confidence interval:
 0.3374061 1.0000000
sample estimates:
    p
0.362
```

Obsérvese que el valor del estadístico X^2 es Z^2, siendo Z el valor que obtuvimos al resolver el problema mediante el contraste de la z.

10.3. Ejercicios propuestos

Ejercicio 10.1. Se han medido los tiempos de espera en 15 llamadas al servicio de atención al cliente de una compañía de seguros, obteniéndose los siguientes valores (en minutos):

3.68	8.43	1.38	6.59	4.24
9.75	2.57	12.35	5.12	7.89
0.99	3.46	10.12	4.57	6.79

¿Puede considerarse que los tiempos de espera en las llamadas a dicho servicio de atención al cliente siguen una distribución normal? Responde a la pregunta aplicando un contraste de hipótesis de nivel de significación 5 %.

Ejercicio 10.2. Una empresa necesita comprobar si los salarios de sus empleados siguen una distribución normal. Como los salarios no son fijos sino que tienen una parte variable debido a que los empleados trabajan en comisión, se utilizan los datos de una muestra basada en una encuesta realizada recientemente a cierto número de trabajadores repartidos por las dos oficinas que la empresa tiene en la ciudad. Los datos de la encuesta se encuentran en la hoja Salarios del fichero salarios.xlsx, y el salario se ha recogido en euros anuales. ¿Puede afirmarse, a partir de estos datos, y con un nivel de significación del 5 %, que los salarios anuales de los empleados siguen una distribución normal?

Ejercicio 10.3. En una comunidad autónoma se quiere estudiar si el medio de transporte preferentemente utilizado por los ciudadanos en sus desplazamientos por su municipio está relacionado con la frecuencia semanal en que usa dicho medio de transporte. Para el estudio se va a recurrir a una encuesta realizada entre los habitantes de la comunidad, cuyos datos están en el fichero `encuesta.xlsx`. Las variables de interés en la encuesta son `Transporte` (Bicicleta/T.Publico/Coche) y `Frecuencia` (Ocasional/Semanal/Diario). Realiza un contraste de chi–cuadrado de nivel de significación 3 % para determinar si existe dependencia entre ambas variables. ¿Cuál es la región crítica del contraste?

Ejercicio 10.4. En una comunidad autónoma se quiere estudiar si el nivel de ingresos de los ciudadanos está relacionado con su forma preferida de compra (*on–line,* presencial o ambas). Para el estudio se va a recurrir a una encuesta realizada entre los habitantes de la comunidad, cuyos datos están en el fichero `encuesta.xlsx`. Las variables de interés en la encuesta son `Ingresos` (numérica) y `Compra` (Presencial/*On–line*/Mixta). Realiza un contraste de chi–cuadrado de nivel de significación 3 % para determinar si existe dependencia entre ambas variables. El nivel de ingresos se medirá en cuatro categorías: bajo (menos de 1 500 €), medio (entre 1 500 € y 2 000 €), alto (entre 2 000 € y 3 500 €) y elevado (más de 3 500 €). ¿Cuál es la región crítica del contraste?

Ejercicio 10.5. En una comunidad autónoma se quiere estudiar si el estado civil de los ciudadanos está relacionado con su consumo de alcohol. Para el estudio se va a recurrir a una encuesta realizada entre los habitantes de la comunidad, cuyos datos están en el fichero `encuesta.xlsx`. Las variables de interés en la encuesta son `Estado` (Soltero/Casado/Divorciado/Viudo) y `Alcohol` (Nulo/Moderado/Alto). Realiza un contraste de chi–cuadrado de nivel de significación 3 % para determinar si existe dependencia entre ambas variables. ¿Cuál es la región crítica del contraste?

Ejercicio 10.6. En una comunidad autónoma se quiere estudiar si la ideología política de los ciudadanos está relacionada con su grado de concienciación con el cambio climático. Para el estudio se va a recurrir a una encuesta realizada entre los habitantes de la comunidad, cuyos datos están en el fichero **encuesta.xlsx**. Las variables de interés en la encuesta son **Ideologia** (Izquierda/Centro/ Derecha) y **Cambio_clim** (Negacionista/Indiferente/Preocupado). Realiza un contraste de chi–cuadrado de nivel de significación 5 % para determinar si existe dependencia entre ambas variables. ¿Cuál es la región crítica del contraste?

Ejercicio 10.7. En una comunidad autónoma se quiere estudiar si el tipo de dieta que siguen los ciudadanos está relacionado con su estado de salud. Para el estudio se va a recurrir a una encuesta realizada entre los habitantes de la comunidad, cuyos datos están en el fichero **encuesta.xlsx**. Las variables de interés en la encuesta son **Dieta** (Omnívora/Vegetariana/Vegana) y **Salud** (Malo/Regular/Bueno). Realiza un contraste de chi–cuadrado de nivel de significación 5 % para determinar si existe dependencia entre ambas variables. ¿Cuál es la región crítica del contraste?

10.4. Preguntas teórico–prácticas

Pregunta 10.1. Se ha realizado una encuesta sobre los hábitos de vida de los ciudadanos de una determinada comunidad autónoma. En el cuestionario se les preguntaba a los encuestados, entre otras cosas, cuál es el tipo de películas que más le gustaba y cuál es el nivel de estudios alcanzado. Con los datos de la encuesta se ha efectuado un contraste de hipótesis con R, obteniendo el siguiente resultado:

```
Frequency table:
                Educacion
Pelicula        Primaria    Secundaria  Superior
    Historica   18          48          42
    Misterio    42          48          24
    Romantica   30          54          42
    Musical     25          50          17


        Pearson's Chi-squared test

data:   encuesta
X-squared = 21.713, df = 6, p-value = 0.001365
```

Indica cuáles son las hipótesis del contraste planteado y cuál sería la conclusión del mismo para un nivel de significación del 5 %.

Pregunta 10.2. Se efectúa un contraste de hipótesis de nivel de significación 5 % para contrastar la hipótesis nula de que el medio de transporte que preferentemente utilizan los ciudadanos de una comunidad autónoma para ir al trabajo está relacionado con su categoría laboral. Indica si las siguientes afirmaciones acerca del contraste son ciertas o falsas:

a) Existe una probabilidad del 5 % de que el medio de transporte preferentemente utilizado por los ciudadanos para ir al trabajo no esté relacionado con su categoría laboral pero concluyamos que sí lo está.

b) Para aplicar este test las dos variables deben seguir una distribución normal.

c) Es un contraste bilateral.

d) La región crítica del contraste no contiene valores negativos.

Pregunta 10.3. Se efectúa un contraste de hipótesis de nivel de significación 5 % para contrastar la hipótesis nula de que el consumo de tabaco por los ciudadanos de una comunidad autónoma está relacionado con su marca favorita de dentífrico. Los datos se obtienen de una encuesta en la que se pregunta a los ciudadanos si fuman (Sí/No) y cuál es su marca favorita de dentífrico (pregunta de respuesta libre). Los resultados del contraste son los siguientes:

```
        Pearson's Chi-squared test

data:  encuesta
X-squared = 7.7531, df = 4, p-value = 0.1011
```

Indica si las siguientes afirmaciones acerca del contraste son verdaderas o falsas:

a) El contraste se ha efectuado con dos muestras de distinto tamaño.

b) Los encuestados han mencionado en sus respuestas cinco marcas distintas de dentífrico.

c) Se ha demostrado que el hábito de fumar es independiente de la marca de dentífrico que eligen los ciudadanos.

d) La región crítica del contraste es $RC = (3.917, +\infty)$.

Pregunta 10.4. Dadas dos variables aleatorias X e Y se plantea el siguiente contraste de hipótesis de nivel de significación α:

$$\begin{cases} H_0: & X \text{ e } Y \text{ son independientes} \\ H_1: & X \text{ e } Y \text{ no son independientes} \end{cases}$$

¿En cuál de las siguientes figuras se ha representado correctamente con la zona sombreada la región crítica del test?

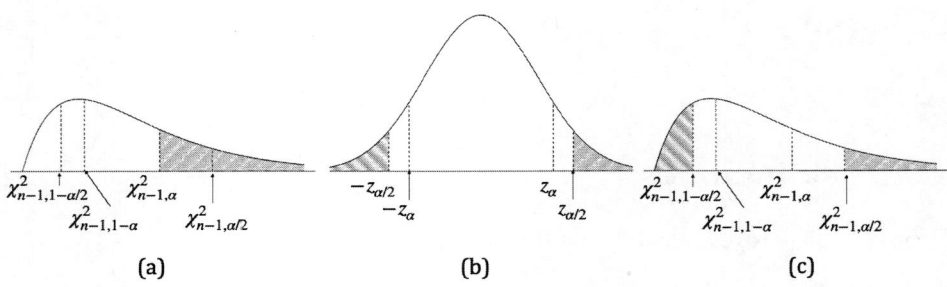

(a)　　　　　　　(b)　　　　　　　(c)

Pregunta 10.5. Se efectúa un contraste de la chi–cuadrado para comprobar si existe alguna relación de dependencia entre dos variables aleatorias X e Y. El resultado del contraste es el siguiente:

```
        Pearson's Chi-squared test

data:  tabla_cont
X-squared = 29.292, df = 8, p-value = 0.0002818
```

Una de las siguientes es la región crítica del contraste. ¿Cuál?

a) $(-\infty, -30.55) \cup (30.55, +\infty)$.

b) $(0.0, 30.55)$.

c) $(15.81, +\infty)$.

d) $(30.55, +\infty)$.

Pregunta 10.6. Se efectúa un contraste de la chi–cuadrado para comprobar si existe alguna relación de dependencia entre dos variables aleatorias X e Y. El resultado del contraste es el siguiente:

```
          Pearson's Chi-squared test

data:  tabla_cont
X-squared = 9.204, df = 6, p-value = 0.12135
```

Una de las siguientes es la región crítica del contraste. ¿Cuál?

a) $(0.0, 6.13)$.

b) $(6.13, +\infty)$.

c) $(12.59, +\infty)$.

d) $(-\infty, -6.13)$.

10.5. Soluciones

10.5.1. Soluciones a los ejercicios propuestos

Ejercicio 10.1. $X =$ "Tiempo de espera de una llamada al servicio de atención al cliente (minutos)". $p-$valor del test de Shapiro–Wilk: $0.827 \geq 0.05$. No podemos rechazar la hipótesis nula y, por lo tanto, no hay evidencias para concluir que los salarios no siguen una distribución normal.

Ejercicio 10.2. $X =$ "Salario anual de un empleado (euros)". $p-$valor del test de Lilliefors: $0.01549 < 0.05$. Podemos rechazar la hipótesis nula y concluir que los salarios no siguen una distribución normal.

Ejercicio 10.3. $X =$ "Medio de transporte preferido (Bicicleta/Transporte público/Coche)" e $Y =$ "Frecuencia de uso (Ocasional/Semanal/Diario)". $p-$valor $< 2.2e - 16 \approx 0$. Existe relación de dependencia entre ambas variables. $RC = (10.71, +\infty)$.

Ejercicio 10.4. $X =$ "Nivel de ingresos mensuales (bajo/medio/alto/elevado)" e $Y =$ "Forma de compra preferida (Presencial/On–line/Mixta)". $p-$valor $= 0.2608 \geq \alpha = 0.03$. No existe relación de dependencia entre ambas variables. $RC = (13.97, +\infty)$.

Ejercicio 10.5. $X =$ "Estado civil de un ciudadano (Soltero/Casado/Divorciado/Viudo)" e $Y =$ "Nivel de consumo de alcohol (Nulo/Ocasional/Alto)". $p-$valor $= 0.2254 \geq \alpha = 0.03$. No existe relación de dependencia entre ambas variables. $RC = (13.97, +\infty)$.

Ejercicio 10.6. $X =$ "Ideología política del ciudadano (Izquierda/Centro/Derecha)" e $Y=$ "Nivel de concienciación con el cambio climático (Negacionista/Indiferente/Preocupado)". $p-$valor $= 1.069 \times 10^{-14} \approx 0$. Podemos rechazar la hipótesis nula y concluir que en esa comunidad autónoma existe alguna relación de dependencia entre la ideología política de los ciudadanos y su compromiso con el cambio climático. $RC = (\chi^2_{4,0.05}, +\infty) = (9.49, +\infty)$.

Ejercicio 10.7. $X =$ "Dieta del ciudadano (Omnívora/Vegetariana/Vegana)" e $Y=$ "Estado de salud (Malo/Regular/Bueno)". $p-$valor $= 3.842 \times 10^{-7} \approx 0$. Podemos rechazar la hipótesis nula y concluir que en esa comunidad autónoma existe alguna relación de dependencia entre la dieta de los ciudadanos y su estado de salud. $RC = (\chi^2_{4,0.05}, +\infty) = (9.49, +\infty)$.

10.5.2. Soluciones a las preguntas teórico–prácticas

Pregunta 10.1.

$$\begin{cases} H_0 : & X \text{ e } Y \text{ son independientes} \\ H_1 : & X \text{ e } Y \text{ no son independientes} \end{cases}$$

Existe cierta relación de dependencia entre los gustos cinematográficos y el nivel de educación alcanzado por los ciudadanos de esa comunidad autónoma.

Pregunta 10.2. a) V b) F c) F d) V

Pregunta 10.3. a) F b) V c) F d) F

Pregunta 10.4. a)

Pregunta 10.5. c)

Pregunta 10.6. c)